Ein Jobwechsel ist immer auch ein Kulturwechsel: in einer neuen Firma, in einer anderen Abteilung und erst recht bei jedem beruflichen Neustart. Darauf sollte frau sich gut vorbereiten – und dann gleich die ersten 100 Tage im neuen Job nach Kräften nutzen. Was zu Beginn beim «Networking» versäumt oder falsch gemacht wird, lässt sich nicht immer korrigieren. Andererseits können die richtigen Kontakte gleich zu Beginn Wunder wirken. Das Buch gibt wertvolle Tipps für Frauen – und Männer –, die in eine neue Stellung einsteigen, umsteigen oder aufsteigen –, und alle, die ihre aktuelle Position sattelfest machen wollen.

Anni Hausladen ist Klüngel-Expertin, Dipl.-Betriebswirtin, Supervisorin, Business- und Karriere-Coach. Sie trainiert und coacht Frauen – von der Existenzgründerin bis zur Vorstandsfrau – und hält Vorträge und Workshops quer durch Deutschland und rund ums Klüngeln. Autorin des Bestseller-Ratgebers: «Die Kunst des Klüngelns. Erfolgsstrategien für Frauen» (rororo 61170)

Ursula Maile ist Change-Beraterin. Sie begann ihre Karriere in einer Düsseldorfer Werbeagentur und flog dann als Chef-Stewardess um die Welt. Heute arbeitet sie als Diplom-Psychologin und coacht Einzelpersonen und Teams zu Karrierestrategien und Veränderungsmanagement. Außerdem bildet sie Trainerinnen und Trainer in großen Unternehmen aus.

Gerda Laufenberg ist Zeichnerin, Malerin und Illustratorin. Sie lebt in Köln. Ihre Zeichnungen und Illustrationen beschäftigen sich mit menschlichen Stärken und Schwächen, vor allem die rheinische Lebensart bietet ihr einen beständigen Themen-Fundus. Ausstellungen im In- und Ausland.

Anni Hausladen · Ursula Maile

Erfolgreich klüngeln
im neuen Job

Zeichnungen von Gerda Laufenberg

Rowohlt Taschenbuch Verlag

Originalausgabe
Veröffentlicht im Rowohlt Taschenbuch Verlag,
Reinbek bei Hamburg, April 2010
Copyright © 2010 by Rowohlt Verlag GmbH,
Reinbek bei Hamburg
Lektorat Frank Strickstrock
Umschlaggestaltung ZERO Werbeagentur, München
(Umschlagzeichnung Gerda Laufenberg)
Satz Utopia PostScript, InDesign,
bei KCS GmbH, Buchholz bei Hamburg
Druck und Bindung CPI – Clausen & Bosse, Leck
Printed in Germany
ISBN 978 3 499 62615 9

Inhalt

Einführung:
Klüngeln Sie sich klug rein

Der neue Job ist viel zu wichtig, als dass Sie ihn lässig angehen könnten. Ihr Optimismus und Ihre Gelassenheit sollen Ihnen erhalten bleiben, aber Grund dazu haben Sie erst dann, wenn Sie gründlich vorbereitet sind. Es gibt Spielregeln – jedes Unternehmen hat andere. Es stehen Fettnäpfchen herum – immer dort, wo Sie sie am wenigsten erwarten. Wir helfen Ihnen, die Spielregeln zu durchschauen, die Fettnäpfchen zu umgehen und die «gläserne Decke» zu erkennen. Sie gewinnen an Sicherheit und integrieren sich schneller. Schließlich möchten Sie bald erste Erfolge feiern.

Mit vielen Beispielen und Tipps begleiten wir Sie beim Einstieg und während der ersten Monate. Wir haben viele Frauen befragt, von deren Erlebnissen und Erfahrungen Sie profitieren. Das unterstützt Sie dabei, mit mehr Mut, mehr Spaß, mehr Einblick und Durchblick zu starten.

Klüngeln Sie sich rein! Überlassen Sie den Aufbau strategisch wichtiger Kontakte nicht dem Zufall, sondern sichern Sie sich die Unterstützung der richtigen Schlüsselpersonen, damit Sie die *richtigen* Themen und Projekte platzieren. Sie brauchen das Wissen Ihrer Verbündeten.

Im Falle eines Falles ist richtig Klüngeln alles!

Dieser Satz ist so richtig und so wichtig wie das Einmaleins. Allerdings sollten wir erst einmal klarstellen, was wir unter «Klüngeln» verstehen. Damit Sie nicht auf falsche Gedanken kommen …

Nehmen wir einmal an, Sie kommen aus dem Rheinland. Dann leben Sie mit dem Klüngeln. Niemand glaubt hier im Ernst, alles im Leben allein und aus eigener Kraft zu schaffen. Das Wort «Networking» zu benutzen, kommt auf das Gleiche heraus. Jedenfalls beinahe. Denn wo das Wort «Networking» eher die nüchterne Vorstellung von E-Mail-Kontakten und Newsletter-Verteilern aufkommen lässt, bringt uns das Wort «Klüngeln» der Sache und einander näher. Klüngeln entspricht dem Gefühl einer wirklichen Verbundenheit, einer mehr persönlichen Beziehung.

Womit wir – das sei hier deutlich festgestellt – nicht Korruption und Vetternwirtschaft meinen! Das ist eine ganz andere Schiene, das sind kriminelle Machenschaften, die sich gern mal hinter dem verniedlichenden Decknamen Klüngel verstecken.

Nein, was wir meinen, ist die Fähigkeit, die Stärken mehrerer Personen zu bündeln, ihre Fähigkeiten zum Nutzen aller einzusetzen und sich dabei gegenseitig zu fördern. Wenn Sie mehr darüber wissen möchten, lesen Sie unser erstes Buch, «Die Kunst des Klüngelns, Erfolgsstrategien für Frauen». Frauen ist der Gedanke des Klüngelns manchmal fremd. Sie sind oft Einzelkämpferinnen und hoffen auf Anerkennung und Erfolg ohne jegliche Unterstützung von außen. Das hat etwas mit unserer Geschichte über Jahrtausende hinweg zu tun, womöglich auch mit unserem Anspruch, immer alles doppelt so gut machen zu müssen wie Männer. Wie dem auch sei: Im heutigen Berufsleben brauchen wir Verbündete, im alten und vor allem im neuen Job.

Lieber Klüngel-Expertin als fleißiges Bienchen

Wenn Sie glauben, es seien Ihr tolles fachliches Wissen, Ihr persönlicher Fleiß und viele, viele Überstunden, die Sie fest in der neuen Position verankern, dann irren Sie sich gewaltig!

Ihren Erfolg sichern Sie nicht als fleißiges Arbeitsbienchen.

Damit sorgen Sie nur dafür, dass andere Karriere machen (und vielleicht sogar an Ihnen vorbeiziehen!).

Viel wichtiger sind ein hoher Bekanntheitsgrad, die richtigen Verbündeten und der Durchblick bei formellen und informellen Strukturen.

Sie brauchen einen realistischen Plan und eine Reihe vertrauenswürdiger Menschen um sich herum – dann können Sie (fast) alles erreichen, egal ob jung oder alt, Berufsanfängerin oder Führungskraft, Akademikerin oder Sachbearbeiterin.

«Erfolgreich klüngeln im neuen Job»
lohnt sich für Sie als Frau,

* die in absehbarer Zeit einen Job- / Positions- oder Abteilungswechsel plant
* die von einer Umstrukturierung betroffen ist
* die gerade an einem neuen Arbeitsplatz begonnen hat
* die den Wechsel schon seit einer Weile hinter sich hat und reflektieren will, was sie richtig gemacht hat und wo sie noch etwas dazulernen kann – fürs nächste Mal
* die gerne etwas verändern möchte, aber sich nicht traut oder nicht so recht weiß, was und wie – und ein wenig Ermutigung braucht
* die zum ersten Mal einen Job anfängt (Hochschulabsolventin, Azubi)
* die nach ihrer Elternzeit wieder in die Berufswelt einsteigt
* die intensiv an ihrer Karriere arbeitet
* die ihr Netzwerk optimieren möchte
* die einfach Spaß an einem Frauenbuch mit guten Tipps hat.

Und was machen Männer in einer ähnlichen Situation? Dürfen die auch …?

Klar doch. «Erfolgreich klüngeln im neuen Job» lohnt sich natürlich auch für sie.

Dann ist dieses Buch noch spannend für diejenigen, die den Einstieg von einer anderen Warte aus begleiten:

* Freundinnen und Lebenspartner/innen
* Chefinnen, die neue MitarbeiterInnen einstellen
* Angestellte, die eine neue Vorgesetzte oder einen neuen Vorgesetzten bekommen
* Teams, die Zuwachs erhalten
* Personalentwickler/innen, deren Aufgabe es ist, neuen Mitarbeiterinnen den Einstieg zu erleichtern.

Noch einige Tipps für den Umgang mit diesem Buch:

Lesen Sie doch, was Sie wollen

Lesen Sie das, was Sie im Moment brauchen. Sie müssen nicht alles akribisch bearbeiten – suchen Sie sich genau die Themen aus, die für Sie die richtigen sind. Konzentrieren Sie sich darauf.

Bei allen Tipps – es geht immer um Sie. Entscheiden Sie sich ganz bewusst für die Tipps, die zu Ihnen passen.

Liebe Leserin, beim Schreiben standen wir plötzlich vor einem Problem. Wenn wir von «Chefs» sprechen, entsteht im Kopf der Leserin ganz schnell das Bild einer männlichen Person. Der «Meinungsführer» ist sicher keine Frau. Deshalb wechseln wir zwischen der weiblichen und männlichen Sprachform, um unterschiedliche Bilder in Ihrer Vorstellung zu ermöglichen. Suchen Sie sich das passende Bild für Ihr Umfeld aus.

Wir trafen bei unseren Recherchen Frauen, die unglaublich viel erzählen konnten von dem, was sie beim Einstieg in ihre neue Stelle erlebt hatten. Kurioses, Peinliches, Gutes, Aberwitziges ... Einige haben uns auch geschrieben. Diese Erfahrungsberichte, Anekdoten und Geschichten sind so spannend, dass wir sie gerne mit Ihnen teilen.

Hier gibt es MehrWissen

«Erfolgreich klüngeln im neuen Job» enthält fünf Hauptthemen. Wir begleiten Sie mit unseren Informationen und Tipps durch die ersten Monate.

Dazwischen finden Sie spannende Ergänzungen: MehrWissen.

MehrWissen beginnt mit einer Quizfrage. Da dürfen Sie Ihr Wissen zeigen oder einfach mal raten. Am Ende des MehrWissens können Sie die Frage auf jeden Fall beantworten.

Die kluge Klünglerin kennt PIA

PIA ist Ihre neue Verbündete, die für Sie jedes Hauptthema auch in die Freizeitwelt überträgt und Sie mit kleinen Geschichten unterhält – Aha-Erlebnisse eingeschlossen.

PIA steht für **Positiv – Interessiert – Authentisch**

Positiv

Menschen mögen Menschen, die eine positive Ausstrahlung haben.

Diese positive Ausstrahlung lässt sich steuern: Sprechen Sie über das halb volle oder das halb leere Glas?

Interessiert

Wer zuhört, findet heraus, wie andere ticken, und gewinnt wertvolle Informationen. Zuhörerinnen sammeln Sympathiepunkte für ihre Aufmerksamkeit.

Authentisch

Authentisch sein bedeutet, sich selbst treu zu bleiben. Authentizität ist jedoch kein Freibrief für Rücksichtslosigkeit oder unkluge Offenbarungen: «Das, was ich sage, soll echt sein, aber nicht alles, was echt ist, soll ich sagen» (Ruth Cohn).

Symbole, die Sie begleiten

Die Notiz-Maus

Sie gibt Ihnen ein Signal, dass Sie etwas Neues in Ihr Notizbuch eintragen können.

Die Tipp-Maus

Besonderer Tipp voraus – sagt Ihnen die Maus.

Die To-do-Maus

Steht eine bestimmte Aktion an? Die To-do-Maus gibt Bescheid.

Die Klüngel-Datei-Maus

Die kluge Klünglerin legt sich ihre Schatzkiste an, ihre Klüngel-Datei: Die Maus hilft dabei.

Die Sinnier-Maus

Hier sind Sie eingeladen, über bestimmte Fragen nachzudenken und für sich selbst eine Antwort zu finden.

Die Ahimsa-Maus

Wenn Sie aufgeregt sind, weil es so viel Neues gibt ...

Wenn Ihnen alles über den Kopf wächst ...

Wenn Sie sich Sorgen machen, dass Sie nicht gut, nicht schnell, nicht erfolgreich genug sind ...

... dann brauchen Sie ein kleines Zauberwort, das Ihnen schnell hilft, innere Ruhe zu finden: «**Ahimsa!**» **Halten Sie inne.**

«Ahimsa» (ausgesprochen: «Ahimscha») – das kommt aus dem Buddhismus. Wörtlich übersetzt heißt es «Gewaltlosigkeit» – schaden Sie weder sich noch anderen. Wir beschränken uns hier auf einen Teilaspekt und gehen davon aus, dass Sie sich selbst grundsätzlich keinen Schaden zufügen wollen.

Bei Stress, Frust oder innerem Unwohlsein nehmen Sie sich **täglich eine kurze Auszeit**, die Sie zurückholt – in die Gegenwart.

Atmen Sie ein, atmen Sie aus – und beobachten Sie Ihren Atem. Achten Sie nur auf diesen einen Atemzug, den Sie gerade nehmen. Probieren Sie es *jetzt* einmal aus, für fünf Atemzüge: Lehnen Sie sich zurück. Konzentrieren Sie sich ganz auf Ihre Atmung.

Sie bekommen einen besseren Zugang zu sich, wenn Sie diese Übung regelmäßig im Alltag praktizieren – **zwei- bis dreimal am Tag fünf Atemzüge** in Achtsamkeit wirken Wunder!

Klüngeln macht froh

Wir leben zwar im Zeitalter des Individualismus, wo jede allein am PC sitzt – zu viel Alleingang macht uns aber nicht froh. Das Gefühl der Zugehörigkeit dagegen macht glücklich und zufrieden, Menschen brauchen andere Menschen für ihr Wohlbefinden. Was liegt näher, als sich am Arbeitsplatz, an dem wir so viele

Stunden verbringen, um angenehme Kontakte und gute Beziehungen zu bemühen – eben zu klüngeln?

«Erfolgreich klüngeln im neuen Job» – wir wünschen Ihnen viel Spaß dabei.

Machen Sie sich fit für den Start

EinBlick

Hier erfahren Sie

- was Sie vorab planen, recherchieren, organisieren und ausprobieren können
- wo Sie die Informationen finden, die Ihnen den Einstieg erleichtern
- wie Sie herausfinden, wovon Sie Abschied nehmen und welche Fähigkeiten Sie übertragen können
- wie Sie sich auf die ersten Kontakte einstellen
- wofür Sie ein Notizbuch brauchen
- worauf Sie bei der Vorauswahl Ihrer Garderobe achten
- wie Sie sich selbst unterstützen und Mut machen

Klüngeln braucht Planung: Informieren Sie sich, bevor Sie starten

Nun haben Sie die Vorgespräche geführt und die Stelle bekommen. Ihre Freude ist groß. Noch ein paar Tage Urlaub und dann ganz entspannt einsteigen. Denken Sie. Aber so schlau ist das eventuell gar nicht.

Braungebrannt sitzen Sie mit Ihrem neuen Chef und ein paar Mitarbeiterinnen in der Kantine. Alle sind deutlich bleicher als Sie … Hat das einen Grund? Warum hatte offensichtlich niemand Urlaub? Gab es einen Großauftrag, an dem alle arbeiten? Das Gespräch geht weiter, bleibt bei den nächsten Karnevalsveranstaltungen hängen. Sie lästern über die Karnevalsjecken, und Ihnen fällt auf, dass Ihr Chef plötzlich das Thema wechselt. Hätten Sie gewusst, dass er aktives Mitglied in einer Karnevalsgesellschaft ist, wären Sie in das Gespräch wahrscheinlich anders eingestiegen.

Was können Sie vorab recherchieren?

Nutzen Sie daher die Zeit, sich weitere Informationen zu beschaffen.

Vieles werden Sie während Ihrer Vorstellungsphase bereits recherchiert haben, aber jetzt geht es nochmal in die Tiefe. Beginnen Sie, sich einzudenken. Erarbeiten Sie sich jetzt bereits Ihr Image als gutinformierte Person, die auch über den Tellerrand des Unternehmens hinaus die aktuellen Themen der Branche kennt.

Recherchieren Sie. Sammeln Sie alle Informationen, die Sie über das Unternehmen finden können, und machen Sie sich ein detailliertes Bild über

* das Firmen- oder Institutsimage
* die Schlagzeilen in der Presse
* die wirtschaftliche Lage
* das Leitbild
* Frauen und deren Gleichstellung und Förderung
* wichtige Persönlichkeiten

Das sind viele Daten und Fakten, die Sie vorab ermitteln können. Mit einer gezielten Recherche umgehen Sie so manches Fettnäpfchen. Gerade in den ersten Tagen und Wochen, in denen sehr viel Neues auf Sie einströmt, verschaffen Sie sich durch Ihre Vorinformationen eine größere Sicherheit. Für Ihr Umfeld können Sie mit Ihrem Wissen zu einer informierten Gesprächspartnerin werden.

Ein Beispiel: Durch einen Presseartikel oder durch eine Ex-kollegin haben Sie davon erfahren, dass ein neuer Großkunde das Unternehmen wirtschaftlich absichert. Mit diesem Wissen ist Ihnen klar, warum dieser Kunde bevorzugt behandelt wird. Sie werden also ebenfalls Ihr Allerbestes tun, diesen Kunden weiterhin ans Unternehmen zu binden.

Tipp: Starten Sie Ihre Recherche im Internet. Studieren Sie die Webseite Ihres neuen Arbeitgebers, bis Sie sich auf diesen Seiten zu Hause fühlen. Auf den **Firmenwebseiten** finden Sie meist mehr als die empfohlenen Produkte und Dienstleistungen. Sicherlich haben Sie sich vor Ihrem Vorstellungsgespräch mit diesen Seiten vertraut gemacht. Trotzdem ist es sinnvoll, sich noch einmal neu damit zu beschäftigen, aus dem Blickwinkel heraus, dass dies künftig «Ihre» Firma sein wird. Webseiten sind das «Aushängeschild» des Unternehmens – das in Zukunft auch für Sie und Ihre Leistung gilt.

Der Link «**Wir über uns**» umfasst, je nach Größe des Unternehmens, das Profil, die Unternehmensgeschichte, die Philosophie und Vision. Falls Sie bisher nichts zu diesen Themen gefunden haben: Manchmal sind diese Seiten so versteckt, dass Sie sie nur unter dem Link «Sitemap» finden.

Auf der Webseite mancher Unternehmen finden Sie nur Produktinformationen oder Dienstleistungen. Eine Selbstdarstellung scheint zu fehlen. In diesen Fällen sollten Sie sich einen anderen Weg suchen, um Ihr neues Unternehmen mit all seinen Facetten kennenzulernen. Seien Sie neugierig! Fragen Sie nach! Und falls Sie im Vorgespräch nicht durchs Unternehmen geführt worden sind, wäre es sinnvoll, noch einmal um einen Termin zu bitten. Damit können Sie sich gezielt einen besseren Einblick verschaffen. So beugen Sie auch späteren dummen Kommentaren vor: «Ach, Sie wissen nicht, wo der Vertrieb sitzt?»

Bei kleineren Unternehmen achten Sie darauf, ob und wie sich die «Führungsriege», das Team oder die einzelnen Mitarbeiterinnen präsentieren, mit oder ohne Foto, Titel und Zuständigkeit. Sollten Sie beim Vorstellungsgespräch nur Ihre direkte Vorgesetzte kennengelernt haben, dann haben Sie jetzt die Möglichkeit, sich die anderen Personen genauer anzusehen. Prägen Sie sich das Gesicht, den dazugehörigen Namen und die Position ein. Außerdem ist es hilfreich, sich ein eigenes Organigramm der Firma zu zeichnen.

Zudem ist es ratsam, zu den für Sie wichtigen Personen weitere Infos zu recherchieren.

Eine Lebensmittelkontrolleurin, die in der Verwaltung tätig ist, beschreibt es so:

Small Talk mit Pferd

Ich wollte gerne wissen, welchen beruflichen Hintergrund meine zukünftigen Kolleginnen und Kollegen haben, um nach Anknüpfungspunkten für die ersten Gespräche zu suchen. Wer ist Mediziner, wer Biochemikerin? Gibt es Fachartikel, die sie verfasst haben?

Ich habe gegoogelt und bei meinen Recherchen herausgefunden, dass einer der Kollegen Tierarzt ist. Super! Ich habe ein eigenes Pferd, und wir hatten über das Tier direkt ein gemeinsames Thema.

Bei einer Biochemikerin hätte ich über meinen Garten gesprochen.

Machen Sie sich ein umfassendes Bild von den wichtigsten Mitarbeitern. Im Internet finden Sie auch Hinweise auf sportliche Erfolge oder soziales Engagement. Beides sind gute Small-Talk-Themen.

Bei größeren Firmen finden Sie meist ausführlich beschriebene **Leitbilder.** Was sagen Firmen selbst über ihre Kultur und über ihre Unternehmenspolitik aus?

Der Energieversorger RWE nennt auf seiner Webseite seinen Verhaltenskodex: Eigenverantwortung, Aufrichtigkeit, Loyalität und Respekt gegenüber Menschen und Umwelt.

IKEA nennt die Werte Gemeinschaft, Kostenbewusstsein, Respekt und Einfachheit.

Ob die Philosophie tatsächlich im Unternehmen gelebt wird oder letztlich ein Lippenbekenntnis bleibt, werden Sie erst vor Ort erfahren. Aber nehmen Sie die öffentlichen Statements zur Kenntnis und nehmen Sie sie ernst. Selbst wenn Sie Monate später erleben, dass im Alltag andere Gesetze herrschen – im Meeting und im Gespräch mit Ihrer Chefin kann es durchaus von Vorteil sein, gewisse «Codewörter» zu benutzen und sich auf die gemeinsamen Werte zu berufen – wenn es nicht zu aufdringlich geschieht.

Was finden Sie im Bereich **soziales und kulturelles Engagement**, und welche Aktivitäten **sponsert** die Firma? Formuliert das Unternehmen nur allgemeine Ziele, oder nennt es konkrete Projekte? Wenn es Projekte fördert, welche Arten von Projekten werden gefördert? Ist es ein Bundesligaverein, der örtliche Marathonlauf, ein Schulprojekt oder eine Behindertenferienfahrt? An diesen Punkten können Sie die Interessen, die politische oder gesellschaftliche Ausrichtung der Unternehmensführung erkennen. Das Wissen um die «Firmenmentalität» gibt Ihnen eine klare Vorstellung davon, was für Ihre Firma zählt und was nicht. Dies dürfen Sie auf jeden Fall im Hinterkopf behalten und als Richtschnur für Ihr Handeln und Ihre Gespräche nehmen – im Arbeitsgespräch wie in der Kaffeeküche.

Es sollte Ihre tägliche Arbeit beeinflussen, und es gibt Ihnen außerdem die Möglichkeit, sich konkret zu engagieren.

Nun sind da auch noch Kriterien, die **Sie als Frau** besonders betreffen. Falls noch nicht geschehen – finden Sie spätestens jetzt heraus, wie frauen- und familienfreundlich sich Ihr neuer Arbeitgeber darstellt.

Wie viele Frauen arbeiten in der ersten und zweiten Führungsebene? Wird der weibliche **Führungskräfteanteil** überhaupt erwähnt? Wie ist die Entwicklung der Frauenquote in den letzten Jahren? Gibt es eine Stelle, die für Diversity- oder Gleichstellungsaufgaben zuständig ist – mit Foto und einer ehrenvollen Beschreibung?

Wird vielleicht einerseits im Leitbild von Frauenförderung gesprochen, andererseits aber darauf hingewiesen, dass Stellen ausschließlich nach Kompetenzkriterien besetzt werden? Werden Frauen auch in der Sprache sichtbar – wird nur von Mitarbeitern oder auch von Mitarbeiterinnen gesprochen?

Oder sind Frauen erwünscht – aber anscheinend nicht vorhanden? Werden Frauen gefördert durch ein Mentoring-Programm, nimmt die Firma am «Girls Day» teil, oder ist Frausein kein Thema?

Ist Ihr zukünftiges Unternehmen **familienfreundlich**? Wird dort von Elternschaft mit Kita, Kindergarten oder einer anderen Art der Kinderbetreuung gesprochen? Wird die Vereinbarkeit von Familie und Beruf thematisiert und mit konkreten Fakten belegt?

Manchmal finden Sie Videos oder Fotos von besonderen Ereignissen wie Firmenjubiläen, Grundsteinlegung, Preisverleihung für ein Projekt oder Ähnliches. Sehen Sie dort Frauen, oder stehen nur Männer im Vordergrund und halten eine Rede? All diese Details geben Ihnen einen Einblick.

Sollten Sie feststellen, dass Sie in diesem Unternehmen als Frau wahrscheinlich keine Karriere machen können, müssen Sie sich eine entsprechende Strategie überlegen. Sie können lernen, sich in dieser Männerwelt durchzubeißen, sich in unterschiedlichen Situationen auszuprobieren und mit der gewonnenen Erfahrung die Stelle als Sprungbrett benutzen.

Eine Ingenieurin gibt folgenden Tipp:

Lieber an den Leitwolf hängen als mit den Schäfchen kuscheln

Viele hängen sich an die «unwichtigsten» Personen, weil diese vielleicht nett und harmlos sind. Sie haben wenig Einfluss, wenig Macht und wirken nicht bedrohlich. Gerade wenn frau sich in einer klassischen Männerdomäne erfolgreich durchboxen will, muss sie sich an den wichtigen und einflussreichen Männern orientieren.

Für Ihre mittel- oder langfristige Planung lohnt sich ein Blick auf die **Kooperationspartner**, Niederlassungen und die Verlinkung zu anderen Unternehmen. Sie können daran bestimmte Werte erkennen. Wie beispielsweise ist eine soziale Einrichtung gesellschaftspolitisch eingebunden? Kirchlich, staatlich? Wer ist Auftraggeber oder Geldgeber? Oder auch: Welcher Caterer bewirtet die Kantine, welcher Händler liefert Blumensträuße und Gestecke? Mit wem also ist Ihre Organisation regional vernetzt?

Bei großen Firmen können Sie langfristig von einem globalen Netz profitieren, um endlich in Ihre Lieblingsstadt zu ziehen, in China zu arbeiten, in die von Ihrer Firma beauftragte Werbeagentur zu wechseln oder den heißersehnten Lehrauftrag an der Fachhochschule Ihres Fachbereichs zu erhalten.

Der **Pressespiegel** der Firmenwebseite zeigt Ihnen, wie das Unternehmen sich präsentiert, wie es von außen wahrgenommen werden will und auf welche Themen es besonderen Wert legt. Welche Themen es außen vor lässt, können Sie feststellen, wenn Sie den Pressespiegel mit weiteren Berichten der Medien vergleichen. Mit dem Abgleich der unterschiedlichen Darstellungsweisen erkennen Sie sensible Themen, mit denen Sie nun ebenfalls sensibel umgehen sollten. Damit weichen Sie schon einigen Fettnäpfchen gezielt aus.

Zusätzliche Informationen, die für Sie wichtig sein können: **Was schreibt die Presse?** Presseberichte finden Sie im Internet. Wenn Sie in den Suchmaschinen «Schlagzeilen Firma XY» eingeben oder auf den Online-Seiten der regionalen und überregionalen Zeitungen und Zeitschriften suchen, werden Sie mit Sicherheit viel Informationsmaterial erhalten. Auf der Webseite www.genios.de finden Sie Informationen über Firmen durch den Zugriff auf Tages-, Wochen- und Fachpresse, wissenschaftliche Nachweise sowie Branchenberichte und Personeninformationen. Hier können Sie ebenfalls nachlesen, welches Image Ihr Unternehmen in der Öffentlichkeit hat. Engagiert sich Ihr Unternehmen in Ihrem Sinne positiv, dann freuen Sie sich. Bei Diskussionen im Haus bleiben Sie trotzdem erst einmal zurückhaltend; intern könnten Sie eine ganz andere Sichtweise vorfinden.

Die Plattform www.kununu.com enthält Arbeitgeberbewertungen nach verschiedenen Kriterien. Gleichberechtigung ist eines davon.

Je nach Größe und Gesellschaftsform – auch bereits bei kleineren GmbHs – geben **Handelsregisterauszüge** Auskunft über den Jahresabschluss, über die Namen des Vorstands, der Geschäftsführung und der Prokuristen. Gerade bei kleineren Gesellschaften kann es für Sie von Interesse sein zu erfahren, wer im Hintergrund mit agiert, «stille» Gesellschafterin ist oder Prokura hat. Diese Informationen stehen nicht unbedingt auf jedem Türschild. Sie könnten auch feststellen, wer vorher Geschäftsführerin war und heute an anderer Position im Unternehmen sitzt. Diese Firmengeschichte zeigt den Wechsel in den verantwortlichen Positionen und damit mögliche «verbrannte» Namen oder geförderte Personen. Für ein paar Euro können Sie sich einen Auszug bei www.handelsregisterauszug-online.de zusenden lassen. Über die Webseite www.wer-zu-wem.de können Sie sich kostenlos Firmenprofile zukommen lassen.

Die **Kammer- und Verbandslandschaft** in Deutschland ist

groß. Für viele Berufe und Unternehmen besteht Pflichtmitgliedschaft wie bei der IHK, der Handwerkskammer, der Ärztekammer, um nur einige aufzuzählen. Hinzu kommen die vielen Berufsverbände, die Interessengemeinschaften und Vereine. Eine Fundgrube für Ihre Recherchen! Kammern und Verbände, alle präsentieren sich auf ihren Webseiten. Dort werden aktuelle Themen der Branche abgehandelt, Stellungnahmen formuliert, wird Verbandsgeschichte geschrieben. Sollten Sie neu in einer Branche sein, finden Sie hier alle nützlichen Informationen.

Personenbezogene Informationen recherchieren!
Sie wollen wissen, welche Kollegin, welcher Kollege oder wer von den Vorgesetzten in einem Verband engagiert ist? Das können Sie auf den Verbandsseiten erfahren. Klicken Sie nicht nur die Seiten der Mitglieder an, sondern auch die der Vorstände, der Präsidiumsmitglieder, des Beirats und der Ausschüsse. Sie werden feststellen: Wer im Unternehmen Einfluss hat, sitzt meist auch in mehreren Verbänden in einflussreicher Position.

Ein **Beispiel**: Wer in leitender Position einer internationalen Hotelkette tätig ist, den werden Sie auch in den zugehörigen Verbänden finden: als Mitglied im Verwaltungsrat der Deutschen Zentrale für Tourismus, Mitglied im Präsidium des Deutschen Hotel- und Gaststättenverbandes, Mitglied des Bundesverbandes der Deutschen Tourismuswirtschaft, Mitglied des Vorstandes des Internationalen Hotelverbandes Deutschland, Mitglied im Stiftungsrat einer Hotelfachschule.

Sie sehen, in Führungspositionen zu arbeiten bedeutet, auch außerhalb des Unternehmens aktiv zu sein, mit zu bestimmen und mit zu gestalten, eben Lobbyarbeit zu leisten.

Wenn Sie feststellen, dass Ihre Kollegin, eine Abteilungsleiterin, in ihren Verbänden sehr aktiv mitwirkt und für das Unternehmen die Weichen mitbestimmt, wissen Sie, warum ihre Meinung gefragt ist und ihre Entscheidungen Tragweite haben. Es lohnt sich, zu dieser Person einen sehr guten Kontakt herzustellen. Sie ist eine Ihrer Informationsquellen, sie kennt wahrscheinlich die wichtigen EntscheidungsträgerInnen und die derzeitigen Erfolge, Probleme und Projekte der Branche.

Googeln Sie ebenfalls zu **Tagungen** und **Kongressen** Ihrer Branche, um sich über aktuelle Themen und wichtige Personen zu informieren. Dieses Wissen bringen Sie in Gesprächen ein. Lassen Sie gezielt bekannte Namen fallen und zeigen Sie, dass Sie informiert und interessiert sind. Das sogenannte «Namedropping» kann Türen öffnen und Ihnen helfen, in den Kreis der Aktiven aufgenommen zu werden. Aber Vorsicht bei der Dosierung: Zu viel davon kann Abwehrreaktionen hervorrufen. Wie immer müssen Sie auf das nötige Feingefühl achten.

Weitere personenbezogene Daten, Fakten und auch Fotos finden Sie auf **Personensuchmaschinen** wie www.genios.de, www.yasni.de oder international bei www.forbes.com unter «Profile and Compensation». Gehen Sie auf die Suche nach den Ehrenämtern, Ehrungen, dem politischen Engagement Ihrer gesuchten Personen. Das Wissen über die regionale Mitgliedschaft in einem Golfclub, einem Business Club, einem Fußballverein oder einem Women-Club kann Ihnen ebenfalls einen Vorsprung verschaffen. Wer in seinen Lieblingsverein Zeit, Geld und Knowhow investiert, möchte, dass sein Engagement und sein Verein geschätzt und nicht verspottet wird. Wenn Ihr Chef oder Ihre Chefin Mitglied in einem Reiterverein ist, wäre es unklug, über den Reitsport Witze zu machen. Mit einer höflichen Nachfrage zeigen Sie Interesse. Wenn Sie sich dann auch noch auf dem Laufenden halten über die Turnierergebnisse, kann das nur ein doppelter Pluspunkt für Sie werden. Zudem bringt Ihnen Ihr Wissen noch einen weiteren Vorteil. Sie kennen die Interessen der oder des anderen, Sie haben Gesprächsstoff und können gemeinsame Interessen entdecken. Das ist ein zusätzlicher «Klebstoff» für gute berufliche Beziehungen.

Das, was Sie tun, tun andere übrigens auch: Recherchieren, und zwar über Sie. Wir werden gleich noch darauf zu sprechen kommen.

Wie können Sie Ihr eigenes Klüngel-Netz nutzen?

Eine andere Möglichkeit, Verbindungen herzustellen, bieten soziale Netzwerke mit Plattformen wie

* www.xing.com
* www.studivz.net
* www.wer-kennt-wen.de
* www.facebook.com

Auch für bestimmte Branchen finden Sie im Internet Netzwerke wie zum Beispiel für die Foto- und Film-Communities.

Hier können Sie feststellen, ob es zwischen Ihnen und Ihrer gesuchten Person sogenannte Verbindungspersonen gibt. Voraussetzung ist, beide sind im Netzwerk eingetragen. Und so funktioniert es: Eine Freundin, Kollegin, ein Urlaubsbekannter von Ihnen kennt wiederum eine Freundin, Geschäftspartnerin, einen Exkollegen von Ihrer gesuchten Person.

Nun können Sie den angezeigten Weg verfolgen. Sie können nachfragen, was die Freundin mit dem Exkollegen verbindet und diesen wiederum mit Ihrer gesuchten Person X. Sie können Ihre Bekannte bitten, einen Kontakt für Sie herzustellen, oder Ihre Person X direkt anmailen und über die gemeinsamen Bekannten plaudern, die gemeinsamen positiven Erlebnisse. Mit Ihren Stärken, Ihren guten Kontakten motivieren Sie andere, mit Ihnen in Kontakt zu kommen.

Beispiel: Berichten Sie, wenn es passt, ruhig über die gemeinsame Ausbildungszeit mit Martina, den Spaß, den Sie hatten, und die Unterstützung, die Sie erfuhren – Ihre Wertschätzung für Martina wird auch Ihnen positiv angerechnet werden. Loben Sie Paulas Fähigkeit, schnell das Wesentliche zu erfassen, aber verschweigen Sie, dass sie selten einen Witz versteht. Stellen Sie Theas sportliche Leistungen heraus – ohne sich anzubiedern. Ihre Aufmerksamkeit für andere wird für Sie sprechen.

Das Angebot und die Nutzung der Internet-Plattformen verändern sich laufend. Beobachten Sie die Diskussionen und Image-Veränderungen, vor allem die Ihres Lieblingsnetzwerks.

Bei Daten, die Sie über sich veröffentlichen, bedenken Sie, dass immer mehr Personalleute das Internet durchforsten. Es ist üblich, dass Personalerinnen die neuen Mitarbeiter googeln. Überprüfen Sie, was über Sie im Internet zu finden ist. Wie stellen Sie sich mit Ihren Profilen in den verschiedenen Netzen dar?

Ihre Personalabteilung könnte mehr über Sie wissen, als Ihnen lieb ist …

Persönliche Kontakte nutzen. Sie kennen jemanden, die jemanden kennt, die jemanden vor Ort, also in Ihrer zukünftigen Firma, kennt. Das ist das klassische Klüngel- oder Netzwerkprinzip. Hören Sie sich in Ihrem Freundeskreis um. Fragen Sie Menschen, mit denen Sie Sport treiben oder Ihre Freizeitaktivitäten teilen.

Auf einer Fortbildung, auf einer Tagung, wo auch immer und

wen auch immer – fragen Sie: «Kennst du oder kennen Sie jemanden, der Kontakt zur Firma XY hat?»

Die Wahrscheinlichkeit ist sehr groß, dass Sie nach ein paar Tagen eine Person genannt bekommen, die mit Ihrer Firma zu tun hat, als Kundin, als Lieferant dort arbeitet oder dort gearbeitet hat. Und jetzt haben Sie die Gelegenheit, sich Interna erzählen zu lassen. Aber denken Sie daran: Es sind immer ganz persönliche Berichte und individuelle Wahrnehmungen, die Sie da erfahren. Behalten Sie diese Informationen im Hintergrund, und überprüfen Sie später selbst die Lage.

Lassen Sie los, was Sie nicht mitnehmen möchten

Welche Kontakte wollen Sie mitnehmen, welche wollen Sie loslassen?

Nehmen Sie nur mit, was wertvoll für Sie ist.

Schauen Sie auf Ihre **letzte Stelle**. Haben Sie sich verabschiedet, die alte Position losgelassen und die guten Kontakte mitgenommen? Verabschieden Sie sich möglichst offiziell von Ihren Kolleginnen, Mitarbeitern und Vorgesetzten.

Denken Sie zuvor noch einmal darüber nach, was in der Zusammenarbeit mit wem gut funktioniert hat.

* Wer waren Ihre Verbündeten? Von wem haben Sie gelernt, und wen haben Sie unterstützt? Auf wen konnten Sie sich verlassen, wer hielt Sie mit internen Informationen auf dem Laufenden?
* Mit wem sind Sie gerne essen gegangen, mit wem konnten Sie sich fachlich gut austauschen, wer hielt Sie oder das Team bei Stimmung?

Bedanken Sie sich ganz individuell bei allen Personen, mit denen Sie zu tun hatten.

Überlegen Sie, wer Ihre fachlichen, freundschaftlichen oder firmenübergreifenden **Ankerpersonen** werden sollen, mit denen Sie weiterhin klüngeln wollen. Alte, guterhaltene Kontakte sind der Fundus im Beziehungsnetz, auf den Sie zurückgreifen können.

Ach ja, noch eine letzte Frage: Haben Sie gerade Ihr Studium beendet? Dann überlegen Sie doch mal, welche Kontakte Sie weiter halten wollen.

Wut tut nicht gut

Sollten Sie noch Wut im Bauch fühlen – zum Beispiel über Ihre vorherige Stelle, über frühere Kolleginnen oder Chefs –, dann ist es wichtig, sich auch von der Wut zu verabschieden. Rituale helfen dabei. Schreiben Sie Ihren Ärger auf einen Zettel, zerreißen Sie ihn und spülen Sie die Schnipsel in der Toilette herunter. Oder falten Sie ein Schiffchen daraus und schauen Sie hinterher, wie es auf einem Fluss einfach davonschwimmt. Oder hängen Sie die Wut per Zettel an einen mit Gas gefüllten Luftballon; der fliegt für immer auf und davon.

Wenn es immer wieder die gleichen Situationen sind, die bei Ihnen Ärger oder Enttäuschung auslösen, dann reicht es vermutlich nicht aus, den Ärger davonfliegen zu lassen. Nehmen Sie sich Zeit für folgende Frage:

Wie gelingt es Ihnen, immer wieder in die gleiche Situation zu geraten?

Welche Fähigkeiten können Sie übertragen und welche nicht?

Klar, Sie kennen sich. Aber haben Sie schon einmal darüber nachgedacht, was Ihnen besonders gut gelingt, was Ihre **besonderen Fähigkeiten** auf der letzten Stelle waren? Womit sind Sie erfolgreich gewesen, was ist Ihnen leichtgefallen, was haben Sie besonders gern getan? Waren es Ihre Detailfreude, Ihre Präzision, Ihre praktischen Ideen? Oder Ihre Kommunikationsfähigkeit mit schwierigen GesprächspartnerInnen, Ihr exaktes Timing und Ihr perfektes Organisationstalent? Vielleicht waren es Ihre Teamfähigkeit und Kontaktfreude, Ihre Fähigkeit, andere zu leiten und zu motivieren, Ihre Durchsetzungskraft? Oder Ihre kreativen Lösungswege, Ihre Ausdauer, Ihre Zuverlässigkeit und Freundlichkeit, Ihre Intuition, Ihr Gespür für den richtigen Augenblick?

Werfen Sie jetzt einen Blick auf **Ihre Stärken, die Sie unterstützt haben, Ihre Ziele zu erreichen.**

Nehmen Sie sich einen Stift und ein Blatt Papier im Format DIN A4. Legen Sie Ihre linke oder rechte Hand auf das Blatt. Spreizen Sie die Finger ein wenig. Zeichnen Sie den Umriss Ihrer Finger und des Handtellers. Jetzt schreiben Sie in jeden Finger eine Ihrer Stärken.

* Wenn Ihnen das schwerfällt, denken Sie an **Dinge, die Sie besonders gerne tun.** Dekorieren Sie gerne? Dann könnte Kreativität eine Ihrer Stärken sein. Gehen Sie den Dingen gerne auf den Grund? Sicher gehört analytisches Denken zu Ihren Stärken.

* Was fällt Ihnen leicht? **Bereiche, in denen Sie mühelos Erfolge erzielen,** sind oft ein Signal dafür, dass eine Ihrer Stärken im Spiel ist. Ist es einfach für Sie, neue Computerprogramme zu verstehen oder sich zum Beispiel in Excel einzuarbeiten? Die dahinterstehende Stärke ist Ihr mathematisches Verständnis. Können Sie mit Leichtigkeit ein Fest organisieren? Strategisches Geschick ist sicher eine Ihrer Stärken.

* In welchen Bereichen werden Sie häufig um Rat gefragt? **Sicherheit, Können und Fachwissen sind oft das Sahnehäubchen einer gutentwickelten Stärke.** Haben Sie eine Freundin, der Sie bei Beziehungskrisen gut helfen können? Vielleicht ist

Zuhören eine Ihrer besonderen Stärken oder Einfühlungsvermögen.

Nehmen Sie sich ein Stündchen Zeit. Fragen Sie auch Ihre Freundinnen. Was sagen die dazu?
Schreiben Sie es auf, bis Ihnen ganz deutlich ist, welche Ihrer Fähigkeiten Sie auf der vergangenen Stelle brauchten und welche neuen Kompetenzen Sie dort entwickelt haben.

Welche Fähigkeiten zukünftig erwartet werden, haben Sie bereits im Vorstellungsgespräch besprochen. Später werden Sie erkennen, was nicht ausdrücklich gesagt wurde, aber von Ihnen trotzdem erwartet wird.

Stärken, die zu Schwächen werden

Passen die alten Kompetenzen überhaupt zur neuen Aufgabe? Vielleicht stehen Ihnen einige Ihrer bislang wertvollen Fähigkeiten auch im Weg. Stärken könnten in der neuen Position auch Schwächen sein. Vor allem wenn Sie sich nur an Ihre bisherigen Erfolgsstrategien halten. Dann könnten Sie trotz intensiven Engagements scheitern. Tatsächlich, das ist möglich: Wenn Sie zum Beispiel Betriebsabläufe steuern und koordinieren sollen, ist Ihre Detailfreude weniger gefragt als der Blick fürs Große und Ganze. Fürs Detail sind jetzt andere zuständig.

Sie wurden möglicherweise wegen Ihrer Erfolge im alten Unternehmen «eingekauft». Doch welche neuen Kompetenzen brauchen Sie, um auch im neuen Team erfolgreich zu sein? Ein fataler Fehler könnte Ihnen unterlaufen, wenn Sie genau so weiterarbeiten wie bisher.

Genau das ist einer Coaching-Klientin von uns passiert:

Operatives Alltagsgeschäft statt strategisches Denken gefragt

Als Geschäftsführerin der Vertriebslinie einer großen Handelskette bot sich mir eine Riesenchance: Der Inhaber eines mittelständischen Handelsunternehmens wollte sich zur Ruhe setzen und suchte einen Nachfolger. Ich kam in die engere Wahl und erhielt schließlich den Zuschlag. Durch meine Ausbildung und meine langjährige Handelserfahrung im Konzern fühlte ich mich gut gerüstet für die tolle neue Herausforderung. Ich war bereit, meine ganze strategische Erfahrung einzubringen.

Meine strategische Planung hat jedoch nicht dazu beigetragen, die Erwartungen im Unternehmen zu erfüllen. Meine Kompetenzen waren hier nicht gefragt.

Ich sollte die Organisatorin für alles sein. Ob Lager, Controlling, Vertrieb – überall wurde erwartet, dass ich selbst in die Sacharbeit gehe, bis hin zum Kistenrücken im Lager und die Beschaffung von Büromaterial.

Keine Entscheidung ohne mich, so wie der ehemalige Inhaber das auch immer gemacht hat. Es war niemand da, an den ich im großen Stil hätte delegieren können. Das Unternehmen hatte auch keine Kapazität zum Aufbau von weiteren Personalressourcen. Das Alltagsgeschäft hat mich zermürbt, dazu stets den Senior im Rücken.

Nach drei Monaten haben wir uns voneinander getrennt. Jetzt bin ich wieder in einem Handelskonzern tätig.

Ahimsa!

Jetzt haben Sie so viel recherchiert und über viele Dinge nachgedacht. Zeit, mal wieder innezuhalten.

Nehmen Sie sich fünf Atemzüge Zeit. Achten Sie nur auf Ihren Atem. Das ist Ihre kleine Auszeit.

Ihr Notizbuch – Das Gute daran ist das Gute, das drinsteht!

Legen Sie sich ein Notizbuch oder eine Kladde zu – wir empfehlen Ihnen, ein optisch und haptisch schönes Buch zu erwerben, das Sie gerne mit sich tragen. Nehmen Sie es mit als Ihre Gedächtnisstütze während Ihres Einstiegs in eine neue Unternehmenskultur. Halten Sie darin Ihre Eindrücke, Erfolge und Erfahrungen fest.

Ihr Notizbuch – Ihre Fundgrube

Der Inhalt Ihres Notizbuchs wird zu Ihrer persönlichen Dokumentation, in der Sie die notierten Abläufe und Zuständigkeiten nachschlagen können.

Rückwirkend, wenn Sie Ihre Notizen immer wieder lesen, werden Sie betriebliche Zusammenhänge schneller verstehen. Verbesserungsvorschläge, die Sie sich zunächst nur einmal notiert haben, können Sie später auf ihre Tauglichkeit überprüfen und einbringen.

Was Sie sowieso tun ...

Schreiben Sie eine **To-do-Liste** für Ihre täglichen Arbeiten. Das hilft, den Überblick über die eigenen Aufgaben zu behalten und am nächsten Tag gezielter die wichtigen Dinge anzugehen. Eine solche Liste kann den Kopf frei machen und dadurch entlasten.

Diese Liste können Sie z. B. in Outlook erstellen. Sie werden diese Liste täglich am Arbeitsplatz aktualisieren.

Die «To-do-Liste» könnte so aussehen:
* Beschwerdebriefe durchforsten
* mich auf das Meeting vorbereiten
* Mail von xy lesen und beantworten
* Ablaufplan entwickeln
* Fotos weitermailen
* Terminplan überprüfen
* Bericht verfassen und und und …

Wenn Sie sich aber ausschließlich mit den Dingen beschäftigen, die noch getan werden müssen, kann eine solche Liste Sie unter Druck setzen.

Gedanken wie «Reicht der nächste Tag für die speziellen Aufgaben? Kommt auch nichts dazwischen? Was schleppe ich schon die letzten Tage mit? Welche Informationen fehlen mir noch?» drücken aufs Gemüt und auf die Motivation. Darum raten wir: Überfrachten Sie Ihre Liste nicht, nehmen Sie sich nicht zu viel vor. Und Sie sollten sich eine gewisse Gelassenheit gegenüber «Überhängen» zulegen.

Wie Sie Ihr Notizbuch nutzen

Erstellen Sie – sozusagen als Gegengewicht zu Ihrer To-do-Liste – eine tägliche Erfolgsliste. Diese Liste weckt das Gefühl, etwas geschafft zu haben. Sie haben etwas geleistet.

Ihre Erfolgsliste könnte so aussehen:
* endlich die Vertragspartnerin Frau Becker erreicht
* zwei Vertragspunkte fixiert
* das Protokoll gelesen und verstanden

* eine Statistik fertiggestellt
* zwei eventuelle Verbündete für mein Vorhaben XY gefunden
* das Gespräch mit Herrn Müller positiv beendet
* trotz Zeitdruck Gelegenheit für eine Pause gefunden und in der Sonne Cappuccino getrunken
* und und und …

Machen Sie ein kleines Experiment: Gehen Sie langsam die Einträge Ihrer To-do-Liste durch. Dann legen Sie eine kurze Pause ein. Welches Gefühl stellt sich bei Ihnen ein?

Danach lesen Sie sich laut die Einträge auf der Erfolgsliste vor. Welches Gefühl entsteht jetzt bei Ihnen?

Wir hetzen uns oft von einer Arbeit zur anderen, laufen den Dingen hinterher, die getan werden müssen. Das «fleißige Lieschen» in uns, das pflichtbewusst die Ausführung übernimmt, vergisst dabei, was es schon alles geleistet hat.

Leider kann sich beim stressigen Abarbeiten der To-do-Liste kein gutes Selbstwertgefühl entwickeln. Erst wenn Sie schwarz auf weiß lesen, was Sie an einem Tag alles erreicht haben, werden Sie die Ergebnisse Ihrer Arbeit schätzen. Tägliche Erfolgslisten zeigen die eigenen Stärken. Schreiben Sie auch die kleinen «Nebensächlichkeiten» auf. Manchmal zeigt sich erst später, wie wichtig sie waren.

Am nächsten Morgen beginnen Sie mit Ihrem Notizbuch. Lesen Sie Ihre Aufzeichnung – schmunzelnd, genießend, wertschätzend – und klopfen Sie sich in Gedanken dabei auf die Schulter. Diese eigene Anerkennung und Wertschätzung macht Sie selbstbewusster. Machen Sie das ruhig öfter – niemand sieht es, und Ihnen tut es gut.

Wir werden Ihnen immer wieder Ideen liefern, wie Sie Ihr Notizbuch bereichern können.

Die Schöne und das Business

In einer Supervisionsrunde berichtete eine
Seminarleiterin Folgendes:

Die richtige Farbe am falschen Platz

Ich hatte vor Jahren einen Auftrag, der mich für einige
Wochen in eine große Wirtschaftskanzlei nach London führte.
Toll, ich freute mich riesig darauf und hatte sogar daran
gedacht, mich zu erkundigen, wie denn wohl der Dress-Code
wäre. «Da gibt es nichts Besonderes zu beachten», sagte der
junge Anwalt, den ich vorab befragt hatte. «Kleiden Sie sich
einfach so, wie Sie auch zu Ihren Seminaren gehen.»

Ich nahm also schöne Kostüme und smarte Hosenanzüge
mit, alles in freundlichen Farben.

Vollkommen verkehrt! Schnell war ich bekannt wie ein
«bunter Hund», im wahrsten Sinne des Wortes. Ich erhielt
viele irritierte Blicke. Alle, und damit meine ich wirklich jeden – von der Führungsfrau über die Sekretärin bis zur Auszu-
bildenden –, trugen die klassischen Business-Farben Schwarz
oder Dunkelblau. Dazu eine weiße Bluse oder ein elegantes Top.

Selbst ein schlichtes Dunkelbraun ist in konservativen
Unternehmen sehr gewagt, weiß ich heute. In London habe
ich gemerkt, wie schnell frau durch die falsche Garderobe
zur Außenseiterin werden kann, deshalb schaue ich heute
genau hin. Ich liebe fröhliche Farben, sie sind mein «Markenzeichen». Wenn klassische Business-Kleidung gefragt ist, trage
ich heute Schwarz, aber ich schleuse immer ein farbiges Tuch
oder eine bunte Kette in mein Outfit ein.

Wie steht es mit dem **Dress-Code in Ihrem Unternehmen**? Was ist Ihnen vom Vorstellungsgespräch in Erinnerung – schauen Sie in Ihren Kleiderschrank.

* Welcher Kleidungsstil wird von Ihnen erwartet, generell und in Ihrer Position? Was entdecken Sie dort für die kommende Zeit und vor allem für den ersten Tag? Welche Kleiderkultur finden Sie vor?
* Können Sie in Ihren Kleiderschrank schauen und zufrieden nicken? Sind Sie entsprechend ausgestattet und geraten nicht jeden Morgen wieder in Kleidungsstress? Was müssen Sie möglicherweise ergänzen?

Ihren Kleiderschrank als Spiegelbild zu betrachten mag übertrieben wirken. Aber probieren Sie es mal: Unbrauchbares loslassen – wie eine gelesene Zeitung. Unnützes wegwerfen, Neues hinzufügen und alles zusammen aktualisieren für den Alltag und die besonderen Tage und für Veranstaltungen. Hier können Sie schon mal für die ersten Wochen im neuen Umfeld üben.

Ergänzen Sie Ihre Garderobe und Ihre Accessoires so, dass beides Ihnen eine größere Auswahl an Kombinationen ermöglicht. Es gibt Ihnen ein gutes Gefühl, und Sie werden mit Freude Ihre Schränke öffnen, wenn Sie wissen, Sie können einfach zugreifen, es ist alles Notwendige vorhanden.

Ihre Kleidung sagt immer etwas über Sie aus. Sie präsentieren damit nicht nur Ihren Kleidungsstil und Ihre momentane Stimmung, sondern auch Ihre Zugehörigkeit oder Ihre Nichtzugehörigkeit. Kleidung ist Ihr ganz persönliches **Statussymbol**. Mit Kleidung verschaffen Sie sich Respekt – oder verspielen ihn.

Sie wissen wahrscheinlich, dass Ihr Äußeres ein wichtiger Indikator für Ihren Erfolg ist. Stellen Sie sich eine Geschäftsführerin mit ausgelatschten, ungeputzten Schuhen in einer Gesprächsrunde oder bei einer Präsentation vor. Generell gilt: Je höher die Position und je offizieller der Anlass, desto dunkler die Kleidung.

Kleidung muss doppelt passen: Zu Ihnen und zum Anlass. Ihre Kleidung und die Accessoires wie Uhr, Handtasche, Schmuck liefern dem Gegenüber wichtige Signale. Aus dem, was wir sehen, schließen wir auf die Persönlichkeit, die Stellung und die Vorlieben anderer Menschen. Was also sollen die anderen bei Ihnen sehen?

Eine Seminarteilnehmerin erzählte uns Folgendes:

Lieber Chanel statt graue Maus

Zu mir hat mal ein Topmanager gesagt: «Eine Frau im Chanel-Kostüm greift *mann* nicht so schnell an.» Das habe ich mir gemerkt und sehr zu Herzen genommen. Das Auftreten, und dazu gehört nun mal das Äußere, entscheidet darüber, für wie kompetent eine Frau gehalten wird. Als graue Maus oder Paradiesvogel muss frau sich dreimal so viel anstrengen, um ernst genommen zu werden. Mit abgelaufenen Schuhen und ungepflegtem Äußeren muss frau ganz schön ackern, um sich Gehör zu verschaffen. Ich war mir anfangs unsicher und habe mir eine Stilberatung gegönnt. Das war es auf jeden Fall wert! Mein smartes Erscheinungsbild und das dazu passende souveräne Auftreten (auch das habe ich geübt!!!) öffnen mir viele Türen.

Es ist wichtig, dass Sie sich auskennen. Wir haben einige Frauen gefragt, was sie anziehen würden, wenn der Dress-Code «Casual» (auf Deutsch: lässig, locker, salopp) lautet. Viele sagten, dass sie auf jeden Fall eine Jeans, dazu ein T-Shirt oder eine Bluse tragen würden. Und damit outen sie sich als nicht etikettesicher. Die Begrifflichkeit täuscht uns hier: Erscheinen Sie bitte nicht in Jeans und Sneakers! Gemeint ist eine lockere Kombination aus Blazer und Rock oder Hose, das Material kann aus Wolle, Viskose oder knitterarmem Leinen sein. In Ausnahmefällen ist auch eine elegante Jeans möglich.

Bei Fortbildungen ist oft «Freizeitkleidung» erwünscht. Fragen Sie lieber nach, was das konkret heißt.

Wenn Sie Zweifel haben, dann schauen Sie immer, was die anderen zu welchem Anlass tragen.

Wenn alle im Büro Kostüm oder Business-Anzug tragen, legen Sie sich spätestens jetzt ebenfalls so ein Outfit zu, falls es nicht schon in Ihrem Schrank hängt. Und wenn die Geschäftsführerin Jeans und T-Shirt trägt, dann folgen Sie ihrem Beispiel.

Ein Tipp: Orientieren Sie sich an der Art und Weise, wie die Vorgesetzten sich anziehen. Zu starke Abweichungen werden meist nicht gerne gesehen. Aber denken Sie auch daran: Zu starke Anpassung könnte kriecherisch wirken. Wählen Sie deshalb die goldene Mitte, beachten Sie die Gepflogenheiten im Unternehmen und ergänzen Sie sie durch Elemente Ihres eigenen Stils.

Bitte bedenken Sie den Gesamteindruck: Schuppen auf den Schultern des eleganten Business-Kostüms sind ebenso fehl am Platz wie der Freizeitrucksack zum Abendkleid oder die Marmeladenflecken auf der weißen Bluse.

Natürlich geht es letztendlich um die vielzitierten inneren Werte – aber: Wenn Sie sich nicht pflegen, werden Sie kaum Gelegenheit haben, diese Werte zu demonstrieren.

Eine IT-Spezialistin, die wir im Training kennenlernten, setzt auf folgende Strategie:

Rocker-Shirt unterm Jackett

Wir Programmierer gelten ja oft als IT-Freaks. Das ist auch okay. Karriere möchte ich trotzdem machen und setze bei meinem Outfit auf eine bunte Mischung. Mein Nasen-Piercing gehört für mich dazu, aber das ist in unserem Bereich auch in Ordnung.

Ich habe mir in den letzten Jahren angewöhnt, zu wichtigen Anlässen einen dunklen Hosenanzug zu tragen. Ich will ja, dass mich Leute aus anderen Bereichen ernst nehmen. Aber unter dem Sakko versteckt trage ich ein wildes T-Shirt mit dem Logo einer Heavy-Metal-Band. Das ist mein kleines Geheimnis, denn es sieht keiner. Und insgeheim habe ich meinen Spaß daran.

Ihr Händedruck

Testen Sie einmal, wie Ihr Händedruck auf andere wirkt. Ist er zu lasch, zu stark, zu vorsichtig? Und – schauen Sie Ihr Gegenüber dabei an? Bitten Sie Freundinnen und Freunde, Ihnen genau so die Hand zu geben, wie Sie es tun. Sind Sie damit zufrieden? Wenn nicht, verändern Sie Ihren Händedruck. Beobachten Sie sich eine Zeit lang, bis der neue «Handschlag» für Sie selbstverständlich geworden ist.

Ihr Händedruck soll fest, aber nicht hart sein. Auf keinen Fall schütteln Sie die Hand des Gegenübers auf und ab.

Und noch etwas: Achten Sie immer darauf, Ihr Gegenüber dabei freundlich anzuschauen. Das ist schon die halbe Miete, andere für sich zu gewinnen.

Wer reicht eigentlich wem die Hand?

Sind Sie auch schon mal spontan auf Ihre neue Vorgesetzte, den Geschäftsführer, die Abteilungsleiterin zugegangen und haben sie oder ihn mit einem herzlichen Handschlag begrüßt?

Das ist zwar nett, entspricht aber nicht der offiziellen Business-Etikette. Es gibt klare Regeln für die Begrüßung, die Sie kennen sollten:

Die Ältere gibt der Jüngeren die Hand, die Dame dem Herrn – und der Ranghöhere (egal ob männlich oder weiblich) entscheidet immer, ob er oder sie den anderen die Hand reichen möchte. Alle anderen Regeln sind dann ungültig, Hierarchie toppt immer.

Jetzt, wo Sie es wissen, können Sie immer noch entscheiden, ob Sie sich etikettekonform verhalten wollen – oder sich ganz bewusst dagegen entscheiden.

Eine wichtige neue Knigge-Regel für Sie als Frau: Früher war es so, dass die Frauen auf ihrem Platz sitzen blieben, während die Männer sich zur Begrüßung erhoben. Heute ist das anders. Auch als Frau stehen Sie bitte zur Begrüßung eines neuen Gesprächspartners oder einer Geschäftspartnerin auf. Das hat auch einen großen Vorteil. Sie sind gleich auf Augenhöhe Ihres Gegenübers.

Übrigens, beobachten Sie einmal die Gestik und Mimik von **Sympathieträgern in den Medien**. Was macht sie sympathisch? Vergleichen Sie bei einer Talkshow zwei Protagonisten: eine Person mit einem freundlichen Gesichtsausdruck und positiven Gesten mit einer anderen, deren Mundwinkel nach unten hängen. Welcher Person hören Sie aufmerksamer zu?

Der letzte Tag vor dem Start

Jetzt stehen die letzten ganz persönlichen Vorbereitungen an: Gehen Sie noch einmal die **Anfahrt** durch, virtuell oder in Gedanken. Wie lange werden Sie in der Rushhour brauchen? Wo werden Sie parken? Das Auto tanken und waschen nicht vergessen. Sind Bahn oder Bus schneller als die Fahrt mit dem Auto? Können Sie es sich leisten, mit dem Fahrrad zu kommen, oder verschieben Sie diese Möglichkeit besser auf einen späteren Zeitpunkt? Kein Auto zu besitzen könnte als Mangel an Erfolg gewertet werden, aber erklären können Sie Ihre Einstellung dazu später.

Falls noch nicht geschehen – testen Sie spätestens jetzt Ihre Fahrmöglichkeiten auf Dauer und Zuverlässigkeit, damit Sie ein sicheres Gefühl bekommen und am ersten Tag in aller Ruhe rechtzeitig ankommen.

Entspannen Sie sich auch am Tag davor. Gehen Sie in die Sauna oder joggen oder nehmen Sie ein duftendes Bad und vertiefen Sie sich in Ihr derzeitiges Lieblingsbuch. Oder, wenn Sie besser mit anderen zusammen entspannen, gehen Sie gemeinsam essen, was immer Ihnen guttut. Entspannung ist angesagt.

Lassen Sie es sich nicht entgehen, morgens die neuesten **Nachrichten** zu hören, auch wenn es nicht zu Ihrer Gewohnheit gehört. Planen Sie zumindest einen kurzen Blick in eine **Zeitung oder ins Netz**. Aktuelle Tagesthemen und Geschehnisse vor Ort lassen sich gut in Small-Talk-Gespräche einbringen. Sie verschaffen sich so das Image einer Frau, die die aktuellen Themen kennt und über den Tellerrand hinausschaut. Sie sind dann die gesprächige und aufgeschlossene Neue, mit der es Spaß macht, sich auszutauschen.

Packen Sie schon am Abend Ihre **Tasche** für den nächsten Morgen. Die Grundausstattung: Kosmetika, Kalender, Fahrkarte, Handy mit der neuen Firmennummer (falls Sie verspätet ankommen sollten), ein Stift und Ihr ausgewähltes Notizbuch für Ihre täglichen Erfahrungen, eine Liste mit den Namen Ihrer ersten Ansprechpartner und was Ihnen noch wichtig für Ihre neue Tätigkeit erscheint. Wählen Sie eine Tasche, die Ihnen auch die Möglichkeit lässt, ausgestreckt eine Hand zur Begrüßung zu reichen.

Ihre **Kleidung** haben Sie schon vorher getestet. Legen Sie sich zwei Varianten mit Schuhen und Accessoires zurecht, damit Sie morgens je nach Stimmung wählen können. Sie wollen sich schließlich sicher und wohl in Ihrer Kleidung fühlen. Denken Sie auch daran, in den ersten Tagen die Aufmerksamkeit der anderen nicht zu sehr auf Ihr Outfit zu lenken.

Jetzt noch ein paar Tipps, wie Sie Ihr Selbstwertgefühl stärken:

Spieglein, Spieglein an der Wand, was ist das Schönste in meinem Land?

Was gefällt Ihnen, wenn Sie in den Spiegel schauen? Ihre strahlenden Augen, Ihre vorwitzige Nasenspitze, Ihr selbstbewusstes Kinn?

Lassen Sie die Schultern los, dann gefallen Sie sich noch besser. Lächeln Sie sich an, es ist kostenlos und nur für Sie. Sie bringen sich damit in eine gute Stimmung. Machen Sie das zu Ihrem Geheimritual jeden Morgen beim Zähneputzen.

Strahlen Sie sich an und schreiben Sie mit Lippenstift auf den Spiegel: **Ich bin eine kluge Frau.** Sprechen Sie laut mit Ihrem Spiegelbild. Wechseln Sie dabei Ihre Gestik, Mimik und Körperhaltung, bis Ihnen die Frau im Spiegel antwortet: Ja, das stimmt! Ihre Ausstrahlung überzeugt auch andere. Gehen Sie mit dem Satz schlafen und träumen Sie von einem erfolgreichen Tag mit netten Leuten.

Eine Frau, die gerade in den neuen Job eingestiegen ist, erzählte uns im Interview:

Du bist gut ausgebildet!

Angefangen habe ich mal in der Produktion, erst später studierte ich. Ich nahm in den letzten Jahren an vielen Weiterbildungen teil.

Vor dem Start habe ich alle meine Erfahrungen reflektiert, das Studium, die Fortbildungen, das Berufliche. Wie kann ich das alles nutzen im neuen Job? Dabei ist mir aufgefallen, wie gut ich inzwischen qualifiziert bin. Das habe ich mir dann immer wieder gesagt: Du bist gut ausgebildet. Du bist für alles gut gerüstet, was auf dich zukommt. Mit diesem Gedanken bin ich am ersten Tag ins Büro gegangen.

Affirmationen, die Sie unterstützen

Wenn Sie nicht den Spiegel bemalen wollen, dann schreiben Sie Ihren Ermutigungssatz, Ihre **Affirmation**, auf einen Zettel. Kleben Sie ihn von innen an die Haus- oder Wohnungstür und sprechen Sie Ihren Satz laut, während Sie das Haus verlassen. Oder Sie legen ihn ins Auto, dort hört Sie auch niemand, wenn Sie allein fahren.

Auch das Joggen ist optimal dafür. Reden Sie laut vor sich hin, und zwar über alles, was Ihnen Positives über sich und die neue Stelle einfällt. Sie programmieren sich damit automatisch auf die wertvollen Dinge.

Affirmationen können Sie selbst entwickeln, ganz auf Ihre persönlichen Wünsche ausgerichtet. Sagen Sie sich, was Sie sind oder wie Sie sein wollen. **Immer positiv formuliert**, sodass Sie es selbst beeinflussen können, und in der Gegenwartsform.

Die Wirkung: Das Gehirn ruft im entsprechenden Moment die Botschaften aus dem Unterbewussten ab.

Wählen Sie den für Sie passenden Ermutigungssatz aus:

* Ich bin freundlich und offen.
* Ich gebe mein Bestes.
* Ich bin offen für die neuen Kontakte.
* Ich bin wach und aufnahmebereit.
* Ich vertraue auf meine Kräfte.
* Ich bin die kompetente Fachfrau für ....
* Ich mag mich gut leiden.
* Ich bin gut vorbereitet.
* Ich bin gut, so wie ich bin.
* Ich freue mich auf die neue Aufgabe.
* Ich darf alles in Ruhe angehen.
* Ich nutze meine Neugier und erkunde neue Wege.
* Oder Sie entwickeln Ihren eigenen Satz ...

Eine Außendienstleiterin erzählte auf
einem Neujahrsempfang:

Der Erfolg steckt in der Jacke

In meiner alten Stelle hatte ich zum Abschluss ein schönes
Erfolgserlebnis: Ich habe bei unserem Stress-Kunden einen
hervorragenden Abschluss erzielt. Auch für den Kunden war
das ein sehr gutes Ergebnis.

Dann kam eine Riesenüberraschung. Weil mein Kunde
wusste, dass ich das Unternehmen bald verlasse, hat er mir
zum Abschluss einen Flug im Flugsimulator geschenkt. Das
war ein ganz toller Erfolgstag. Bei dieser Verhandlung hatte
ich meine Lieblingsjacke an, einen Kaschmir-Blazer. Das
ist jetzt meine Glücksjacke. Ich habe genau diese Jacke, in
der das Erfolgsgefühl noch drin steckt, am ersten Tag im
neuen Büro getragen.

PIA sagt: Andere Menschen – andere Sitten!

«Auch wenn es erst einmal komisch klingen mag: Mein Besuch bei Bekannten in deren Ferienhaus verlangte von mir ebenso viel Einfühlungsvermögen wie die ersten Tage in meiner neuen Stelle.

Ich war überrascht über diese unverhoffte Einladung und fuhr voller Vorfreude und Neugier nach Spanien. Ein bisschen war ich auch verunsichert, weil ich unsere neuen Bekannten erst kürzlich kennengelernt habe. Auf der Fahrt kamen mir dann Gedanken wie: Was werde ich dort vorfinden? Wird mir alles so gut gefallen wie denen? Haben meine Gastgeberinnen irgendwelche Angewohnheiten, die ich nicht kenne? Werden die Mahlzeiten eher förmlich oder zwanglos eingenommen?

Erwarten sie, dass ich mich zum Essen umziehe? Und wie ist das mit dem Kühlschrank? Darf ich mich einfach bedienen, oder muss ich warten, bis ich etwas angeboten bekomme? Werden wir alles zusammen unternehmen? Oder lassen sie mir die Freiheit, zu gehen und zu kommen, wann ich will?

All diese Fragen gingen mir durch den Kopf. Ich habe mir vorgenommen, aufmerksam zu sein und vieles gleich anzusprechen.»

darf ich mich einfach
bedienen ?? ...

Klüngeln Sie sich ein – mit der richtigen Story

Quizfrage:
Kennen Sie schon den Ablauf von Small Talk?

a. Starter – Ping-Pong – gemeinsames Thema finden – sich verabschieden
b. Starter – sich vorstellen – sich verabschieden
c. Starter – Ping-Pong – Fachgespräch führen – sich verabschieden

Hier finden Sie die Antwort.

Have a Break – have a Small Talk

Mit Small Talk stellen wir einen persönlichen Kontakt her. Ohne würden wir in jedem Gespräch direkt mit der Tür ins Haus fallen und uns gleich unbeliebt machen.

Deshalb: **Beherrschen Sie die Small-Talk-Regeln.**

Stellen Sie sich Ihren ersten Arbeitstag vor. Ihre Chefin begrüßt Sie: «Guten Tag, Frau XY. Ich zeige Ihnen als Erstes Ihren Arbeitsplatz. Hier finden Sie die entsprechenden Unterlagen für Ihre Arbeit. Kommen Sie bitte in einer Stunde zu mir, wir werden danach alles Weitere besprechen.»

Wie würden Sie sich fühlen? Fachlich, sachlich ist doch alles korrekt. Nur Sie als Mensch fühlen sich wahrscheinlich gar nicht angesprochen. Vielleicht sind Sie irritiert, verunsichert, fühlen sich nicht willkommen. Eine kühle Atmosphäre umgibt Sie. Sie werden jetzt einen großen Teil Ihrer Aufmerksamkeit auf eine «Habtachtstellung» konzentrieren statt auf die neuen Aufgaben. Was ist passiert? Es fehlte der Small Talk, die Anwärmphase, das Menschliche. «Guten Tag, Frau XY. Herzlich willkommen in unserer Abteilung.» Oder: «Schön, dass Sie da sind. Hatten Sie eine gute Anfahrt?» Und damit kommen Sie über ein paar persönliche Worte ins Gespräch und werden sich ganz anders fühlen.

Öffnen Sie Ihr Gegenüber

Das können Sie auf jedes Gespräch übertragen. An den Anfang gehören ein paar persönliche Sätze, ein kleines Lob oder eine kleine Anerkennung. Damit öffnen Sie nicht nur die Ohren Ihres Gegenübers, sondern fördern auf der anderen Seite auch die Bereitschaft, etwas für Sie zu tun. Jede gute Verhandlung lebt von einem guten persönlichen Kontakt. Wenn die Beziehungsebene stimmt, können Sie sachlich hart verhandeln und sich weiterhin gegenseitig respektieren und danach gemeinsam noch ein Bier trinken gehen.

Small Talk brauchen Sie immer: Auf dem Flur, im Aufzug, als Pausengespräch, als Warm-up vor einem Meeting oder Kundengespräch, aber auch um den Tag oder das Gespräch mit ein paar persönlichen Worten abzurunden.

«Für mich ist das nichts. Ich komme lieber gleich auf den Punkt.»

So reagieren manche Frauen in unseren Kommunikationsseminaren, wenn die Rede auf Small Talk kommt. Sie fühlen sich unsicher, was im «Kleinen Gespräch» angemessen ist und wie frau das Gespräch voranbringt. Jede von ihnen hat bereits unangenehme Situationen erlebt, in denen ein peinliches Schweigen den Raum erfüllte. Dann lieber gleich zu den harten Fakten …

Im Training erleben die Teilnehmerinnen: Jede Frau kann

zur professionellen Small Talkerin werden und dadurch die Gesprächsqualität verbessern. So geht's:

Phasen des Small Talks
* **Starter**
* **Ping-Pong**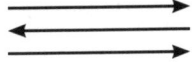

* **Gemeinsames Thema**
* **Verabschiedung**

= **das Gespräch fließen lassen**
= **sich aufeinander einstimmen**

Sie sehen in der Zeichnung, dass der klassische Small Talk aus vier Phasen besteht.

Die erste Phase – der Starter
Der Start, der Einstieg, gelingt mit einem Gruß und einem freundlichen Gesicht. Denken Sie daran, das Lächeln auf Ihren Lippen erzeugt einen positiven Reflex auf der anderen Seite. Dazu ein erster Satz: «**Schönes Wetter heute …**»

Die meisten Small-Talk-Gespräche beginnen mit dem **Wetter**. Machen Sie es sich einfach, am Ende Ihres Talks werden Sie sich kaum daran erinnern können.

Wenn Sie in ein fremdes Büro kommen, beginnen Sie mit einem Gespräch über das, was Ihnen positiv auffällt. Es kann etwas über die Büroausstattung sein, über die Bilder an der Wand, über die schöne Aussicht aus dem Fenster, über positive Ergebnisse oder ein Thema, das Sie mit der Person verbindet. Vielleicht haben Sie ja etwas über die Person gehört oder auf der Firmen-Webseite gelesen. Oder Sie sagen ganz direkt: «Schön, Sie jetzt persönlich kennenzulernen.»

Ihr Gegenüber ist sommerlich gebräunt? Das dürfen Sie ansprechen. Fragen Sie nach: «Sie haben so eine schöne Farbe. Waren Sie in Urlaub?»

In null Komma nichts sind Sie auf gemeinsame Urlaubsvorlieben gestoßen. Tauschen sich aus mit Ihren Erfahrungen über andere Länder oder die Lieblingssportaktivitäten. Sie sind schon mitten in der nächsten Phase, dem Ping-Pong:

Die zweite Phase – das Ping-Pong

Wollen Sie nicht gleich in ein fachliches Gespräch wechseln, dann nutzen Sie die zweite Phase für einen intensiveren Kontaktaufbau.

Hier beginnt das Ping-Pong, das Springen von Thema zu Thema. Vom stürmischen Wetter über Regenkleidung, Autowaschanlagen, Joggingstrecken bis hin zu Straßenfesten und Lieblingsstädten. Und und und … Fast alles ist möglich.

Damit dieses Ping-Pong-Gespräch auch gut funktioniert, achten Sie darauf, dass es ein **Dialog** wird und kein Monolog.

Werfen Sie Ihre Ideen als Stichworte ins Gespräch, bis Ihr Gegenüber anbeißt. So gewinnen Sie die Aufmerksamkeit und entdecken das gegenseitige Interesse aneinander. Wenn Sie Tipps austauschen über die Seen in Ihrer Umgebung, weil Sie beide den Wassersport lieben, dann haben Sie schon einen Anker gesetzt, auf den Sie immer wieder zurückgreifen können. Gemeinsame persönliche Interessen wirken wie ein Magnet.

«Sie sind schon einen Marathon gelaufen? Mein großer Traum ist es ja, irgendwann in New York dabei zu sein …»

Und damit sind Sie bereits in der dritten Phase angelangt:

Die dritte Phase – das gemeinsame Thema

Mit dem Small Talk wollen Sie ein angenehmes Klima für das Gespräch aufbauen. Sie suchen dabei gleichzeitig das verbindende Element mit dem Gegenüber.

Gleich und gleich gesellt sich gern. Das ist ein wesentlicher Bestandteil: verbindende Interessen herauszufinden, an die Sie bei Bedarf noch einmal anknüpfen können. Um die gegenseitigen Interessen abzuchecken, ist das Ping-Pong-Spiel notwendig, auch wenn das Gespräch Ihnen oberflächlich erscheinen mag. Machen Sie ein Spiel daraus, in dem Sie ausprobieren, mit welchen Themen und Ideen Sie beim Gegenüber andocken können. Damit haben Sie Ihre Gesprächspartnerin auf sich aufmerksam gemacht. Der Kontakt ist gelungen, die gegenseitige Sympathie kann sich entwickeln.

Greifen Sie in Ihren Gesprächen immer wieder auf das Gemeinsame zurück und bauen Sie es aus. Denken Sie daran, jede Person hat ihre Kontakte und könnte Sie intern in ein Meeting oder ein Projekt, aber auch extern in einen Verband oder Club empfehlen – und Ihnen damit eine wichtige Tür öffnen.

Übernehmen Sie auch selbst die Rolle der Türöffnerin zu Ihren Kontakten und Möglichkeiten. Damit stärken Sie Ihr Image, auch für die anderen eine wichtige Kontaktfrau zu sein.

Die vierte Phase – die Verabschiedung

Auf einer Veranstaltung: «Ich gehe mir mal schnell noch etwas zu trinken holen.»

Ihr Gegenüber sprach's und ward nicht mehr gesehen. Schon mal erlebt? Wie haben Sie sich dabei gefühlt?

Die meisten von uns haben sich selbst auch schon mal auf diese Weise aus einer Situation geschlichen.

Ab heute nicht mehr!

In der vierten Phase runden Sie das Gespräch ab.

Lassen Sie Menschen nicht einfach stehen. Es ist verletzend, und es könnte sein, dass Sie die gerade geöffnete Tür zufallen lassen. Wenn Sie sich einer neuen Gruppe oder einem anderen Menschen zuwenden, dann sagen Sie etwas dazu. Zumindest schauen Sie Ihre Gesprächspartnerin freundlich an und geben ein Zeichen: «Danke für den Talk, ich möchte jetzt die anderen noch begrüßen.»

Oder Sie benennen die Situation: «Ich möchte Frau Xander noch sprechen. Danke fürs Kennenlernen. Ich melde mich wieder.»

«Ich muss kurz telefonieren, lassen Sie uns später weitersprechen.» Je nach Situation werden Sie es formaler oder locker formulieren. **Seien Sie eine gute Gesprächspartnerin.** Es könnte Ihr Markenzeichen werden.

Suchen Sie die Pausenorte, die Klüngel-Orte auf. Dort hilft Ihnen Ihre Small-Talk-Kompetenz, wertvolle Kontakte zu knüpfen und «am Flurfunk» aktiv teilzuhaben. Der kleine Dienstweg entwickelt sich an diesen Plätzen.

Also bleiben Sie dran. Nicht vergessen: **Have a Break – have a Small Talk!**

Noch ein Tipp:
Seien Sie Gastgeberin in Ihren Gesprächen

Wenn andere zu Ihrem Zweiergespräch hinzukommen, öffnen Sie den Kreis. Ignorieren Sie «Gesprächszusteigerinnen» nicht. Begrüßen Sie die neu Hinzugekommenen möglichst mit Namen, mit dem Vornamen oder dem Nachnamen, wie es in diesem Gesprächsrahmen üblich ist. Stellen Sie andere vor, wenn sie sich nicht kennen. Spielen Sie Gastgeberin, Vermittlerin, zeigen Sie Ihre Kontaktfreundlichkeit, Ihre Offenheit. Sie gestalten Ihr Image und erleichtern es anderen auch, auf Sie zuzugehen.

Sie können so viel Wichtiges über Menschen erfahren, wenn Sie neugierig auf Ihr Gegenüber sind. Und es ist spannend herauszufinden, wo sich die Interessen der anderen mit Ihren treffen. Genau über diese Gemeinsamkeiten können Sie eine persönliche Verbindung aufbauen, die auch hierarchieübergreifend möglich ist.

Eine Politikerin erzählte uns auf einem Neujahrsempfang:

Small-Talk-Muffel – Nein danke!

Ich mag Small Talk. Das gehört einfach zu meinem Beruf. Ich erfahre ganz beiläufig aufschlussreiche Geschichten.

Klar, es gibt immer wieder auch Situationen, wo sich kein Gespräch entwickelt, weil das Gegenüber einfach nicht will. Das akzeptiere ich. Ich kenne die Gründe des anderen nicht und forsche auch nicht weiter nach. Lieber suche ich mir andere GesprächspartnerInnen.

Klüngeln Sie sich ein – mit dem richtigen Pitch

Quizfrage:

Was ist ein Elevator Pitch?

a. Der Rufknopf im Fahrstuhl, mit dem Sie im Notfall Hilfe rufen können

b. Eine Top-Präsentation im Fahrstuhl für wichtige Vorgesetzte

c. Ein kurzer Check des äußeren Erscheinungsbildes im Spiegel des Aufzugs

Hier finden Sie die Antwort.

Punkten Sie sofort

Sie wissen es: Für den ersten Eindruck gibt es keine zweite Chance. In den ersten Sekunden und Minuten heißt es, optimal zu punkten. Entwickeln Sie deshalb Ihre ganz persönliche Selbstdarstellung, damit Sie für alle Situationen fit sind.

In den USA wurde in den achtziger Jahren eine effektive Methode für die schnelle Präsentation entwickelt: Junge Manager «lauerten» im Fahrstuhl ihren Führungskräften auf. Die Herausforderung dabei war, sich in der Zeit zwischen Lobby und Vorstandsetage spannend zu präsentieren. Das Ziel: die Führungsleute neugierig machen auf sich und auf die eigenen Ideen. So entstand der **Elevator Pitch.**

Mit einem 30-Sekunden-Pitch warben die Nachwuchskräfte um die Aufmerksamkeit. In dieser kurzen Zeit gab es keine Gelegenheit, ausführlich Argumente und Prozesse darzustellen. Statt der klassischen Präsentation war eine richtig gute Geschichte gefragt – informativ und unterhaltsam.

Der **Elevator Pitch** unterstützt auch Sie dabei,
* andere auf die eigene Person neugierig zu machen
* die beruflichen Fakten interessant verpackt zu präsentieren
* den Kontakt durch weitere Gesprächsangebote zu halten.

Nutzen Sie diese clevere Idee, um sich im Unternehmen bekannt zu machen.

Ursprünglich für den Fahrstuhl (= Elevator) entwickelt, können Sie den **30-Sekunden-Pitch** (Pitch = Präsentation) bei einer Vielzahl von Erstkontakten einsetzen:
* wenn Sie zum ersten Mal «Hallo» sagen zu Kolleginnen
* während Sie sich beim Rundgang im Haus vorstellen
* bei der ersten Begegnung mit den Vorgesetzten Ihrer Chefin
* aber auch in Meetings, Seminaren, Verbands- oder Netzwerk-Treffen.

Folgen Sie dem Prinzip WEM erzählen Sie WAS und WIE?

Zu WEM sprechen Sie?

Ziele bestimmen den Weg. Jeder Pitch braucht ein Ziel. Dieses Ziel wird variieren. Sie werden unterschiedliche Schwerpunkte setzen. Je nach dem, wer Ihnen gegenübersteht: eine Kollegin, eine Spezialistin aus einer anderen Abteilung, die Geschäftsführerin, die Personalchefin, ein Kunde, eine Bürgerin … Sagen Sie nicht einfach, was Ihnen zu Ihrer Person in den Sinn kommt. Passen Sie es Ihrem Gegenüber an.

WAS erzählen Sie?

Sie sprechen zwar über sich, aber im Zentrum der Geschichte steht Ihr Gegenüber. Das Zuhören soll Spaß machen, ein Erlebnis

sein. Stimmen Sie deshalb die Geschichte auf Ihre Zielgruppe, die neuen Kolleginnen, die anderen Führungskräfte, die neuen Kundinnen und Kunden ab.
* Was ist für Ihr Gegenüber besonders interessant?
* Was sollen die anderen von Ihnen wissen?

Überlegen Sie, was Sie in den Fokus bringen wollen:
* Ihr **Fachwissen** (Arbeitsrecht, SAP-Kenntnisse, Anlageberatung, Computer-Simulation …)
* Ihre **Erfahrung** (Brennpunkt-Arbeit für Jugendliche, Projektorganisation, Prozessoptimierung …)
* Ihre besondere **Zielgruppe** (Jugendliche, Senioren, Stellenbewerberinnen …)
* Ihre **Kontakte** (Doktorvater, Entscheiderinnen, Vorstandsmitglieder, Politikerinnen …)
* Ihre ganz **besonderen Qualifikationen** (landesspezifische Kenntnisse, Gremien-Arbeit, politische Aktivitäten …)

WIE erzählen Sie es?

Ihr Pitch braucht eine Dramaturgie. Stellen Sie sich einen Theaterkrimi vor, einen Einakter und dessen Spannungsbogen: Erst kommt der Einstieg, die Erwartungen werden geweckt. Die Spannung steigt bis zum Höhepunkt, zum Schluss werden die Fäden entwirrt. Was macht diesen Kurzkrimi spannend? Der Mord oder die Aufklärung? Die Art des Mordes, die Person des Täters, die Gesellschaft, in der der Mord stattfindet? Genau darum geht es auch in Ihrem Pitch, Sie wollen die passende Dramaturgie finden – in 30 Sekunden mit maximal 60 Worten.

* Der **Einstieg**: Hier geht es um die Vorstellung Ihres Namens und evtl. Ihrer Firma …
* Der **Spannungsaufbau**: Im Fokus sind jetzt Ihre Stärken, Kompetenzen, Fähigkeiten, Ihre Erfahrung, Ihre Kontakte …

* Der **Höhepunkt**: Sie schildern, wie Sie Ihre Kompetenzen erfolgreich eingesetzt oder was Sie damit jedenfalls erreicht haben ...
* Der **Folge-Impuls**: Sie spielen den Ball dem anderen zu, laden diesen ein, sich vorzustellen, vertiefen den Kontakt, schaffen weitere Gesprächsanlässe, sichern den zukünftigen Kontakt ...

Der Ablauf Ihrer 30-Sekunden-Darstellung ist einfach, will aber geübt sein:

Bevor Sie starten, brauchen Sie die Aufmerksamkeit der anderen.
Wenn Sie den Menschen etwas Nettes sagen, hören sie gerne zu. Gewinnen Sie die Aufmerksamkeit für sich durch eine kleine Wertschätzung, und das ist nicht ehrenrührig oder unehrlich, sondern erfreut jede und jeden:

> *«Ich freue mich, Sie endlich kennenzulernen, ich habe schon viel über Sie gehört.»*
> *«Ich sehe, Sie stecken so mitten in der Arbeit. Deshalb möchte ich mich Ihnen nur kurz vorstellen ...»*
> *«Ich weiß, Ihre Zeit ist sehr begrenzt ...»*
> *«Schön, dass wir uns jetzt auch einmal persönlich treffen ...»*
> *«Ich höre, Sie sprechen da gerade über ein spannendes Thema ...»*

Beziehen Sie sich auf das, was Sie gerade vorfinden, und sprechen Sie es positiv an. Warten Sie so lange, bis Sie die volle Aufmerksamkeit haben.

Stellen Sie unbedingt **Blickkontakt** her.

Ihr Name ist Klang und Echo.

Jeder Name klingt so, wie Sie ihn aussprechen. Der Ton und die Melodie prägen sich ins Gedächtnis ein. Manchmal erinnern wir uns an den Klang des Namens, manchmal an die Beschreibung, die damit verbunden wurde.

Vor allem ein nuschelig gesprochener Name verliert seinen Reiz. Wer ihn verstehen will, muss nachfragen. Das ist lästig, und wenn niemand nachfragt, bleibt vermutlich nur hängen: «Wie hieß die nochmal?» Jede Silbe, jeder noch so schwierige Buchstabe braucht einen Ton.

Experimentieren Sie einmal mit Ihrem Namen.

Sprechen Sie Ihn leise und schüchtern, verschlucken Sie Silben, murmeln Sie ihn irgendwie so dahin. Signalisieren Sie sich, dass Ihr Name vollkommen unwichtig ist.

Und jetzt stellen Sie sich aufrecht hin und sind stolz auf Ihren Namen. Jetzt sprechen Sie ihn aus. Sie möchten, dass Ihr Gegenüber weiß, wer Sie sind.

Das ist auch eine gute Spiegel-Übung. Sprechen Sie Ihren Namen so lange in den Spiegel, bis Sie selbst davon überzeugt sind, dass er gut klingt.

Geben Sie anderen eine Namensstütze.

Wenn Ihr **Name** es hergibt, dann: «Ich bin Anke Schönfeld – wie der Flughafen Schönefeld in Berlin, nur ohne E.» – «Ich bin Ursula Maile – wie Kilometer, aber Maile mit AI.»– «Ich bin Elke Kühnast – wie kühn und Ast.» – «Ich bin Hanna Hilber – wie Silber, nur mit H am Anfang.»

Bei Frau Güll denken alle gleich an die Gülle. Deshalb stellt sie sich vor mit «Mein Name ist Güll, Güll wie Tüll, aber mit G».

Sie können aber auch die Herkunft Ihres Namens erwähnen oder eine Ministory dazu erzählen. Hauptsache, Sie bleiben **positiv** im Gedächtnis der anderen.

Eine Seminarteilnehmerin erzählte uns, dass sie so unzufrieden mit ihrem «niedlichen» Nachnamen sei (sagen wir: Sabine Liebling). Ihr Trick zum Ausgleich: Auf allen Visitenkarten steht ihr Titel: Diplom-Mathematikerin Sabine Liebling. Das klingt doch gleich viel besser. So stellt sie sich in einem Gespräch auch vor.

Der Spannungsaufbau und Höhepunkt

Nennen Sie Ihre Kompetenzen und Fähigkeiten und wie Sie diese einsetzen. Sagen Sie, was Sie tun und welchen Nutzen Ihre Tätigkeit hat. Noch besser gelingt es Ihnen, die Aufmerksamkeit Ihres Gegenübers zu gewinnen, wenn Sie sagen können, welchen Nutzen er oder sie persönlich hat – natürlich durch den Kontakt zu Ihnen.

Beschreiben Sie vor allem, was Sie *tun*, nicht nur, wer Sie *sind*.

Trainee (zur Teamleiterin im Bereich Einkauf, 54 Wörter)

Ziel: *Als Auslandsexpertin bekannt werden*

«Hallo, ich bin Gitta Ingwen und Betriebswirtin mit Schwerpunkt Internationales Management. Zurzeit absolviere ich hier ein Trainee-Programm und konzentriere mich auf den umsatzstarken asiatischen Markt. Dabei hilft mir, dass ich meine Diplomarbeit in Südkorea geschrieben habe. Und ich habe gute Kontakte zu Herstellern von (…).»

Personalreferentin (zu einer Führungskraft, 55 Wörter)

Ziel: *Werbung für ihre eigenen Trainingsmaßnahmen*

«Guten Tag, ich bin Angela Brix und für die Personalentwicklung zuständig. Fünf Jahre war ich in der Unternehmensberatung ABC als Projektleiterin und Trainerin tätig, und nun habe ich hier die Trainingsleitung für das Projektmanagement übernommen. Ganz neu ist das Angebot eines maßgeschneiderten Inhouse-Programms.»

IT-Expertin (zu einer Lohnbuchhalterin, 57 Wörter)

Ziel: *Vertrauen gewinnen*

«Ich bin Mira Csik-szent-mi-halyi, das ist übrigens Ungarisch. Als Expertin bei SAP trete ich die Nachfolge von Frau Bauer an, die das Programm 123 eingeführt hat. Ich setze die Version 2.0 im Unternehmen um, die Ihnen die Arbeit weiter erleichtert.»

Führungskraft (zu einer Bereichsleiterin einer anderen Niederlassung, 56 Wörter)

Ziel: *Vernetzung*

«Mein Name ist Katarina Grafton – wie Graf und Ton, nur eben englisch. Ich bin als Abteilungsleiterin für das Segment XY im Bereich Kundenservice verantwortlich. Frau Zahl, unser Bereichsvorstand, hat mich für die Umstrukturierung des Kundencenters ins Unternehmen geholt. Sie haben sicher von diesem Projekt gehört?»

Sozialpädagogin (zur Bereichsleiterin vom Jugendamt, 58 Wörter)

Ziel: *Für Zusammenarbeit werben und auf ihr Konzept neugierig machen*

«Guten Tag, Frau Hucks, Julia Sonne, mit Sonne im Namen und im Herzen. Ich bin die neue Mediatorin im Beratungsteam ‹Frohgemuth› und arbeite mit Familien in der Trennungsphase. Durch die Untersuchung zum Thema ‹Mediation bei Sorgerechtsstreitigkeiten› konnte ich ein neues Konzept entwickeln.»

Sie können es auch etwas **witziger formulieren**, je nachdem in welcher Kultur Sie sich befinden. «Ich bin die, die Ihr Notebook kauft. Ich bin Einkäuferin für Medientechnik.»

Das Umfeld bestimmt den Ton. In einer Medienfirma könnte sich die Buchhalterin auch so vorstellen: «Ich bin die Zahlen-Detektivin und sorge dafür, dass am 1. Ihr Gehalt auf dem Konto ist. Wenn Sie eine Frage haben, dann kommen Sie einfach zu mir.»

Achten Sie immer auf das Image Ihres Wortbildes. Es darf auf keinen Fall albern klingen, wie «die Kreativ-Uschi», nicht zu lieb sein, wie «die Zahlen-Fee», oder gar abwertend, wie «die IT-Trulla». Auch das «Mädchen für alles» verbannen Sie am besten aus Ihrem Sprachgebrauch. Das negative Image könnte an Ihnen klebenbleiben.

Sagen Sie nicht, was Sie nicht tun oder nicht können. «Ich bin nicht die Expertin für Zahlen.» – «Ich kenne mich nicht gut mit Statistik aus.» Unser Gehirn kann *nicht* nicht denken. Was ist eine Nicht-Statistikerin? Es wäre möglich, sich eine Statistikerin vorzustellen mit einem dicken roten Kreuz davor, und trotzdem würden wir uns dann Statistikerin merken. Aber was sind Sie wirklich? Da bleibt dann ein großes Fragezeichen.

Namedropping ist erwünscht, wenn Sie deutlich machen wollen, **wer** Sie wegen Ihrer besonderen Qualifikation eingestellt hat. Durch die Nennung relevanter Kontaktpersonen bringen Sie sich gleich in die richtige Netzposition:

«Der Vorstand Herr Kunze hat mich für den Bereich Direktvertrieb eingestellt. Auf dem Gebiet konnte ich in mehreren Firmen viel Erfahrung sammeln und meine Kontakte zu wichtigen Verbänden aufbauen.»

«Frau Professorin Schmitt hat mich in ihr Forschungsteam geholt. Ich habe bei ihr zum Thema ‹Führungsverhalten und soziale Rollen› promoviert.»

Sie signalisieren an dieser Stelle, dass Sie einflussreiche Verbündete haben.

Die Folge-Impulse

Lassen Sie die Energie jetzt nicht verpuffen. Sie sind offen für nachfolgende Begegnungen, eine Verabredung oder ein Telefonat. Wecken Sie Interesse, bieten Sie Unterstützung an. Drängen Sie diese aber auch nicht auf.

Vielleicht ist an dieser Stelle auch die andere Person «dran» und stellt sich ebenfalls vor. Oder Ihr Gegenüber stellt Fragen, ergänzt etwas – und Sie sind schon mitten im **Small Talk** (oder gar im ersten Fachgespräch?).

Hier die Fortsetzung der Vorstellungsbeispiele.

Trainee: «… Meine Diplomarbeit habe ich in Südkorea geschrieben. Dort habe ich gute Kontakte zu Herstellern von (…). Wenn Sie möchten, erzähle ich Ihnen mehr dazu …»

Personalreferentin: «… Wenn Sie für Ihren Bereich Bedarf sehen, berate ich Sie gerne.»

IT-Expertin: «…Wenn Sie Fragen zum neuen Programm haben, rufen Sie mich an, oder kommen Sie einfach mal vorbei.»

Führungskraft: «…Was halten Sie von einer Präsentation des Projekts in Ihrer Niederlassung?»

Sozialpädagogin: «… Das erleichtert unsere Zusammenarbeit mit unserer Klientel. Ich stelle Ihnen dieses Konzept gerne vor.»

Jetzt raucht Ihnen vielleicht der Kopf, das ist aber gar nicht nötig. Was oft so locker daherkommt, ist meist gut geübt. Also, dann **üben Sie doch auch.**

Ihre Tipps zum Üben

* Schreiben Sie als Erstes fünf bis sechs Sätze auf. Ihr Name – Ihre Kompetenz – Ihre Tätigkeit – ein möglicher Folge-Impuls.
* Jetzt feilen Sie an der Sprache. Verwenden Sie kurze und prägnante Wörter und Sätze. Vermeiden Sie Hilfsverben

wie könnte, sollte, würde und schieben Sie die Verben im Satz nach vorn. Verzichten Sie auf vage Aussagen. Trauen Sie sich – zeigen Sie sich.

* Dann zählen Sie die Wörter. Sie brauchen nicht mehr als 40 bis 60 Wörter, um in 30 Sekunden einen bleibenden Eindruck zu hinterlassen.
* Sprechen Sie sich den Text laut vor. Schriftsprache klingt gestelzt. Verwenden Sie das eigene Sprachmuster.
* Sprechen Sie Ihren Pitch auf Band, z. B. aufs Handy.
* Üben Sie vor dem Spiegel oder der Handykamera. Werden Sie zu Ihrer eigenen Regisseurin und zeichnen Sie Ihren Pitch mit Ihrer Handykamera auf. Überzeugen Sie sich selbst (inhaltlich, stimmlich, Körperhaltung).
* Üben Sie mit Freundinnen, geben Sie sich gegenseitig Feedback.
* Trainieren Sie Ihren Pitch so lange, dass Sie, wenn Sie nachts geweckt würden, ohne nachzudenken loslegen könnten.

Das Allerwichtigste: **Planen Sie Ihren Pitch**, überlassen Sie es nicht dem Zufall oder Ihrer Tagesform, was bei der Vorstellung über Ihre Lippen kommt. **Üben Sie**, schnell auf den Punkt zu kommen.

Kennen Sie noch das Spiel «Die stille Post»? Probieren Sie mal mit Freundinnen aus, was aus Ihren 40 Wörtern alles entstehen kann. Machen Sie einen Pitch-Abend und flüstern Sie sich in der Runde Ihre Pitches ins Ohr. Sie werden sicher Ihren Spaß haben und manches noch verändern.

Wenn Sie schon in eine Schublade gesteckt werden

Schubladendenken ist menschlich. Das Bild im Kopf der anderen über Sie entsteht schnell und hält sich lange. Jede Organisation pflegt dazu noch ihre eigene Schubladenkultur, die Sie erst erkunden müssen. Nutzen Sie deshalb jetzt Ihre Chance, Ihr Image gezielt aufzubauen. Deshalb: Gestalten und entwerfen Sie selbst die Bilder, die andere über Sie in ihrem Kopf tragen. Das mag hart klingen. Aber wenn Sie schon in eine Schublade gesteckt werden, dann bestimmen Sie selbst, in welche!

Ahimsa!

Jetzt haben Sie so viel über sich nachgedacht und geübt. Zeit, mal wieder innezuhalten.
Nehmen Sie sich fünf Atemzüge Zeit. Achten Sie nur auf Ihren Atem. Das ist Ihre kleine Auszeit.

Der 3-Minuten-Pitch

Jede Frau braucht zwei gute Geschichten, die sie über sich erzählt – plakativ, pfiffig und professionell. Mit dem 30-Sekunden-Pitch haben Sie sich gerade beschäftigt. Ihr ganz persönlicher **3-Minuten-Pitch** erweitert Ihr Repertoire.

Diesen Pitch brauchen Sie immer, wenn alle Augen auf Sie gerichtet sind und die anderen erwarten, dass Sie etwas über sich sagen. Zum Beispiel beim Einstand im Unternehmen / in der Abteilung, wenn Sie sich im Team-Meeting, bei Ihrer Projektgruppe oder den anderen Führungskräften vorstellen oder eine Präsentation starten (vor Kunden, im Unternehmen, anderen Projektgruppen).

Er ist die Erweiterung Ihres 30-Sekunden-Pitches.

Bauen Sie auf die 30 Sekunden auf, behalten Sie das Konzept im Kopf und erweitern Sie.

Was in die drei Minuten gehört: Nennen Sie Namen und Beruf / Tätigkeitsfeld wie beim 30-Sekunden-Pitch. Beschreiben Sie in drei bis fünf Sätzen Ihre wichtigste relevante Berufserfahrung, Ihre ganz besondere Expertise oder eine ganz besondere Begebenheit, eine Innovation, der Sie sich verbunden fühlen, ein Spezialthema, das Sie vertiefen wollen ...

Geben Sie eine kurze **Zusatzinformation zu Ihrer Person** – je nach Gesprächsanlass und Zielgruppe: Ihr Wohnort, Familienstand, besonderes Hobby oder Interesse, das zum Gesprächsanlass passt. Erzählen Sie eine kleine Geschichte.

Geben Sie **maximal sieben Informationen** pro Pitch, mehr kann sich keiner merken. Davon bleiben wahrscheinlich sowieso nur zwei Fakten beim Gegenüber hängen. Packen Sie also nicht zu viel hinein.

Haben Sie ein Motto? Lieben Sie Zitate? Damit könnten Sie Ihren 3-Minuten-Pitch beenden.

«Mein Motto: Wende dich immer der Sonne zu, dann fallen die Schatten hinter dich.» (Chinesisches Sprichwort)
«Eine kluge Frau wird manches übersehen, aber alles überblicken.» (Zitat von Lil Dagover)
«Wer nicht weiß, in welche Richtung er segelt, für den wird kein Hafen der richtige sein.» (Seneca)
«Die großen Tugenden machen einen Menschen bewundernswert – die kleinen Fehler machen ihn liebenswert.» (Zitat von Pearl S. Buck)

Noch ein paar Tipps

Knüpfen Sie an, stellen Sie Kontakt her durch **Fragen**, Beispiele oder eine kleine Geschichte. Bauen Sie eine Brücke und geben Sie Ihrem Gegenüber eine Information, an die es anknüpfen kann:

* Beschreiben Sie, worauf Sie sich freuen im neuen Job. Worauf können sich die anderen bei Ihnen freuen?
* Geben Sie Raum für die Fragen der anderen: «Was möchten Sie jetzt noch von mir wissen?»

* Vergessen Sie nicht die Würdigung der Zuhörerinnen und Zuhörer. «Danke für Ihre Aufmerksamkeit!»
* Lenken Sie das Gespräch auf die andere Seite, zeigen auch Sie Ihr Interesse an Ihren Gesprächspartnern. «Was sind Ihre Aufgaben?» – «Wofür sind Sie zuständig?»

Wenn Sie es schaffen, mit Ihrem Pitch – ob 30 Sekunden oder 3 Minuten – für Aufmerksamkeit und Interesse oder gar positiven Gesprächsstoff zu sorgen, dann haben Sie gewonnen, denn Ihre Geschichte verbreitet sich auch ohne Ihr Zutun.

Ein Blick hinter die Kulissen: Zwei Faktoren für einen erfolgreichen Pitch

Ihr professioneller Pitch wird von zwei Dingen getragen: Ihrer inneren Haltung und einer spannenden Erzählung.

Am besten nehmen Sie jetzt Stift und Papier zur Hand und halten beim Weiterlesen alle Gedanken und Ideen für Ihre zwei Geschichten gleich fest.

Die innere Haltung bestimmt das, was Sie ausdrücken

Schauen Sie mal, ob eine der folgenden Beschreibungen auf Sie zutreffen könnte:

Sie machen den Job, weil Sie nichts anderes gefunden haben – Sie reden deshalb ganz vorsichtig, weil Sie den Job auf alle Fälle halten wollen.

Sie haben Angst zu versagen – Sie sprechen deshalb sehr leise.

Sie sind stolz auf sich, weil gerade Sie diese Stelle erhalten haben – Sie berichten ganz überzeugt von sich.

Sie haben das Gefühl: «Endlich kann ich mich beweisen!» – Sie erzählen begeistert von Ihrer Arbeit.

Verschaffen Sie sich Klarheit über Ihre Gefühle, auch über die unangenehmen. Schieben Sie diese nicht einfach zur Seite.

Überlegen Sie, wie Sie Ihre Situation wahrnehmen. Und bauen Sie Ihren Pitch genau darauf auf.

Wenn Sie das Gefühl haben, Vorsicht ist ratsam, dann überlegen Sie ganz gezielt, was Sie wem konkret erzählen wollen. Wo ziehen Sie die Grenze?

Klingen Sie vielleicht pessimistisch? Oder lahm? Wie können Sie das ändern?

Sind Sie voller Enthusiasmus und Elan? Dann zeigen Sie Ihre Freude mit der gebotenen Professionalität.

Ein starker Auftritt

Positive Worte, treffende Beispiele und vor allem Mimik, Gestik, der Einsatz Ihrer Stimme und das stimmige Outfit unterstreichen Ihre Darstellung.

Sind Sie stolz auf Ihren Beruf? Tun Sie Ihre Arbeit gerne? Dann zeigen Sie es mit der Stimme und der Körperhaltung.

Ihr Lächeln, der Augenkontakt, offene Arme, eine lebhafte Sprechmelodie und passende Betonungen kommen immer gut an. Falls Sie unsicher sind, buchen Sie eines der vielen Seminarangebote.

Das Geld ist auf jeden Fall gut investiert, vielleicht sogar im Rahmen eines Bildungsurlaubs – es lohnt sich, das zu lernen.

Wer nicht weiß, in welche Richtung sie will, …

… für die wird nie ein Hafen der richtige sein.

Stellen Sie sich vor, Sie wollen segeln gehen. Zu diesem Zweck haben Sie zunächst einen Segelkurs besucht, sich mit den Regeln beschäftigt und eine Prüfung absolviert. Anschließend haben Sie sich schlaugemacht, welches wohl das richtige Boot für Sie sein könnte. Sie haben ein schönes Segelboot gemietet oder sogar gekauft. Jetzt wollen Sie in See stechen. Leinen los, und ab geht's. Und was jetzt? Wohin geht die Fahrt? Aufs offene Meer hinaus, am Ufer entlang, oder nehmen Sie direkt Kurs auf einen anderen

Hafen? Sie lassen sich einfach vom Wind treiben. Irgendwann sehen Sie kein Land mehr, oder Sie landen zufällig an einem unwirtlichen Ufer. Irgendwie sinkt die Freude an Ihrem Ausflug.

Anders könnte die Geschichte enden, wenn Sie Ihren Törn geplant hätten. Gezielt hätten Sie sich vorbereitet, die richtigen Karten gelesen, vielleicht andere Seglerinnen nach ihren Erfahrungen befragt. Und wären im Hafen Ihrer Wahl gelandet.

Übertragen auf Ihren Job: Sie werden nur mit einem Ziel auch das erreichen, was Sie wollen.

Eine Interview-Partnerin beschrieb uns, dass sie nicht damit gerechnet hatte, dass Ziele so wichtig sind:

Selbstmarketing braucht Ziele

Ich habe mal ein Selbstmarketing-Seminar besucht. Eigentlich war ich nur auf der Suche nach Bestätigung dafür, dass lautes Eigenlob nicht meine Sache ist. Ich habe gedacht, wir kriegen jetzt ein paar schnelle Tipps und sollen zukünftig einfach eine dickere Lippe riskieren.

Und dann war ich ganz überrascht: Wir haben uns erst mal mit unseren beruflichen Zielen beschäftigt. Für strategisches Selbstmarketing sei es erst mal wichtig zu wissen, wo wir eigentlich hinwollen, sagte die Trainerin, damit wir dann die passenden Aktivitäten wählen. Und es ging in dem Seminar sehr viel um eigene Stärken. Das fand ich anfangs ziemlich unbequem. Aber: Ein neues Produkt wird ja auch erst dann vermarktet, wenn klar ist, welche Eigenschaften damit verbunden sind und wem es eigentlich welchen Nutzen bringt. Jetzt weiß ich, welche Selbstvermarktungsaktionen zu mir, unserem Unternehmen und meinen Karrierezielen passen. In dem Zusammenhang habe ich auch den Elevator Pitch gelernt. Ach ja – den größten Nutzen haben mir übrigens Selbstmarketing-Aktivitäten gebracht, die deutlich zeigen, dass meine Ziele im Einklang mit dem Unternehmen stehen. Das machte bei uns einen sehr guten Eindruck.

Zu guter Letzt … Unser eigener Pitch, voilà!

Ursula Maile	
An wen wende ich mich?	An Sie als Leserin
Was will ich ihnen sagen?	Mein Schwerpunkt ist die «Positive Psychologie»
Der Folge-Impuls	Sie können bei mir ein Coaching/Training buchen

Ich bin **Ursula Maile**, MAILENSTEINE Management Training.
Als Diplom-Psychologin habe ich die schöne Aufgabe, Menschen dabei zu unterstützen, ihre Stärken optimal einzusetzen.
Mein Schwerpunkt ist die Positive Psychologie: Was macht Menschen zufrieden? Wie können wir mehr Lebensfreude und Selbstvertrauen gewinnen? Das sind Themen, die mir am Herzen liegen und zu denen ich Ihnen gerne ein Inhouse-Training oder Coaching anbiete.

59 Wörter

Gerda Laufenberg	
An wen wende ich mich?	An eine Europa-Abgeordnete in Brüssel
Was will ich ihr sagen?	Dass ich eine bekannte Malerin bin
Der Folge-Impuls	Ich möchte im EU-Parlament ausstellen

Ich bin Gerda Laufenberg, eine recht bekannte Malerin aus Ihrem Wahlkreis. Hatte kürzlich eine vielbeachtete Ausstellung im Kölner Stadtmuseum. Jetzt stelle ich mir meine großformatigen Arbeiten in *dieser* Halle vor – genial!

Wie ich sehe, zeigen Sie wunderbare Arbeiten von Kollegen – Sie organisieren also Ausstellungen. Wie kann *ich* mich für eine Ausstellung bewerben?

53 Wörter

Anni Hausladen

An wen wende ich mich?	An Sie als Leserin
Was will ich Ihnen sagen?	Ich coache Frauen
Der Folge-Impuls?	Ich will Sie zu einer Beratung motivieren

Ich bin Anni Hausladen, andere nennen mich auch die Klüngel-Expertin.
Ich trainiere vor allem Frauen, sich beruflich gut zu vernetzen, damit sie mit ihrer Arbeit auch erfolgreich sind. Sie kommen zu mir, von der Existenzgründerin bis zur Vorstandsfrau.
Wenn Sie Ihre eigene Klüngel-Position überprüfen wollen, berate ich Sie gern. Sie finden mich übrigens bei Google unter «Klüngeln».

59 Wörter

Die ersten Tage –
Die ersten Klüngel-Chancen

EinBlick

Jetzt geht es los. Hier erfahren Sie

- die klügsten Strategien für die ersten Tage
- wer Ihre wichtigste Verbündete ist
- wie Sie Ihren 360-Grad-Klüngel gestalten
- warum die ersten Bindungen auch die falschen sein können
- welche Informationen Sie gleich zu Anfang brauchen
- was Sie in Ihre Klüngel-Datei schreiben

Eine Seminarteilnehmerin erzählte uns, was ihr beim Einstieg in den neuen Job passiert ist:

Kater statt Job-Start

Am ersten Tag im neuen Job lag ich zu Hause im Bett mit einem verdorbenen Magen und einem Kater. Ich hatte nämlich mit der ganzen Hausgemeinschaft den Einstand der neuen Nachbarn gefeiert und das Fußball-WM-Endspiel geguckt und dabei zu tief ins Weinglas geschaut. Ich fühlte mich schrecklich, und der erste Tag im neuen Job begann mit einem Telefonanruf, dass ich nicht kommen konnte. Das würde ich niemandem weiterempfehlen!

Ich war im Vorfeld schon zweimal an meinem neuen Arbeitsplatz gewesen, hatte meinen Chef und meine neuen Kollegen kennengelernt, war mit ihnen essen gewesen und hatte viel über meinen neuen Arbeitsplatz gelernt. Ich kannte also auch schon den Weg zur Arbeit und den Dress-Code.

Da die neue Arbeit mit sich brachte, in eine andere Stadt zu pendeln und dort zu wohnen, hatte ich meine beiden «Antrittsbesuche» mit der Wohnungssuche verbunden. Meine neuen Kollegen habe ich gefragt, in welchen Vierteln ich gut wohnen könnte und in welchen besser nicht. Über meine neuen Kollegen kamen sogar einige Kontakte zu Vermietern zustande (auch wenn ich meine Wohnung dann «allein» gefunden habe).

Bei meinen «Antrittsbesuchen» habe ich mich auch bei der Sekretärin, der Personalfachfrau und dem EDV-Team vorgestellt. So kannte ich gleich die wichtigen Leute und hatte sehr schnell eine meinen Wünschen entsprechende Computerausstattung.

Eine positive Einstellung gehört dazu!

Seien Sie PIA – **positiv, interessiert und authentisch**, dann wird es ein guter Einstieg!

Positiv bedeutet, dass Sie über Ihre positiven Erfahrungen sprechen, über das halb volle Glas Ihrer Erlebnisse – vor allem über das, was Ihnen am neuen Arbeitsplatz begegnet. Ein klassischer Gesprächseinstieg Ihrer Kolleginnen, Mitarbeiterinnen oder Vorgesetzten am ersten Tag könnte sein:

Hatten Sie eine gute Anfahrt?

Haben Sie Ihr Auto gut parken können?

Haben Sie schon Ihren neuen Ausweis erhalten?

Konnten Sie sich schon ein wenig orientieren?

Antworten Sie nicht: «Es war schrecklich, bei dem Regen zu fahren, und überall diese Staus», oder: «Ich war schon drei Mal in der Ausweisstelle, und nie war die richtige Kollegin anwesend. Jedes Mal wurde mir gesagt, ich soll später wiederkommen.»

Vielleicht antworten Sie auch so: «Es braucht schon einen guten Orientierungssinn, um sich hier zurechtzufinden.»

Dann sind Sie zwar ehrlich – aber undiplomatisch.

Wie wollen Sie sich bei Ihren Begegnungen präsentieren?

Hier entsteht bereits Ihr Image. Welches Bild werden Sie hinterlassen? Möchten Sie, dass andere so über Sie reden: Die Neue ist eine freundliche, interessierte, intelligente, witzige Frau. Oder: Die Neue ist eine kritische, ernste, wortkarge Frau.

Sie haben es jetzt in der Hand.

Die Nörglerin, der Pechvogel, die Ungeduldige. Dieses Image könnte lange Ihren Ruf prägen. Machen Sie's doch einfach anders: «Danke, ich war eine Weile unterwegs, bin aber durch die herzliche Begrüßung der Dame am Empfang mehr als entschädigt worden.»

Oder: «Bisher habe ich die verantwortliche Kollegin für die Ausweise nicht angetroffen, aber ich habe die Gelegenheit genutzt und mich bei dem EDV-Team vorgestellt.»

Welches Image haben Sie sich jetzt verschafft?

Clever, kontaktfreudig, freundlich, selbständig. Das ist doch gleich ein ganz anderer Einstieg.

Sie brauchen vom ersten «Guten Tag» an bereits Ihre verschiedenen Präsentationsvarianten. Jetzt kommt es darauf an:

Mit dem Elevator Pitch haben Sie sich bereits beschäftigt. **Nehmen Sie Ihren 30-Sekunden- oder 3-Minuten-Pitch mit** auf Ihren Rundgang durchs Haus.

Sicherlich werden Sie mit dem Hausmeister ein anderes Gespräch führen als mit der Chefsekretärin oder Assistentin.

Was ist Ihnen wichtig, von den anderen zu erfahren? Welche Fragen werden Sie stellen? Zeigen Sie Ihr Interesse. Wahrscheinlich werden Sie schon einiges über die Stimmung im Haus, über manche Animositäten, über Grabenkämpfe oder Sympathiebekundungen hören.

Schreiben Sie Ihre ersten Eindrücke und Erfahrungen in Ihr Notizbuch.

Ihre ersten Klüngel-Begegnungen

Eine Personalerin, ein Vorgesetzter, Ihr Team oder die Kolleginnen – je nach Ihrer Position werden Sie diese Menschen am ersten Tag kennenlernen. Sie alle sind neugierig auf Sie.

Es könnte aber auch passieren, dass Sie gleich von Ihrer Chefin oder Ihrem Chef in Beschlag genommen werden und dann im Chefzimmer verschwunden sind.

Doch denken Sie daran, dass Sie jetzt von allen beäugt werden.

Sie sind die Neue, die Fremde. Auch Ihre Kolleginnen oder Ihr Team müssen oder wollen wissen, wer Sie sind und ob mit Ihnen gut Kirschen essen ist. Jetzt stellen Sie die Weichen. Jetzt haben Sie die Chance, nicht nur Ihr Image zu prägen, sondern auch die Kontakte positiv einzustielen.

Nehmen Sie sich für Ihre Mitarbeiterinnen oder Kolleginnen gleich zu Anfang genügend Zeit und verteilen Sie Ihre Aufmerksamkeit auf alle gleichermaßen.

Noch ein Tipp: Wenn Sie als neue Chefin 20 Minuten mit einem Mitarbeiter sprechen, dann bitte auch mit allen anderen. Gehen Sie der Reihe nach alphabetisch vor, damit sich niemand benachteiligt fühlt. Geben Sie allen die Möglichkeit, Sie möglichst schnell kennenzulernen.

Vielleicht kennen Sie schon das neue Team. Eine offizielle Einführung ist trotzdem wichtig.

Die formale Inthronisierung

Wer stellt Sie vor? Wie und in welcher Runde?

Jetzt wird es offiziell, Sie sind da und lernen die anderen kennen.

Wir haben in unserer Gesellschaft Rituale, die uns in eine Gruppe einführen. Auch Sie brauchen einen offiziellen Einstieg durch eine übergeordnete Person. Denn: Alles, was offiziell gesagt wird –, und nicht nur unter vier Augen mit Ihnen besprochen wurde –, hat eine höhere Verbindlichkeit für alle Beteiligten.

Beugen Sie Spekulationen im Team vor. Sprechen Sie mit Ihrer Chefin oder Ihrem Chef über den günstigsten Zeitpunkt, an dem er oder sie Sie vorstellt. Legen Sie gemeinsam den Ort und die Inhalte fest. Was soll über Ihre Stelle oder Position gesagt werden?

Bei Ihrer Vorstellung sollten möglichst alle Betroffenen anwesend sein, damit alle gleichzeitig dieselben Informationen erhalten. So stellen Sie sicher, dass unklare Absprachen, vage Vermutungen oder Ungereimtheiten gleich geklärt werden – und nicht in der Gerüchteküche schmoren.

Bitten Sie die Vorgesetzten darum, Ihr Arbeitsgebiet in Abgrenzung zu anderen Bereichen darzustellen, Ihren Verantwortungsbereich, Ihre Funktion, Aufgaben und Ziele zu benennen. Werden Sie jetzt richtig platziert, erleichtert das Ihren Start enorm. So ersparen Sie sich zum Beispiel durch klar benannte Zuständigkeitsbereiche ein späteres Konkurrenzgerangel.

Und noch etwas ist für eine gelungene Inthronisierung erforderlich: Allen Anwesenden muss deutlich werden, dass Ihre Vorgesetzten hinter Ihnen stehen. Diesen Schutz brauchen Sie, um nicht gleich von der männlichen und weiblichen Konkurrenz herausgekickt zu werden.

Versuchen Sie noch einen weiteren Schritt. Bitten Sie Ihre Chefin, dass sie Sie *ihren* Vorgesetzten vorstellt.

Wie tut sie das? Wie reagieren die anderen auf das, was sie sagt? Das zeigt Ihnen, wie sicher sie sich in ihrer Position fühlt und wie fest sie im Sattel sitzt. Sie erfahren auch, wieweit sie offiziell hinter der Entscheidung steht, dass die Wahl auf Sie gefallen ist.

So gewinnen Sie schon einen Einblick in die Entscheidungsstruktur und die Machtblöcke.

Ahimsa!

Jetzt haben Sie die neuen Menschen schon mal gesehen und sicher viele Hände geschüttelt. Zeit, mal wieder innezuhalten.

Nehmen Sie sich fünf Atemzüge Zeit. Achten Sie nur auf Ihren Atem. Das ist Ihre kleine Auszeit.

Die wichtigste Verbündete ist Ihre Chefin

Wir empfehlen dringend, die fachliche Einarbeitung mit Ihrer Vorgesetzten zu besprechen. Dann können Sie auch gleich die gegenseitigen Erwartungen klären. Ebenfalls wichtig sind die Kontakte, die Sie für Ihre Arbeit brauchen. Achten Sie darauf, dass sie Sie persönlich vorstellt. Als Ihre Verbündete muss sie hinter Ihnen und Ihrer Arbeit stehen. Diskrepanzen können Sie oft jetzt schon erkennen und ansprechen.

Damit Sie nichts vergessen – hier eine Auflistung für Ihre Gespräche:

  * Klären Sie die gegenseitigen Erwartungen. Was erwartet Ihre Chefin von Ihnen? Und was erwarten Sie von ihr?
  * Was sollen Sie in den ersten vier Wochen erreichen? Welche

Erfolge erwartet Ihre Führungskraft von Ihnen? Was gilt überhaupt als Erfolg?
* Welche Unterstützung erhalten Sie von Ihrer Vorgesetzten?
* Fragen Sie nach möglichen Überschneidungen mit anderen Bereichen und Kompetenzen. Nicht dass Sie da gleich jemandem auf die Füße treten ...
* Memos, Briefings, Pläne, Protokolle, Konzepte oder Skizzen – welche Arbeitsproben können Sie anbieten? Oder: Welche ersten Belege Ihres Könnens werden von Ihnen erwartet? Mit einer Arbeitsprobe können Sie Ihre Motivation zeigen. Gleichzeitig können Sie checken, ob Sie mit Ihrem Denken, Ihrem Fachwissen und Ihren Methoden auf dem richtigen Weg sind.
* Welchen Erfolg braucht Ihre Vorgesetzte? Das können Sie zwar so nicht direkt fragen, aber lassen Sie diese Frage zwischen den Zeilen mitlaufen. Sie wollen ja nicht ahnungslos gegen die Interessen der Chefin arbeiten. Dieses Fettnäpfchen können Sie getrost auslassen!
* Fragen Sie nach Ihrer Vorgängerin. Warum ist sie gegangen? Was waren ihre Erfolge, gab es auch Probleme? Welches Image hat sie im Team und im Unternehmen? Welches Erbe hinterlässt sie Ihnen? (Gerade als Teamchefin brauchen Sie diese Informationen. War sie beliebt, finden Sie heraus, warum. Ist sie wegbefördert worden? Wenn ja – wohin?)
* Bei welchen wichtigen Terminen können Sie dabei sein?
* Welche Personen, die eine Schlüsselposition einnehmen, sollten Sie gleich kennenlernen? Wer stellt Sie vor? Am besten ist es, Ihre Chefin übernimmt es selbst, Sie reinzubringen.

Legen Sie auch gleich Termine für Feedback-Gespräche fest. Bleiben Sie dran, bis Sie Ihren Platz gefunden haben.

Eine Teamleiterin gab in einer Gesprächsrunde
einen guten Tipp an ihr Team weiter:

Gute Nachricht – guter Ruf

Springt ruhig immer mal wieder bei mir rein, um kurz zu
sagen, was gut läuft. Das hört jede Chefin gern.

Greifen Sie diesen Tipp auf. Gehen Sie nicht nur zu Ihrer Vorgesetzten, wenn Sie etwas brauchen oder ein Problem aufgetreten
ist. Mindestens genau so häufig sollten Sie mit einer guten Nachricht oder Erfolgsmeldung aufkreuzen, damit Sie sich ein positives Image schaffen.

Und: Beginnen Sie auch problematische Gespräche mit einem positiven Einstieg.

Wie «tickt» Ihre Vorgesetzte?

Diese Fragen werden Sie nicht offiziell stellen, aber sie laufen immer in Ihrem Hinterkopf mit:

* Mag sie Vorschläge und erwartet Eigeninitiative?
* Verlangt sie Selbständigkeit?
* Will sie, dass Sie ihr *nur* zuarbeiten?
* Erwartet sie, dass Sie auch leise Wünsche von den Lippen ab-
  lesen können, oder gar die Fähigkeit des Gedankenlesens?
* Dürfen Sie genauso gut oder gar besser sein als Ihre Chefin?
* Dürfen Sie Arbeiten übernehmen, die ihr schwerfallen oder
  bei denen sie nicht weiterkommt? Ist es okay, wenn Sie
  schwierige Kontakte stabilisieren? Holen Sie sich lieber auf
  diplomatischem Weg die Genehmigung.
* Will sie nur die Essenz, z. B. die Zahlen für eine Verhandlung,
  oder möchte sie auch über Hintergründe und Zusammenhänge informiert werden? Klären Sie das explizit, damit Sie
  die gewünschten Ergebnisse liefern. Sie meinen es sicher gut,
  wenn Sie Ihre Vorgesetzte detailliert ins Boot holen wollen –

Vielbeschäftigte wollen aber oft nicht mit allzu vielen Details belästigt werden.

Fünf positive Eigenschaften Ihrer Chefin

Möglicherweise gefällt Ihnen das neue Arbeitsgebiet hervorragend, aber die Vorgesetzte – na ja …

Etwas ganz Wichtiges, damit Sie Ihrer Chefin immer positiv und respektvoll entgegentreten: Finden Sie fünf positive Eigenschaften Ihrer Vorgesetzten.

1. …

2. …

3. …

4. …

5. …

So können Sie sich positiv auf Ihre Vorgesetzte einstimmen.

360-Grad-Kommunikation – Der Rundum-Klüngel

Klüngeln Sie gleich los – und zwar in alle Richtungen und über alle hierarchischen Ebenen hinweg. Nutzen Sie gleich die ersten Tage, in denen Sie durchs Unternehmen, durch die Einrichtung oder das Institut «wandern», um sich zu orientieren und die Infrastruktur kennenzulernen.

Vergessen Sie auch hier nicht den freundlichen Gruß. Sie starten jetzt schon mit dem Aufbau Ihres internen Netzwerks. Deshalb nehmen Sie Kontakt auf zu allen, die Ihnen begegnen. Ein kurzer Small Talk, eine kleine Wertschätzung, und Sie werden allen in guter Erinnerung bleiben: Ob Pförtner oder Kantinenchefin, Haustechniker oder IT-Expertin – stellen Sie sich gut mit allen. Sie werden einander vielleicht noch einmal brauchen.

Je nach Größe des Hauses besuchen Sie auch die Dokumentationsstelle, die Materialausgabe, die Bücherei und vor allem die Pressestelle. Vielleicht ist es in Ihrem Unternehmen ratsam, für bestimmte Kontakte Termine zu vereinbaren. Erfragen Sie das.

Vergessen Sie vor allem nicht, den **Betriebsrat** oder Personalrat in Ihre Runde einzubeziehen. Sie sollten auch diese Personen vorab ins Boot holen, bevor Sie deren Unterstützung brauchen oder Sie wegen eines arbeitsrechtlichen Falls mit ihnen verhandeln müssen. Klären Sie vorab mit Ihrem Chef oder Ihrer Chefin, welches Verhältnis zwischen Ihrer Abteilung und dem Betriebsrat besteht. Lassen Sie sich aber nicht abhalten, den Kontakt aufzunehmen. Sie sind unbelastet und können eine belastete Verbindung positiv beeinflussen. Hier können Sie Punkte sammeln.

Auch die **benachbarten Abteilungen** sind für Sie wichtig. Falls Sie mit bestimmten Abteilungen eng zusammenarbeiten müssen, versuchen Sie gleich zu Anfang, dort ein paar Tage lang zumindest für ein paar Stunden zu hospitieren. Sie lernen die Menschen und deren Arbeit kennen. Mit diesem Wissen und den Kontakten können Sie Ihre Arbeit gezielter und erfolgreicher steuern. Bei Schwierigkeiten kann bereits ein kurzer Anruf für Klärung oder Unterstützung sorgen. Denken Sie immer wieder daran, die Kontakte vorab zu knüpfen, bevor Sie sie brauchen.

Schlüsselorte und -figuren, die Sie sofort erkennen können, sind im **Vorzimmer** die Sekretäre oder Assistentinnen der Geschäftsführung, des Vorstands, bestimmter großer Abteilungen. Wo immer Sie diese wichtigen Personen (meist sind es Frauen) antreffen, nehmen Sie den Kontakt sehr ernst, holen Sie sie in Ihr Boot. Bei ihnen laufen viele Fäden zusammen, Sie sind oft die Ersten, die die neuesten Entscheidungen erfahren, die um die Einflussfaktoren wissen, die die Machtverhältnisse kennen und

Situationen einschätzen können. Diese Frauen können Ihnen eine Tür öffnen oder den Zugang verweigern. Sie können Ihnen die richtigen Tipps zur rechten Zeit geben. Pflegen Sie diese Verbindungen!

Sprechen Sie auch mit denjenigen, die **kurz vor Ihnen eingestiegen sind**. Kolleginnen, Praktikantinnen, Azubis, die noch wissen, wie es war, die oder der Neue zu sein.

Das ist eine tolle Sache, dieser Blick durch ein paar andere, «neue» Augen:
* Welche Erfahrung haben sie in den ersten Wochen gesammelt?
* In welche Fettnäpfchen sind sie gestolpert? Was haben andere ihnen besonders übelgenommen?
* Womit haben sie viel Anerkennung erhalten?

Hier können Sie schon informelle Regeln und Rituale erfahren.

Vielleicht haben andere die Praktikantin oder Kollegin noch nie danach gefragt, und Sie haben durch Ihr Interesse einen guten Kontakt hergestellt.

Vorsicht vor zu frühen Bindungen – es könnten die falschen sein

Sie treffen möglicherweise gleich am ersten Tag eine Kollegin, Mitarbeiterin oder ein ganzes Trüppchen, das sich rührend um Sie kümmert. Das tut gut, so nett aufgenommen zu werden …

Seien Sie trotzdem zurückhaltend, wenn es darum geht, sich auf bestimmte Menschen oder eine Gruppe festzulegen. Offenheit für alle ist die Devise an den ersten Tagen. Wichtig ist, dass Sie nicht immer nur mit denselben Leuten in Kontakt sind: Es könnten die falschen für Sie sein, Sie wissen es nur noch nicht.

Identifizieren Sie zuerst die internen Machtblöcke und halten Sie sich von rivalisierenden Gruppen fern, bis Sie Personen und Ziele zuordnen können. Dann schließen Sie sich der Gruppe an, die Sie für Ihre Arbeit, für Ihren Erfolg brauchen.

Hier können die ersten Fettnäpfchen für Sie bereitstehen. Wer geht mit wem essen? Wer darf mitgehen und wer nicht? Wird von Ihnen erwartet, dass Sie täglich mit Ihrem Professor in der Mensa essen oder mit der Führungsriege am Tisch sitzen? Bitte tun Sie es dann!

Kein Essen kann so schlecht sein, als dass Sie nicht dabei sein wollen, wenn wichtige Informationen ausgetauscht werden.

Das Betriebsrestaurant, die Kantine oder Kaffeeküche gehören zu den wichtigsten Klüngel-Orten.

Untersuchungen zeigen: Achtzig Prozent der Informationen laufen über den informellen Weg. Gemeinsames Essen, Kaffeetrinken, Flurgespräche bieten sich dafür an. Also bleiben Sie erst einmal neugierig und offen und vor allem: **Bleiben Sie dran.**

Eine ehemalige Seminarteilnehmerin schickte uns eine E-Mail, in der sie ihre Strategie für die Kontakte während der ersten Tage beschrieb:

Nicht in die Fallgruben tappen!

Seit zwei Tagen bin ich nun im neuen Job als Leiterin der Kundenbetreuung. Ich bemühe mich um Neutralität, höre mir alles an, bin klar in meiner Aussage und sehe, wer mit wem welche «Seilschaften» eingegangen ist. Ich hoffe, dass mich dies vor der einen oder anderen Fallgrube bewahrt. Ich bin freundlich, doch vorsichtig, weil ich mit meinen ehemaligen Kolleginnen einige schlechte Erfahrungen durch zu viel Nähe gemacht habe.

Nun weiß ich erst, wie wertvoll meine Erfahrungen im letzten Job waren.

Mitgehen – Laden Sie sich selbst ein

Vielleicht denken die anderen noch nicht daran, Sie einzubeziehen – erwarten Sie nicht zu viel. **Kletten Sie sich an.** Fassen Sie sich ein Herz, seien Sie mutig und fragen Sie, ob Sie mit zum Essen gehen können.

Es hat sich einfach noch nicht eingespielt, dass Sie jetzt da sind. Wollen Sie bei einer bestimmten Veranstaltung oder einem wichtigen Meeting dabei sein, dann fragen Sie von sich aus an.

Aktivität lautet das Zauberwort. Selbst ist die Frau!

Investieren Sie in Ihr Beziehungskapital

Manche Mitarbeiterinnen, Kolleginnen oder auch Chefinnen begegnen Ihnen anfangs distanziert oder gar ablehnend – zumindest ist das Ihr Eindruck? Nehmen Sie diese Zurückhaltung nicht persönlich, bleiben Sie trotzdem offen.

Eine Seminarteilnehmerin erinnerte sich an eine besondere Erfahrung:

Manche Tabus darf frau auch brechen

Eine Zeit lang war ich in einem Unternehmen beschäftigt, in dem einfach niemand je von seinem Schreibtisch aufzublicken schien. Es gab feste Mittagessen-«Klübchen» oder Arbeitsgruppen, ansonsten waren fast alle nichtfachlichen Gespräche (im Großraumbüro) tabu. Es war erst mal frustrierend. Ich fühlte mich ganz schön verunsichert. Sollte ich mich jetzt auch zurückziehen? Würde mein Verhalten als aufdringlich gelten, wenn ich von mir aus Kontakt suchte? Ich hab's einfach trotzdem getan: Ich fasste mir damals ein Herz, guckte mir zwei, drei Personen aus, die ich immer wieder angesprochen habe. Ich erzählte ihnen von Urlauben, Ausstellungen und Seminarerlebnissen und fragte die anderen auch nach ihren Interessen.

Irgendwann war ich «drin», und der Kreis hat sich langsam erweitert.

Heute, viele Jahre später, bin ich mit einigen noch immer in sehr gutem beruflichem Austausch.

Nicht in jeder Organisationskultur ist es gang und gäbe, dass die Neue herzlich in Empfang genommen wird. Oft ist jeder einfach so sehr mit sich und seiner Arbeit beschäftigt, dass Sie den Eindruck kriegen, die Kolleginnen und Kollegen lehnen Sie ab. Das liegt aber meistens daran, dass es für die Situation «die Neue kommt» keine Spielregel gibt – und deshalb gar nichts passiert. Niemand macht etwas.

Seien Sie nicht traurig, falls Sie sich am Anfang wie unsichtbar oder gar unwillkommen fühlen. Bleiben Sie trotzdem offen!

Unser Tipp:

Gewähren Sie den anderen einen Freundlichkeitsvorschuss: Grüßen Sie, seien Sie freundlich – auch wenn Sie den Eindruck haben, dass das nicht üblich ist. Springen Sie ruhig mal über Ihren Schatten. Geben Sie auf jeden Fall ein bisschen was von sich preis: Erzählen Sie von der interessanten Ausstellung oder dem Kinofilm, den Sie gesehen haben. Vielleicht haben Sie auch einen Tipp oder eine persönliche Empfehlung für jemanden im Team. Small Talk ist ganz wichtig!

Bleiben Sie wirklich am Ball, isolieren Sie sich nicht, auch wenn Sie sich erst mal isoliert fühlen. Diese Investition in Ihr Beziehungskapital zahlt sich langfristig aus. Eines Tages sind Sie nicht mehr «neu». Wenn Sie bis dahin die Kontakte zu den anderen gehegt und gepflegt haben, werden Sie dann davon profitieren.

Eine Trainerin berichtete uns von ihren Erfahrungen
als junge Praktikantin:

Wer geht mit wem essen?

Während meines Studiums habe ich bei einem großen Auto-
mobilhersteller gearbeitet. Ich habe sehr schnell gemerkt, dass
es sich als Praktikantin nicht gehört, Führungskräfte zu fragen,
ob ich mich zum Mittagessen anschließen kann. Es kam zu
Irritationen, komischer Stimmung. Ich habe dann nachgefragt.
Praktikanten gingen mit anderen Praktikanten, Azubis und
Sachbearbeiterinnen essen – oder wurden von den Führungskräften ausdrücklich eingeladen mitzugehen, dann war es
okay. Diese Chance habe ich dann auch immer genutzt.

Laufen Sie mit offenen Augen und Ohren durch das Unternehmen

Wir können es nicht oft genug sagen: Grüßen Sie wirklich jede
und jeden, der Ihnen begegnet. Machen Sie den ersten Schritt,
und stellen Sie sich vor, wann immer sich eine Gelegenheit bietet
(mit dem passenden 30-Sekunden-Pitch!).

Hören Sie wirklich aufmerksam zu, was die anderen über sich
erzählen. Sie erhalten bei jeder Vorstellung wichtige Informationen: Was sagen die anderen über sich, und worüber sprechen sie
nicht? Ist zum Beispiel Privates generell tabu? Gibt es etwas, das
typisch für alle ist? Reden alle über bestimmte Fernsehsendun-
gen, über Sport oder über Wochenendereignisse? Wer hat welche
privaten Interessen? Wer engagiert sich wo?

Vergessen Sie nicht die **Kommunikation in der Kaffeeküche**.

Viele Frauen zieht es anfangs viel mehr an ihren Schreibtisch
als in die Kaffeeküche. Sicher wollen Sie auch lieber mit der Arbeit loslegen und sich fachliche Infos einholen, als Bekannt-
schaften zu schließen und freundlich zu plaudern. Sie wollen ja

auch nicht den Eindruck erwecken, Sie hätten nichts Wichtigeres zu tun ...

Doch alle Themen und Aufgaben sind immer mit den Menschen verbunden, die sie bearbeiten und über sie entscheiden. Sorgen Sie von Anfang an dafür, dass die Verbindung zu den Kolleginnen und Mitarbeiterinnen positiv ist, dann klappt es später auch viel besser mit dem Austausch von Informationen und wichtigen Hinweisen.

Wecken Sie in sich die Neugier auf die anderen! Schauen Sie genau hin bei den Menschen, mit denen Sie zu tun haben werden:

* Wer ist das eigentlich?
* Warum lohnt es sich, diese Menschen kennenzulernen?
* Wie kann Ihre Zusammenarbeit spannend werden?
* Wie können Sie beim anderen positive Reaktionen hervorrufen?

Es ist wichtig, dass die Leute im Unternehmen Ihren Namen und Ihr Gesicht zusammenbringen. In vielen Unternehmen stellen sich die Neuen mit einem Fotoaushang oder per Mail vor. Wie ist das in Ihrem Unternehmen? **Machen Sie den ersten Schritt**, damit die anderen Sie positiv wahrnehmen.

Vorsicht Vorschläge

Sie haben bereits viel gesehen und erfahren, im Berufsleben oder an der Uni. Und jetzt wundern Sie sich über manch komplizierte und umständliche Abläufe und Vorgehensweisen, die Ihnen gleich im neuen Arbeitsbereich auffallen. Verbesserungsideen springen Sie geradezu an. Wäre es nicht großartig, die anderen gleich mit klugen Ratschlägen und neuen Konzepten zu beeindrucken?

Nein! Bitte halten Sie sich zu diesem Zeitpunkt noch zurück mit eigenen Vorschlägen und Ihrer Erfahrung. Auch wenn Sie eine hervorragende Idee zur Optimierung von Prozessen haben, behalten Sie diese erst mal für sich (oder in Ihrem **Notizbuch**). In den allerersten Tagen geht es darum, erst mal den Durchblick zu bekommen – auch wenn Sie vielleicht genau dafür eingekauft wurden, etwas Bestimmtes zu verändern.

Reißen Sie keine Wände ein, bevor Sie nicht ganz genau wissen, warum, wann und vor allem von wem sie errichtet wurden. Sie könnten Ihren Ruf ruinieren als die Neue, die gleich alles besser weiß. Und wer weiß, wem Sie damit auf die Füße treten. Überlegen Sie grundsätzlich bei jedem Vorschlag, wer alles von Ihrem Vorschlag betroffen wäre und in welche anderen Bereiche sich Ihr Vorschlag auswirkt.

Wer profitiert davon? Wer nicht profitiert oder keine Veränderung wünscht, wird Sie blockieren. Deshalb brauchen Sie erst einen guten Kontakt zu diesen Menschen, wenn Sie etwas verändern wollen. Registrieren Sie lieber, was Sie verbessern würden, und schreiben Sie es in Ihr Notizbuch für später, wenn Sie wissen, warum und wieso und wer mit wem und mit wem nicht. Preschen Sie vor allem nicht mit eigenen Ideen vor, um sich von Ihrer Vorgängerin abzusetzen. Sie könnte sehr beliebt gewesen sein, und Sie hätten dann ein Problem mit dem Team.

Eine junge Sachbearbeiterin schilderte folgenden Vorfall:

Negative Aufmerksamkeit statt positiver Profilierung

Bei meiner letzten Firma hatte ich die Aufgabe, das Büromaterial zu bestellen. Zuerst machte ich eine Bestandsaufnahme: Im Schrank mit dem Material herrschte totales Durcheinander. Ich konnte deshalb nicht herausfinden, wo was fehlt. Also habe ich erst mal alles aufgeräumt und neu strukturiert.

Ich war fest davon überzeugt, ich mache was Gutes, für das Büro und auch für mich, um mich zu profilieren, zu zeigen, was ich kann.

Genau das Gegenteil ist aber eingetreten. Alle haben sich beschwert: Wer hat das gemacht? Wir finden nichts mehr wieder!

Die Leute hatten sich mit dem Chaos abgefunden, sie wussten, wo sie was finden. Die neue Ordnung war ihnen lästig. Ich habe viel negative Aufmerksamkeit erhalten. Und die bislang Verantwortliche für das Material war richtig sauer auf mich, weil durch meine Aufräumaktion der Eindruck entstand, sie hätte es bisher nicht gut genug gemacht und sei schlampig.

Im Nachhinein wünschte ich, ich hätte mein Vorgehen mit der Vorgängerin abgesprochen.

Jetzt die Fragen stellen

Nutzen Sie lieber jetzt die Zeit, um Fragen zu stellen. Machen Sie sich die Infrastruktur des Hauses zu eigen. Was erhalten Sie wo? Wer ist wofür zuständig? Dabei lernen Sie viele Kolleginnen und Kollegen kennen, und darüber hinaus erfahren Sie mehr über die Stimmung, die Animositäten, die persönlichen Vorzüge der Menschen. Als Neue haben Sie die Chance, unbefangener mit Ihren Fragen an sie heranzutreten, denn auch die anderen sind neugierig auf Sie. In vier Wochen ist es für manche Fragen zu spät, dann könnten Sie damit Ihr Image ruinieren.

Welche Informationen brauchen Sie für den Alltag?

Die gute Nachricht: In vielen Unternehmen gibt es eine Einarbeitungs-Checkliste. Sie werden von einer erfahrenen Mitarbeiterin «an die Hand genommen», durchs Haus geführt und mit allem versorgt, was Sie für Ihre Arbeit brauchen.

Für den Fall, dass dies nicht geschieht, haben wir eine Checkliste vorbereitet. Sie finden diese Liste im Anhang des Buchs. Nehmen Sie diese mit ins Büro und haken Sie ab, was Sie bereits erledigt haben.

Wer darf, wer kann, wer muss?

Klären Sie gleich, wer Dokumente unterschreiben darf oder muss. Erkundigen Sie sich auch, welche Regeln für die hausinterne Informationsweitergabe gelten. Ist es üblich, gleich alle zu informieren – oder gilt das als Zumutung? Gibt es eher Klagen über überflutete Mail-Postfächer oder darüber, bestimmte Informationen nicht zu erhalten?

Für Sie ist es auch wichtig festzustellen, wer auf welchen Verteilern steht und wer nicht – und warum nicht. Auf welchen wichtigen Verteilerlisten sollten Sie unverzüglich eingetragen werden, damit Sie gleich an den Informationsfluss angeschlossen sind? Sie wollen ja schnellstmöglich reinkommen.

Welche Fragen Sie – je nach Position – noch stellen sollten …

* Wer übergibt das Alltagsgeschäft an Sie?
* Welche besonderen Fälle stehen an?
* Welche Projekte, Aufgaben laufen zurzeit? Wer ist dafür zuständig?
* Erfragen Sie den Status aller aktuellen Projekte oder Geschäftsvorgänge.
* Auf welchem Laufwerk, in welchem Ordner finden Sie welche Information? Auf welche «harten Daten» können Sie zurückgreifen, um Informationen zu bekommen (Listen, Protokolle, Presseberichte, Mitarbeiterbefragungen, Leistungsbilanzen …)?
* Welche Verteilerlisten brauchen Sie wofür?
* Fragen Sie nach dem Erbe Ihres Vorgängers, was gab es für fachliche Projektprobleme, und womit war er oder sie sehr erfolgreich?

* Überprüfen Sie alte Aufträge und Vorgänge auf Probleme und gute Ergebnisse für Ihre Orientierung.
* Klären Sie Ihre Budgetfragen.
* Wer sind Ihre wichtigsten fachlichen Ansprechpartnerinnen?
* Mit welchen Personen und mit welchen Stellen und Abteilungen müssen Sie zusammenarbeiten?
* Welche Meetings müssen Sie einberufen, und an welchen sollten Sie teilnehmen?
* Wer sind Ihre wichtigsten Kunden oder Lieferanten?

Und vergessen Sie nicht, mal zur Toilette zu gehen, einmal kräftig durchzuatmen und – lächeln Sie sich im Spiegel zu. Das tut gut und muntert auf.

Welche Signale vermittelt Ihr neuer Arbeitsplatz?

Wo ist denn Ihr Büro? Gut zu erreichen oder im Kabuff hinter der Bibliothek? Können Sie die anderen gut finden, oder vermitteln Ort und Räumlichkeit den Eindruck: «An die Frau ist gar nicht ranzukommen»?

Schauen Sie sich Ihren Arbeitsplatz genau an. Er vermittelt nicht nur Ihr Image, sondern auch Ihre Kommunikationsmöglichkeiten. Wer sitzt in Ihrer Nähe? Wie viel Raum wird Ihnen zugestanden? Gibt es Platz für Besucher?

Welche Büroausstattung steht Ihnen in Ihrer Position zu? Einige Unternehmen haben eine klare Philosophie in Bezug auf die Schreibtische: Je höher die Position, desto größer der Schreibtisch. Das ist genau in Zentimetern festgelegt.

Diese Mail hat uns eine junge Frau geschickt:

Der Abräumer

Ich arbeite im Kundenservice eines großen Unternehmens. Die Kunden melden sich zuerst bei mir. Mein Chef legt großen Wert darauf, dass alles ordentlich bei uns aussieht, vor allem auf den Schreibtischen. Post-its kann er gar nicht leiden und Persönliches erst recht nicht. Nur ein kleines Familienfoto ist «erlaubt». Das wusste ich am Anfang nicht. Da hat er einfach alles weggeräumt, was ihn auf meinem Schreibtisch störte.

Wie wollen Sie selbst Ihre Arbeitsumgebung gestalten? Welche Signale möchten Sie setzen? Welche Signale setzen die anderen?

Wenn Sie eine Pflanze mitbringen, dann sorgen Sie dafür, dass diese **immer** gut gepflegt ist, auch während Ihrer Abwesenheit. (Es ist keine Seltenheit, dass auf Schreibtischen oder Fenstergängen halb vertrocknetes Geäst vor sich hingammelt – was vermittelt das für einen Eindruck?)

Wie steht es mit Bildern, Fotos oder persönlichen Maskottchen? Was ist im Rahmen Ihrer Position und in Ihrem Unternehmen passend? Wie machen es die anderen?

Übrigens: Alles, was an Dekorativem rund um die Schreibtische steht oder hängt, bietet immer einen guten Gesprächseinstieg: «Ein spektakuläres Poster, das Sie da haben. Sind Sie ein Fan vom Woodstock-Festival?» – «Das ist eine interessante Skulptur, die auf Ihrem Schreibtisch steht. Wer ist die Künstlerin?»

Wählen Sie bewusst aus, worauf Sie angesprochen werden möchten.

Ein Bild, eine Skulptur, ein besonderes Poster – all dies sagt etwas über Sie aus. Helfen Sie den anderen, einen passenden Gesprächseinstieg mit Ihnen zu finden, überlassen Sie es nicht dem Zufall, was die anderen Ihnen an Persönlichem zuordnen.

Verstehen Sie die Kultur Ihrer Einheit – Entdecken Sie die ungeschriebenen Regeln

Jedes Unternehmen, jede Abteilung, jedes Team hat eine eigene Kultur, die den Leuten sagt, was sie zu tun und zu lassen haben. Die Kultur besteht aus Werten und Normen, die das Verhalten und die Erwartungen ihrer Angehörigen formen. Oft ist die Kultur den Betroffenen gar nicht bewusst, so tief verwurzelt sind viele Gewohnheiten und Rituale.

Kennen Sie bereits die Unternehmenskultur in Ihrer neuen Firma? Können Sie die Unternehmenswerte benennen? Wissen Sie, welche ungeschriebenen Gesetze, Stoppschilder und Tabus es gibt?

Jetzt könnten Sie sagen: «Was geht mich das an? Ich habe meinen eigenen Stil, den bringe ich einfach ein.» Achtung! Wer die Spielregeln der Unternehmenskultur verletzt, der verhält sich wie ein Virus, das unseren Körper angreift. Die inneren Abwehrkräfte werden aktiviert, um das Virus abzustoßen.

Wir helfen Ihnen, hinter die Fassade aus Kommunikationsweisen, Ritualen und Verhaltensregeln zu blicken, damit Sie diese rechtzeitig kennen.

Auf eine Anfrage per Newsletter zum Thema «Wie haben Sie die ersten Tage gestaltet?» schrieb uns eine Leserin:

Darf ich das?

Ich habe immer wieder das offene Gespräch gesucht – mit der Teamleiterin und den Kolleginnen. Darf ich das? Darf ich so weit gehen? Darf ich zum Beispiel die Geschäftsführerin direkt ansprechen, oder über wen muss ich da gehen? Welche Entscheidungen kann ich selbst treffen? Ist es okay, wenn ich im Namen der Teamleiterin agiere?

Gut zuhören ist auch so ein Punkt, um herauszufinden: Was

ist HIER wichtig? Wo brennt es bei uns? Und immer wieder nachfragen: Wie wichtig ist dieses Thema? Was sind langfristige Themen? Was muss hier schnell getan werden?

Blicken Sie hinter die Kulissen. Hier ist sie, die

Checkliste für Unternehmenskultur-Entdeckerinnen

Kennzeichen für die Unternehmenskultur	Ihre Notizen
Kleiderordnung • Was tragen die Vorgesetzten? Was tragen die Mitarbeiter/innen? Gibt es einen unterschiedlichen Dress-Code für Vorgesetzte, Mitarbeiter und Praktikanten? • Wann trägt frau was? Am «normalen» Bürotag, bei Kundenterminen, Konferenzen?	
Pausenrituale • Gibt es «typische» Kaffeepausenzeiten? • Wann sind die Mittagszeiten? • Wie ist die Handhabung von Zigarettenpausen? Welches Image haben diese? • Wer geht mit wem in die Pause? • Fettnäpfchen-Faktor? Was wäre zu früh, zu spät, zu viel oder zu wenig Pause? • Wird erwartet, dass Sie mitgehen? Und mit wem?	
«Inoffizielle» Arbeitserwartungen • Echter Arbeitsbeginn und Arbeitsende – wann wird mit dem Tagesgeschäft losgelegt? • Welche Präsenzzeiten und Überstunden werden von Ihnen erwartet – früh kommen/spät gehen ist manchmal wichtiger als die Arbeitsergebnisse – Anwesenheit gilt in manchen Unternehmen als Zeichen von Kompetenz und Wichtigkeit!	

- Was ist die maximale bzw. minimale Arbeitsleistung, die Mitarbeiter bringen dürfen? Ab wann gilt jemand als Streber oder Faulpelz?
- Was gilt als Erfolg? Ausführlichkeit oder Schnelligkeit?

Kommunikation von Informationen

- Wer erhält Zugriff auf welche Dokumente? Wer darf was wissen? Wer ist in welchem Verteiler?
- Politische Zusammenhänge: Wer darf die Informationen nicht erhalten?
- In welcher Situation ist es üblich, interne Informationen als Mail zu verschicken? Wann wird die Information persönlich durchs Haus getragen?
- Wann wird ein Memo verfasst?

Hierarchie

- Wie ist der Umgang mit Titeln – werden diese mit genannt?
- Wer hat direkten Zugang zu wem?
- Duzen oder siezen, was ist üblich?
- Wie wird mit Ihren Anfragen oder Anliegen in anderen Abteilungen umgegangen? Werden sie gleich bearbeitet («Klar, bringe ich gleich rüber») oder auf die lange Bank geschoben («Tja, versuche ich nächste Woche irgendwann zu erledigen»)? Der Umgang mit Ihren Anliegen liefert einen wertvollen Einblick in die «wahre» Position Ihres Vorgesetzten und Bereichs.
- Wer darf zu Meetings einladen? Ist das Chefinnensache?

Handhabung von Abteilungsritualen

- Gibt es zum Geburtstag eine Torte, Geschenke, eine Feier? Wer sorgt dafür?
- Wie ist es mit Betriebsausflügen oder Weihnachtsfeiern?
- Gibt es regelmäßige «private» Treffen? Wer nimmt daran teil? Wer nicht?

Stellenwert von Weiterbildung

- Wird zusätzliche Qualifizierung von Ihnen erwartet? Gibt es Weiterbildung nur als Belohnung? Oder wird Abwesenheit vom Arbeitsplatz generell ungern gesehen?
- Welche Fortbildungen benötigen Sie noch zur fachlichen Integration?

Rahmen für Persönliches

- Wie sehen die Schreibtische der anderen aus? Gibt es dort Familienfotos, Urlaubsbilder oder andere private Dinge?
- Sind eigene Dekorationen, Kunst etc. «erlaubt»?

Kommunikationsstil und Sprache

- Stehen die Bürotüren generell offen?
- Wer grüßt wen (zuerst)?
- Wie sind die Umgangsformen unter Stress?
- Wie wird vom Chef oder der Chefin gesprochen?
- Wie viel Humor, Witze, Ironie ist erwünscht? Wo ist die Grenze?
- Welche Lieblingswörter im Bürojargon gibt es?
- Gelten Anglizismen («Sexy item», «Briefing», «Tools» ...) als chic?
- Welche Firmensprache, Begriffe, die immer wieder fallen, welches «Fachchinesisch» begegnet Ihnen?
- Wie viel Privates ist erwünscht?

Innovationsklima

- Wird von den Mitarbeiter/innen Kreativität und Querdenken erwartet – oder ist das unerwünscht?
- Gibt es Raum und praktische Unterstützung für kreative Prozesse?
- Können sich die Mitarbeiter vom Arbeitsplatz entfernen, um neue Ideen und Lösungen zu entwickeln?
- Gibt es ein Verständnis für «kreative Pausen»?
- Gibt es ein Anerkennungswesen für neue Ideen?

Fehlerkultur

- Wie ist der Umgang mit Fehlern und Misserfolgen?
- Werden diese offen kommuniziert oder vertuscht?

Ein Tipp: Suchen Sie auch nach den tiefsten Glaubenssätzen, über die die Teammitglieder gar nicht mehr nachdenken. Es könnte interessant sein...

Eine Dekorateurin beschrieb ihre ersten Eindrücke folgendermaßen:

Mit allen per Du

Als ich bei IKEA anfing, war ich erst mal überrascht. Direkt beim Vorstellungsgespräch erklärte die Personalchefin mir, dass wir uns alle duzen. Das «Du» gehört bei IKEA fest zur Unternehmenskultur. Und es gibt auch keine Einzelbüros oder Vorzimmer von Chefs. Der Verzicht auf typische Statussymbole gehört dazu, wir tragen auch alle IKEA-Arbeitskleidung, selbst die Geschäftsführerin unserer Filiale. Das war für mich zunächst ungewöhnlich, aber ich finde es gut, dass vieles bei uns so unkompliziert läuft. Und dass bewusst auf flache Hierarchien Wert gelegt wird!

Nehmen Sie Ihre Aufgabe als Kulturentdeckerin ernst und benutzen Sie diese Checkliste als Grundlage für Ihre Beobachtungen im neuen Team.

Sie dürfen übrigens auch von den Erfahrungen anderer lernen. Fragen Sie: Was ist hier wichtig? Was darf mir hier auf keinen Fall passieren? Was ist Ihnen mal passiert?

Manches lernen Sie erst auf die «harte» Tour: Sie haben ein Tabu, ein ungeschriebenes Gesetz gebrochen. Das merken Sie daran, dass die anderen betreten, verärgert oder mit Ungeduld auf Ihr Verhalten reagieren. Analysieren Sie die Situation und lernen Sie daraus.

Eine Seminarteilnehmerin erzählte von einem
London-Aufenthalt:

Andere Länder, andere Sitten

Letztes Jahr betreute ich ein Projekt in London und war für zwei
Monate in einer großen Bildungseinrichtung tätig. Inhaltlich
war ich gut vorbereitet, was ich aber nicht wusste: Die Be-
sprechungskultur unterschied sich wesentlich von dem, was
ich gewohnt war. Ein Beispiel: In einem Meeting wurde über
Umweltbewusstsein im Unternehmen diskutiert. Ich war nicht
einverstanden mit den geäußerten Ideen. Ich fand den prä-
ferierten Ansatz negativ und wenig motivierend. Das habe ich
auch genauso gesagt. Daraufhin verstummten alle, es wurde
auch nicht mehr viel gesprochen, sondern die Besprechung war
bald zu Ende. Später habe ich erfahren, dass ich mich für den
Geschmack der Mitarbeiter verhalten habe wie ein Elefant im
Porzellanladen: Kritik darf nicht unverblümt vor allen geäu-
ßert werden. Zuerst einmal müssen die beteiligten Hierarchien
gewahrt werden. Keine Kritik an den Ideen von Vorgesetzten!
Dann müssen die zuvor geäußerten Vorschläge gewürdigt und
wertgeschätzt werden, bevor Sie vorsichtig eine Alternative
vorschlagen dürfen. Aber bloß nicht als konkrete Idee, sondern
nur als vages Angebot mit «würde, könnte und vielleicht».
Meetings sind dort vor allem Konsens-Veranstaltungen, es geht
darum, Einigkeit zu demonstrieren. Jetzt weiß ich mehr über
die angelsächsische Meeting-Kultur.

Organisieren Sie Ihre Kontakte in einer Klüngel-Datei

Als eine gute Klünglerin – Sie können auch Networkerin sagen – brauchen Sie eine Kontaktdatei.

Sie werden gerade in den ersten Wochen vielen Menschen die Hand geben und kurze Gespräche führen. Dabei erfahren Sie so ganz nebenbei viele Details, die Sie bald wieder vergessen werden. Denken Sie auch an die kurzen Small Talks auf dem Flur oder die Gespräche vor und nach einem Meeting. Viele Informationen strömen auf Sie ein, die Sie noch gar nicht zuordnen und in ihrer Bedeutung bewerten können.

Wer hat sich Ihnen wie vorgestellt? Wem ist was besonders wichtig? Wer arbeitet mit wem eng zusammen? Wer hat Ihnen von seinen Lieblingsprojekten erzählt? Wer arbeitet im hiesigen Eishockeyclub im Vorstand, oder wer hilft bei der Organisation der jährlichen Marathonläufe? Wer hat einen guten Draht zur Vorstandssekretärin? Wer kennt die Leiterin des nächsten Kindergartens? Wer sitzt in welchem Meeting? Wer hat mit Ihrem Chef oder Ihrer Chefin früher zusammengearbeitet?

Die sicherste Memotechnik für all diese Informationen ist immer noch eine Klüngel-Datei. Vielleicht werden Sie denken: «Das ist mir zu viel Aufwand. Das brauche ich alles nicht zu wissen, schließlich bin ich hier nicht die Archivarin im Haus.»

Doch wenn Sie Menschen für sich gewinnen wollen, brauchen Sie den ganz persönlichen Kontakt zu ihnen. Es gibt einen sehr treffenden Spruch dafür: «Persönliches zählt, Geschäftliches ergibt sich.»

Bauen Sie deshalb Ihre ganz persönliche Adressendatenbank auf. Jetzt, wo so viele Informationen auf Sie einströmen, entlasten Sie damit Ihr Gedächtnis. Sie geraten auch weniger unter Stress, wenn Sie vor einem Treffen nachlesen können, worüber Sie schon gesprochen haben. Es kann Ihnen den persönlichen Einstieg erleichtern.

Erfolg ist an Kontakte geknüpft. Mit einer Klüngel-Datei befinden Sie sich in guter Gesellschaft. Alle Topmanager pflegen ihre Dateien. Mit dem Wissen aus diesen Dateien gehen sie in Gespräche, Konferenzen und Verhandlungen.

Ergänzen Sie Ihre Liste von Tag zu Tag.

Sie können immer wieder nachlesen, was die Menschen um Sie herum persönlich und beruflich bewegt, und so auch besser auf sie eingehen. Das verschafft Ihnen mehr Sicherheit.

Speichern Sie die Liste privat ab, z. B. auf Ihrem persönlichen Stick.

So können Sie Ihre Klüngel-Datei anlegen:
Ihre Klüngel-Datei enthält …

Name, Vorname, Titel	
Position	
Abteilung / Amt	
Zuständig für	
Projekte / Sonderaufgaben / Spezialistin für	
Fon	
E-Mail	
Büro: Etage, Raum	
Geburtsdatum (lassen Sie sich über ein Programm «jährliche Ereignisse» daran erinnern)	
Hierarchische Einordnung, Kontakte, Einfluss	
Ihr Chef	
Ihr Team / Ihre Kolleginnen	

hat guten Kontakt zu	
Versteht sich nicht mit	
Schlüsselfigur (Urgestein, Torwächterin …)	
arbeitet im Haus seit	
Ausbildung/Veröffentlichungen	
Erfolge	
welches Image	
Einflussbereich	
gehört zu welchem Machtblock	
Mentor/Mentorin von	

Berufliche und gesellschaftliche Aktivitäten

Mitglied bei, im Vorstand von oder andere Funktionen	
in Berufs-/Interessenverbänden	
in Vereinen und Clubs	
im Stammtisch von	
besonderes Ehrenamt	
sympathisch, weil	
Worauf kann ich die Person ansprechen?	
Was sollte ich auf alle Fälle unterlassen?	
Kurze Notiz zur ersten Begegnung	
Kennengelernt am … durch/bei …	
Wie kann ich Kontakt halten (anrufen, hingehen)?	

Wo kann ich die Person treffen (Meetings, Projekte, Kantine, Flur)?	
Woran erkenne ich die Person wieder?	
Freizeitaktivitäten (für Small-Talk-Gespräche)	
Hobbys	
Interessen	
Bekannten-/Freundeskreis	
Besonderes	
Geschenkideen	

Listen Sie alles auf, was Sie für sich wichtig finden.

Es ist einfacher, ein fertiges Programm zu benutzen, um eine Klüngel-Datei zu erstellen und zu pflegen. «Outlook», das viele bereits nutzen, bietet unter «Kontakte» eine Vielzahl von Möglichkeiten an, eine Klüngel-Datei mit vielen Details zu erstellen.

Andere Adressdatenbanken finden Sie im Internet.

Ahimsa!

Vielleicht raucht Ihnen gerade der Kopf von der Planung Ihrer Klüngel-Datei. Zeit, mal wieder innezuhalten.

Nehmen Sie sich fünf Atemzüge Zeit. Achten Sie nur auf Ihren Atem. Das ist Ihre kleine Auszeit.

Wie merken Sie sich eigentlich die wichtigsten Namen?

Haben Sie ein Gedächtnis wie ein Sieb, durch das die Namen Ihrer Gesprächspartner einfach hindurchrutschen? Ihre Klüngel-Datei ist eine wertvolle Hilfe, um sich die Namen und Informationen zu Ihren wichtigsten Kontaktpersonen einzuprägen. Je öfter Sie den Namen wiederholen, desto besser lässt er sich lernen. (Allerdings gilt es als unfein, den Namen mehr als dreimal im Gespräch zu nennen.)

Starten Sie mit dem Üben gleich beim ersten Kontakt:

«Schön, Sie kennenzulernen, Frau Thoma.»

«Das klingt ja interessant, Frau Thoma.»

«Auf Wiedersehen, Frau Thoma.»

Dazu müssen Sie natürlich hinhören, wenn die andere sich vorstellt, oder nachfragen, wenn Sie sich nicht sicher sind.

Kopfkino ist eine weitere Hilfe:

Stellen Sie sich vor, wie Frau Steeger auf dem Steg am Ufer steht. Oder wie Herr Bauer einen Acker pflügt.

Frau Hilber zählt das Silber.

Frau Vogel sitzt im Vogelnest, Herr Bartholdy hat einen langen Bart und ist Ihnen hold.

Frau Daniels hockt in der Löwengrube (Daniel in der Löwengrube), Frau Stübe sitzt in der Stube und ist nicht trübe.

Der Teufel trägt Prada ...

Ach ja: Wenn gar nichts hilft, dann machen Sie es doch wie Meryl Streep als Vogue-Chefin in «Der Teufel trägt Prada». Sie hatte immer mindestens eine Assistentin an ihrer Seite, die ihr die Namen der Gesprächspartner zuflüsterte.

Das Problem ist keineswegs neu: Bereits die Oligarchen im alten Rom hatten speziell ausgebildete Sklaven, die ihrem Herrn den Namen des Gegenübers zuflüsterten.

Lassen Sie es sich gutgehen – sorgen Sie für privaten Ausgleich

In den ersten Wochen und Monaten werden Sie sich einarbeiten, also sehr viel Zeit, auch Freizeit, an Ihrem Arbeitsplatz verbringen. Machen Sie sich das bewusst und teilen Sie es auch Freunden und Familie mit. Manches Ehrenamt, manche häusliche Aufgabe muss jetzt einfach ruhen. Vielleicht haben Sie ja eine wunderbare und erfüllende Zeit im neuen Job. Möglicherweise ist der Start aber auch stressig oder sogar mit einem Ortswechsel, einem Umzug oder anderen größeren Veränderungen verbunden.

Eine Human-Resources-Expertin in einem großen Unternehmen sagte im Interview:

Bloß kein zusätzlicher Stress!

Ich habe mir von vorneherein viel Zeit für die neue Situation gegeben. Meiner Familie habe ich gesagt: Ich werde in den nächsten vier Wochen viel zu tun haben und nicht pünktlich nach Hause kommen.

Ich habe aber auch alle zusätzlichen Termine auf später verschoben. Zum Beispiel brauchte ich eine neue Brille. Die musste erst mal warten. Das wäre ja zusätzlicher Stress gewesen, abends rechtzeitig beim Augenarzt und beim Optiker zu sein.

Außerdem habe ich die Familie mit eingebunden. Mein Mann und die Kinder mussten einfach mehr im Haushalt tun als sonst. Da habe ich drauf bestanden.

Ganz gleich wie Sie den Einstieg erleben – planen Sie in dieser Zeit erfreuliche private Aktivitäten! **Planen Sie Termine für schöne Dinge!** Niemand kann sich besser um Sie kümmern als Sie selbst.

Vernachlässigen Sie sich auf keinen Fall, egal wie zeitintensiv der neue Job ist.

Nehmen Sie sich für die Wochenenden ganz bewusst etwas zum Ausgleich vor und gönnen Sie sich etwas Gutes: einen Besuch in der Therme, im Kino, in der Stadt und kaufen Sie sich ein interessantes Buch oder Blumen. Treffen Sie nette Menschen. Wer seine Energie erhalten will, der muss auch regenerieren.

Dieselbe HR-Expertin betonte auch Folgendes:

Überstunden nur bis Ostern

Was mir wichtig war: Mich morgens, bevor es losging, nochmal an den Partner anzukuscheln. Und mit meinem Mann am Wochenende schön essen zu gehen oder mir mal was Neues zum Anziehen zu kaufen.

Der Jobwechsel und die ersten Wochen ist ja eine besondere Zeit. Aber ich habe mir auch eine Frist gesetzt: Bis Ostern – und danach heißt es jetzt auch mal wieder, pünktlich rauszukommen und den normalen Rhythmus wiederaufzunehmen.

Feiern Sie auch Erfolge in anderen Bereichen! Vielleicht sind Sie eine Frau, die den Ausgleich darin findet, sich abends oder am Wochenende mal richtig auszupowern, körperlich bei ihrem Hobby an ihre Grenzen geht. Dann tun Sie's und genießen Sie das Erreichte!

Noch ein Tipp: In dieser Zeit der Veränderungen sollten Sie nicht auch privat etwas Neues starten, also lieber nicht zum ersten Mal zum Wildwasserrafting oder auf die Suche nach einem neuen Partner oder einer neuen Partnerin gehen, keine Diät anfangen und auch nicht ausgerechnet jetzt mit dem Rauchen aufhören. Achten Sie auf Ihre persönliche Balance. Wo setzt vielleicht auch Ihr Körper Ihnen Grenzen?

Aktualisieren Sie Ihr Notizbuch und Ihre Klüngel-Datei

Was weiß ich heute, was mir gestern noch fehlte?

Gerade die ersten Tage sind voll von Neuem für Sie. Dinge, die anders gehandhabt werden, als Sie es kennen oder vermutet hätten. Schreiben Sie in Stichpunkten oder Szenen auf, was Sie für sich entdeckt haben. Sie unterstützen Ihr Gedächtnis, und am Ende der Woche werden Sie staunen, was Sie alles aufgenommen haben. Und Sie werden verstehen, warum die Tage so anstrengend waren.

* Frau Mager will zwischen 9 und 10 Uhr auf keinen Fall gestört werden.
* Vor 14 Uhr geht niemand in die Mittagspause.
* Die Unterschrift von Herrn Klein wird nur verbindlich, wenn Frau Grillich zugestimmt hat.
* Gespräche mit anderen Abteilungen sind nicht erwünscht.

Aktualisieren Sie Ihre Erfolgsliste
* Was hat gut funktioniert?
* Worauf kann ich stolz sein?

Aktualisieren Sie Ihre Klüngel-Datei
Wen habe ich heute wo und durch wen kennengelernt?
* Frau Müller bei einer Besprechung für neue Stadtteilkonzepte, am Stehtisch im Flur, im Büro von Walter gesprochen
* Dr. Lauf (Anwalt für Liegenschaften) wurde mir von unserem Geschäftsführer vorgestellt, als beide die Kantine verließen.
* In der Außenstelle «Frieda» dem gesamten Team von meiner Kollegin Vera vorgestellt worden

Klar, ich kann segeln, aber
die neuen Schiffsplanken
fühlen sich ganz wackelig an

PIA sagt: Wankende Schiffsplanken und fester Boden

«Die ersten Tage in einem neuen Job vergleiche ich mit meinem letzten Segeltörn auf der Nordsee. Also da kletterte ich frohgelaunt an Bord des Schiffes und fand eine komplette Mannschaft vor, die schon seit Tagen unterwegs war. Ich war die Neue im eingespielten Team und weder mit dem Boot noch mit den Leuten an Bord so richtig vertraut. Auch die Art der Bootsführerin war mir erst einmal fremd. Klar, ich kann segeln, aber die Spielregeln dieser Crew kannte ich noch nicht.

Und auch das Schiff reagierte auf Wind und Wellen anders als die Schiffe, auf denen ich bisher fuhr. Die neuen Schiffsplanken fühlten sich im ersten Moment ganz wackelig an. Ich habe die Schiffsführerin gebeten, mich der Crew als die neue Vorschoterin vorzustellen. Alle wussten dann, womit sie bei mir dran waren und was sie von mir erwarten konnten.

Am Abend tat es mir gut, in den Hafen zurückzukehren und festen Boden unter den Füßen zu spüren. Ich hatte mich mit ein paar Freundinnen verabredet, um wieder vertraute Gesichter zu sehen und mit ihnen meine Erfahrungen auszutauschen.

Ich sag doch, neues Schiff oder neuer Job, irgendwie vergleichbar.»

Klüngeln Sie sich ein – mit einem Umtrunk

Quizfrage:
Welchen Sinn haben Rituale?
a. Heute keinen mehr – die große Zeit der Rituale liegt im Mittelalter
b. Sie bieten Orientierung und Sicherheit im Alltag
c. Sie liefern Beschwörungsformeln in der Esoterik

Hier finden Sie die Antwort.

Planen Sie Ihren Einstand

Ist es in Ihrem Team üblich, einen Einstand zu geben, dann organisieren Sie ihn in den ersten Wochen. Selbst wenn er Ihnen persönlich altmodisch vorkommt – der Umtrunk ist eine unverfängliche Möglichkeit, um allen eine Freude zu machen und sich als Neue im ungezwungenen Rahmen vorzustellen. Er symbolisiert Ihre offizielle Aufnahme ins Team.

Zu diesem Thema erhielten wir folgende E-Mail:

Gut begonnen ist halb gewonnen!

Es gab Kaffee und selbstgebackenen Kuchen. Ich habe die Gelegenheit genutzt, um Kontakte zu knüpfen und auch private Gespräche zu suchen, damit ich daran zu einem späteren Zeitpunkt anknüpfen kann. Außerdem habe ich mein Interesse an dem, was in der Abteilung los ist, signalisiert. Es sind übrigens alle gekommen, die ich eingeladen hatte. Ein gutes Zeichen für den Start, wie ich fand. Aber selbst wenn nicht – ich hatte mir vorgenommen, mich nicht beirren und bremsen zu lassen. Ich wollte unbedingt optimistisch bleiben.

Als kluge Klünglerin erkennen Sie: Der Einstand bietet Ihnen eine hervorragende Gelegenheit, «geheime» Strukturen zu erkunden und sich bereits im Vorfeld der kleinen Feier mit den anderen bekannt zu machen. Nicht nur die Feier selbst, sondern vor allem die Vorbereitungen eines Umtrunks liefern Ihnen einen guten Grund, mit vielen Leuten zwanglos zu sprechen und Informationen zu sammeln. Denn hier können Sie recherchieren, Kolleginnen befragen und in die Planung einbeziehen. Fragen Sie andere, was üblich ist und was zur Truppe passt.

Sie merken schon: Das Thema bietet jede Menge positive Gesprächsanlässe.

Rituale wie die Gepflogenheit, als Neue einen Einstand zu geben, regeln übrigens einen großen Teil des menschlichen Sozialverhaltens. Rituale bieten Orientierung und Sicherheit, reduzieren Komplexität und zeigen, was zu erwarten ist. Rituale sind allgegenwärtig: die morgendliche Begrüßung der Kollegen, der Ablauf einer Besprechung oder Konferenz, die Art, wie Sie sich am Telefon melden, die Gestaltung von Jubiläen und Präsentationen – Ihnen fallen sicher noch viele weitere Rituale ein.

Damit alles läuft wie geschmiert, brauchen Sie einen Plan.

Nehmen Sie die nachfolgende **Checkliste für die Planung des Umtrunks als Vorlage.**

Diese Fragen eignen sich wunderbar, um mit den anderen im Team über das Fachliche hinaus in Kontakt zu kommen. **Suchen Sie sich die für Sie passenden Fragen** aus und befragen Sie Kolleginnen und Vorgesetzte:

* Ist ein Umtrunk üblich? Falls nein und Sie möchten diese Sitte einführen – probieren Sie es im ganz kleinen Kreis. Sprechen Sie sich mit Ihrer Chefin oder Ihrem Chef ab.
* Wen sollten Sie einladen? Wen besser nicht? Wen dürfen Sie nicht vergessen?
* Wer kommt sowieso nicht?
* Welcher Wochentag, welche Uhrzeit ist angemessen?
* Wie lange dauert die Feier üblicherweise, und was markiert das Ende (z. B. der nächste Termin der Vorgesetzten)? Gehen alle anschließend in den Feierabend?
* An welchem Ort soll das Ereignis stattfinden?
* Was gibt es üblicherweise zu trinken und zu essen? Wird das Essen in der Kantine bestellt oder von zu Hause mitgebracht?
* Was ist mit Alkohol?! In dem einen Unternehmen gehört Prosecco zum Standard, in einem anderen ist das ein Kündigungsgrund.
* Wie wird sonst im Unternehmen gefeiert? Gibt es «legendäre» Geschichten? Oder ist Geselligkeit eher verpönt?

Ihr Event

Sicher haben Sie sich bereits Notizen gemacht. Jetzt planen Sie den Ablauf der Feier sorgfältig. Wie viele Brötchen, welche Getränke brauchen Sie? Und plötzlich durchzuckt es Sie: Was, wenn keiner kommt und Sie auf Ihren schönen Häppchen sitzenbleiben? Wie peinlich wäre das! Worauf haben Sie sich nur eingelassen?

Zunächst gilt es also sicherzustellen, dass die anderen auch kommen – und Sie nicht allein dasitzen. Denken Sie daran: Eine persönliche Einladung hat eine höhere Verbindlichkeit als eine allgemeine Rundmail!

* Laden Sie möglichst alle persönlich ein. Sie kommen dabei durchs Haus oder durch die Abteilung und können an der Re-

aktion – von professionell ablehnend über erstaunt zustimmend bis kategorisch ablehnend – einiges über die Personen und die Stimmung erfahren. Und: Sie haben einen Anlass, die anderen anzusprechen und sich vorzustellen.

* Stellen Sie sicher, dass die erwarteten Gäste auch kommen. Bei Einladungen per Mail: Bitten Sie um eine kurze Bestätigung (ist in Outlook etc. üblich).

* Sprechen Sie Ihre Vorgesetzten, die wichtigsten Gäste und Meinungsmacher ruhig vorher noch einmal an und sichern Sie deren Erscheinen.

* Fixieren Sie den zeitlichen Rahmen, damit andere ihre Arbeit entsprechend planen können und nicht unruhig werden müssen. Ihre Feier sollte nicht «auströpfeln», setzen Sie lieber einen genauen Zeitrahmen.

* Machen Sie die anderen neugierig auf Ihre Feier. Fühlen Sie sich wie die Gastgeberin eines wichtigen Ereignisses. Überlegen Sie sich eine kleine Überraschung.

* Welcher Umtrunk, an dem Sie selbst teilgenommen haben, war besonders gelungen? Was hat Ihnen dabei gut gefallen? Was wollen Sie davon kopieren? Was wollen Sie anders machen? Falls Sie nicht die begnadete Event-Planerin sind, sichern Sie sich Unterstützung von Kolleginnen, oder holen Sie sich vorab Tipps von einer entsprechend begabten Freundin.

Noch einige Tipps, damit es auch mit der Atmosphäre und den Kontakten klappt

* Sie stehen im Mittelpunkt. Wie wollen Sie sich präsentieren? Haben Sie Ihren 3-Minuten-Pitch fertig und gut geübt? Den Elevator Pitch haben wir Ihnen ja bereits beschrieben.

* Bedanken Sie sich zu Beginn dafür, dass die anderen gekommen sind, und begrüßen Sie alle einzeln – niemand will gern übersehen werden.

* Was wollen Sie von den anderen erfahren? Gehen Sie von Tisch zu Tisch oder Person zu Person. Bleiben Sie nicht in einem Kreis kleben.
* Sprechen Sie auch über persönliche Interessen und Hobbys (das bleibt hängen und macht Sie menschlicher) – aber nicht über Ihre Krankheiten oder die jüngste Scheidung.
* Und vergessen Sie nicht, die Einzelnen auch wieder zu verabschieden, damit alle mit einem guten Gewissen gehen können.
* Sorgen Sie so dafür, dass alle von Ihnen und Ihrer sehr persönlichen Einstiegsfeier reden.
* Genießen Sie selbst Ihre Feier, der Funke springt über.
* Planen Sie für danach eine kleine Auszeit ein.

Erweitern Sie jetzt Ihre Klüngel-Datei!
Die Feier ist vorbei. Ihr Energielevel fällt langsam wieder auf normal. Gespräche gehen Ihnen durch den Kopf. Sie überlegen: Wer war wer?

Jetzt sind die Erinnerungen noch frisch. Wer ist gekommen? Mit wem haben Sie gemeinsame Interessen entdeckt? Gibt es Gesprächsanknüpfungspunkte? Wen wollen Sie näher kennenlernen? Tragen Sie das gleich in Ihrer To-do-Liste ein und ergänzen Sie Ihre Klüngel-Datei. Sie merken schon, der Umtrunk muss ausgewertet werden.

Durchblicken Sie die formellen und informellen Klüngel-Strukturen

EinBlick

Hier erfahren Sie,
- wie Sie die wichtigsten Schlüsselfiguren entdecken
- welche Insider-Infos Sie erst jetzt erfahren
- wie Sie mit dem Erbe Ihrer Vorgängerin umgehen
- wann Sie wo beim Klüngeln dabei sein sollten
- wie Sie den Hierarchie-Dschungel durchblicken
- wie Sie die unausgesprochenen Regeln der Meeting-Kultur erkennen

Nach den ersten Tagen kennen Sie Ihr unmittelbares Umfeld und ein paar ungeschriebene Spielregeln. Sie fühlen sich schon ein bisschen zu Hause wie PIA auf dem Segelboot. Sie wollen aber die Crew noch besser kennenlernen, und die Crew möchte Sie besser einschätzen können.

Finden Sie Verbündete – denn: Im Falle eines Falles ist richtig Klüngeln alles!

So viel ist klar: Wenn Sie dazugehören wollen, brauchen Sie Menschen, die Ihnen wohlgesinnt sind und auf deren Unterstützung Sie zählen können. Diese Menschen werden Sie finden, wenn Sie danach bewusst suchen.

Schauen Sie dabei sowohl auf die vertikale als auch auf die horizontale Ebene, auf Vorgesetzte und deren Verbündete, auf KollegInnen, MitarbeiterInnen. Denken Sie auch an Personen außerhalb Ihrer Abteilung.

Eine IT-Programmiererin schrieb uns Folgendes:

Von der Einzelgängerin zur Verbündeten-Detektivin

Schon als Kind war ich das, was gerne als «Stubenhockerin» und Einzelgängerin bezeichnet wird. Am liebsten arbeite ich ganz für mich. Offen auf andere zugehen, das ist nicht meins. Ich arbeite jetzt in einem Unternehmen, bei dem es eine große Rolle spielt, die Unterstützung der «richtigen» Leute zu haben. Sonst kommt man hier zu nichts. Vorschläge gehen den Bach runter, Ideen werden im Keim erstickt. Da habe ich am Anfang ein paar leidvolle Schlappen einstecken müssen. Ich bin dann zu einer Art Detektivin geworden: Ich habe wirklich und bewusst beobachtet, wer wo das Sagen hat, wer wen unterstützt und wen ich ins Boot holen muss, um etwas zu erreichen.

Mit Ihrer ersten und wichtigsten Verbündeten haben wir uns bereits beschäftigt: Ihrer Chefin oder Ihrem Chef.

Entdecken Sie die **Schlüsselfiguren**:

Das inoffizielle Who-is-Who im Unternehmen

Da gibt es die **Urgesteine**: Das sind diejenigen, bei denen Sie den Eindruck gewinnen, sie hätten schon bei der Unternehmensgründung alle Verträge unterschrieben, die waren offensichtlich immer schon da, kennen alles und jeden. Der Vorteil: Urgesteine haben die Unternehmenshistorie selbst erlebt. Sie wissen viel über den Werdegang einzelner Personen, ihren Einfluss und ihr Image. Zeigen Sie dem Urgestein, dass Sie seine Erfahrung und sein Wissen schätzen, dann lernen Sie viel dazu.

Allerdings: Urgesteine blicken oft durch die historische Brille. «Früher, in der guten alten Zeit, war alles besser. Da waren alle fleißiger, verständnisvoller, die Konkurrenz kleiner, die Kunden größer, und wir konnten noch stolz auf unser Unternehmen sein …»

Egal ob sich diese Person als Besserwisser, Bremser oder historische Mitdenkerin darstellt, zeigen Sie ihm oder ihr, dass Sie das Wissen und die langjährige Erfahrung schätzen. Holen Sie Urgesteine rechtzeitig in Ihr Boot, um später, wenn Sie Veränderungen einführen wollen, auf deren Wissen über vergangene Flops und Tops zurückgreifen zu können.

Manche Urgesteine des Unternehmens sind durch ihr Wissen und die Erfahrung auch **Meinungsführerinnen**. Die Meinungsführerinnen entdecken Sie in allen Bereichen und Hierarchieebenen: im Vertrieb, der Haustechnik, der Assistenz der Geschäftsleitung, in der Finanzbuchhaltung … Sie geben den Ton an und können eine Idee killen oder fördern. Sie haben zu vielen Dingen eine klare Meinung und scheuen sich nicht, diese zu äußern.

Schauen Sie genauer hin: Aus welchen Machtquellen beziehen die Meinungsführerinnen in Ihrem Unternehmen ihren Einfluss? Ist es ihr besonderes Charisma? Ihre rhetorische Kompetenz? Eine gehörige Portion Frechheit? Liegt es an ihrem hohen Ansehen, ihrer Position oder den Menschen, die sie stützen? Haben sie die Macht über Material, Gelder oder gar Karrieren? Sie wollen sicher irgendwann eigene Vorschläge und Ideen einbringen. Und dafür brauchen Sie unbedingt die Unterstützung von Meinungsführerinnen. Werben Sie bei diesen Meinungsmachern um Unterstützung. Deren Zustimmung oder Ablehnung kann über Top oder Flop Ihrer Idee entscheiden. Die Solidarität von Meinungsführern erhöht Ihren Status im Unternehmen beträchtlich. Möglicherweise werden Sie selbst bald zur Meinungsführerin.

Überall, wo Meinungsführer sind, gibt es auch **Unentschlossene** und **Mitläufer**, häufig sogar in großer Zahl. Sie halten sich mit einer eigenen Meinung zurück. Gründe hierfür gibt es viele: Vorsicht, Unerfahrenheit, Resignation, Desinteresse, Höflichkeit, Harmoniebedürfnis, der Wunsch, nicht aufzufallen.

Die Unentschlossenen und Mitläufer vertrauen auf das Urteil derjenigen, die sie als Autorität ansehen. Versuchen Sie nicht, jeden einzelnen Unentschlossenen von einer Idee zu überzeugen, fokussieren Sie Ihre Energie lieber auf die Meinungsführerinnen. Bleiben Sie indessen höflich, aufmerksam und respektvoll, ignorieren Sie die Mitläufer und Unentschlossenen nicht. Sie wollen diese Menschen ja nicht zu Ihren Gegnern werden lassen.

Erkennen Sie auch die **Unberührbaren**.

Bei Ihnen ist das Rauchen im Büro strikt verboten? Und dennoch gibt es eine Person, die dieser Anweisung trotzt, ohne dass etwas geschieht? Es gibt bei Ihnen eine klare Regelung für die Teilnahme an bestimmten, ungeliebten Fortbildungen? Alle gehen hin – außer einem?

Aus Gründen, die Ihnen verborgen sind, haben die Unberührbaren Rückendeckung von oben und können sich nahezu alles erlauben, ohne Sanktionen fürchten zu müssen: halbstündige Zigaretten- oder zweistündige Mittagspausen, Ablehnung unbequemer Arbeitsaufgaben, flapsige Kritik, Verspätungen am Morgen, Unfreundlichkeit.

Legen Sie sich nicht gleich mit einem der Unberührbaren an, wenn er gegen eine Regel verstößt. Sie könnten den Kürzeren ziehen, obwohl Sie im Recht sind. Erforschen Sie lieber, wer hinter ihm steht und warum.

Eine der wichtigsten Schlüsselfiguren, der Sie begegnen, ist die **Torwächterin**. Der Weg zu den wirklich mächtigen Frauen und Männern führt immer am Schreibtisch ihrer Sekretärin oder Assistentin vorbei. Einen Hintereingang gibt es nicht. Die Dame im Vorzimmer ist der Schutzwall, hinter dem der Chef oder die Chefin ungestört agieren kann. Verärgern Sie niemals die Torwächterinnen im Unternehmen. Begreifen Sie deren Rolle, respektieren Sie ihre Macht und behandeln Sie die Sekretärin mit Achtung. Wechseln Sie stets einige persönliche Worte (Small Talk!!!) mit der Dame, bevor es ans Fachliche geht. Und: Würdigen Sie es unbedingt, wenn Sie ihre Unterstützung erhalten haben. Bedanken Sie sich mit einem Anruf oder einer Nachricht. Schicken Sie ruhig auch mal ein paar Blümchen, wenn Sie öfter mit ihr zu tun haben, oder laden Sie sie zum Mittagessen ein, wenn der hierarchische Abstand nicht zu groß ist.

Bei der Vorbereitung eines Workshops hörten wir diese Story:

Glück gehabt!

Fast hätte es nicht geklappt, den Bereichsvorstand für unsere Jahrestagung zu gewinnen. Wir haben ihm einfach eine E-Mail geschrieben. Kurz darauf kam der Anruf seiner Sekretärin. Sie war ziemlich verärgert. Was das denn sollte, was uns einfiele, wollte sie wissen. Wir waren erst mal ganz verdutzt. Wir könnten doch nicht einfach an den Bereichsvorstand eine Mail schicken. Alle Mails gingen zunächst an sie – und sie entscheide, was bedeutsam genug sei, um es an den Chef weiterzugeben. Und ob unser Anliegen dazu zähle … na ja … Wir haben ganz kleine Brötchen gebacken, damit sie den Bereichsvorstand doch – bitte, bitte – informieren möge. Sie hat sich dann noch einmal gnädig gezeigt.

Viele Vorgesetzte verfügen zusätzlich über eine eigene «**Leibwache**». Die Leibwache hält sich bevorzugt im Dunstkreis der Vorgesetzten auf (Titel oftmals: «Referent oder Referentin»). Sie bereitet die Arbeitsunterlagen vor und sorgt dafür, dass der Chef oder die Chefin bei Besprechungen, Kundenterminen oder Präsentationen alles so vorfindet, wie es ihm oder ihr genehm ist. Sie wird entweder persönlich von der Führungskraft rekrutiert oder stellt sich freiwillig zur Verfügung. Die Leibwache ist hundertprozentig loyal und berichtet direkt an die Führungskraft, was für Sie auch ein Vorteil sein kann.

«Das klappt doch nie!» Kennen Sie den klassischen **Bedenkenträger**? Er (oder sie) blockiert schnelle Entscheidungen. Er mahnt, kündigt händeringend ein schreckliches Ende an und versteht es, der Totengräber jeder neuen Idee zu sein. Oft kommt er auch als fieser Zyniker daher, den keiner mag. Seine Einwände will niemand mehr hören. Achtung: Oft ist der Bedenkenträger mit einem kritischen, analytischen Verstand gesegnet. Der Zyniker ist häufig sehr belesen. Sie sollten die Einwände des Bedenkenträgers nicht einfach verwerfen, sondern zum richtigen Zeitpunkt würdigen. Sie sollten ihm unbedingt Gehör schenken, um seine Einwände zumindest zu kennen und sie zu verstehen oder gegebenenfalls entkräften zu können. Wenn es um neue Ideen geht, ist der Bedenkenträger nicht unbedingt Ihr bester Verbündeter. Aber wenn es darum geht, Ideen auf Risiken zu überprüfen, dann fragen Sie ihn nach seinen Erkenntnissen und Erfahrungen. Das könnte der Beginn einer langen, erfolgreichen Beziehung sein.

Lassen Sie Ihre **Gegenspieler** nicht aus den Augen.

Wer ist ein Gegenspieler oder eine Gegenspielerin? Vielleicht hätte jemand aus dem Team auch gerne Ihren Job gehabt. Die verprellte Platzanwärterin könnte Ihnen Ihr Leben schwermachen. Gibt es andere Personen, die auf Ihre Arbeit oder Ihre Position neidisch sind? Hätte jemand anderes gerne Ihr schönes Büro bezogen? Gibt es jemanden, der Ihre Stelle am liebsten ganz streichen würde?

Alle, die fachlich eine andere Meinung oder andere Interessen vertreten, könnten ebenfalls zu Ihren Gegnern werden.

Suchen Sie deren Nähe, halten Sie sie im Blick, auch wenn Sie am liebsten einen großen Bogen um diese Menschen machen würden.

Je größer Ihr Verbündeten-Netzwerk, je wichtiger der Einfluss Ihrer Klüngel-Kontakte, desto weniger Macht haben Ihre Gegenspieler.

Liefern Sie den Gegenspielern keine Munition – lästern Sie nicht mit und über die Kolleginnen

Stellen Sie sich vor, Sie kommen gerade aus einem Meeting, und Ihre Chefin hat Sie übel auflaufen lassen. Die Verlockung ist groß, bei der Nächstbesten Ihren Frust abzuladen.

Ein anderes Szenario: Ihre wichtigste Kundin ist sauer. Ihr Unternehmen hat die Abwicklung von bestimmten Lieferungen enorm verkompliziert. Zu dämlich, diese Änderungen, da stimmen Sie der Kundin zu. Sie erzählen ihr auch, dass die Neuerungen nicht auf Ihrem Mist gewachsen sind, sondern durch die Geschäftsleitung eingeführt wurden.

STOPP! Kritisieren Sie Ihre Vorgesetzten oder die Unternehmensstrategien niemals vor Dritten. Zeigen Sie nach außen immer Ihre Loyalität zur Unternehmensleitung.

Dampf ablassen können Sie «draußen», bei einer Runde um den Block oder im Gespräch mit Ihrem Coach, Ihrer Mentorin oder einer fachlichen Freundin, die anderswo arbeitet.

Zeigen Sie unzufriedenen Kunden gegenüber Verständnis, aber blasen Sie nicht ins selbe Horn. Klären Sie das weitere Vorgehen intern ab. Das schützt Sie vor Angriffen der Gegenspielerinnen.

Und auch sonst gilt: **Keine Beteiligung an Klatsch und Tratsch** – auch wenn das manchmal Spaß macht. Lästern ist Fast Food für die Seele. Es bietet vielleicht einen schnellen Genuss, liegt Ihnen langfristig aber schwer im Magen.

Lästern ist riskant, es kann sich schnell zu einem Bumerang entwickeln. Darüber hinaus ist es menschlich fragwürdig. Disziplinieren Sie sich unbedingt, falls Ihnen das Lästern locker über die Lippen geht. Dazu gehört auch: Lästern Sie nicht über den vorherigen Arbeitgeber.

Halten Sie sich zurück. Wenn Sie gebeten werden, selbst etwas zu Klatsch und Tratsch beizusteuern, erzählen Sie eine lustige, freundliche Begebenheit oder steuern eine Erfolgsgeschichte über Dritte bei. Machen Sie es sich zur Angewohnheit, positive Geschichten zu sammeln und zu erzählen. Sie können aber auch einfach weitergehen, wenn Sie merken, dass die Leute nur zusammenstehen, um zu lästern. Geben Sie anderen keine Munition, die irgendwann gegen Sie verwendet werden könnte.

Am Rande eines Firmen-Events erzählte uns eine Teilnehmerin von ihren Erfahrungen:

Klatsch und Tratsch – Die Flucht nach vorne

In meinem Fachbereich haben mich die Kolleginnen sehr herzlich aufgenommen. Ich wurde zum Mittagessen mitgenommen und habe mich in den ersten Tagen und Wochen gleich sehr wohl gefühlt. Bald merkte ich jedoch, dass in diesen Runden unglaublich viel gelästert wurde, über unsere Vorgesetzte und Leute in anderen Bereichen. Am Anfang ist das ja auch noch spannend, ich habe so viel erfahren. Aber dann fühlte ich mich immer unwohler.

Ich habe deshalb Aufgaben aus anderen Bereichen übernommen, die es mir ermöglichten, mich von dieser Gruppe mehr zu distanzieren. Ich hatte dadurch einen Grund, mich nicht anzuschließen. Ein anderer Termin, eine wichtige Aufgabe, das waren gute Erklärungen, die auch von der Runde akzeptiert wurden. Dabei blieb ich immer freundlich und offen. Später wechselte ich ganz in die andere Abteilung.

Je mehr Durchblick Sie im Unternehmens-Who-is-Who haben, je besser Sie sich einsortieren und einklüngeln, desto sicherer ist Ihr Platz.

Insider-Infos, die Sie erst jetzt erfahren

Bei einem Gespräch auf dem Flur hören Sie Folgendes ganz zufällig: Sie haben zwar die Stelle erhalten, aber es gab einen bevorzugten Favoriten. Das Gremium hat sich für Sie entschieden als zweite Wahl. Wie gehen Sie mit dieser Information um?

Forschen Sie auf alle Fälle nach, wer die oder der Auserwählte war. War eine interne Besetzung geplant, könnte diese Person Ihr «natürlicher Feind» werden?

Sollte es so sein, dass Ihr Chef Sie durchgeboxt hat, könnte er unter Beweisdruck stehen. Was bedeutet das für Sie? Finden Sie heraus, wer seine Gegenspieler waren. Dann wissen Sie auch, wer Sie blockieren könnte.

Oder, noch eine Möglichkeit, wurden Sie Ihrem Chef aufs Auge gedrückt? Dann ist es wichtig, aber nicht unbedingt einfach, ihn vor allem jetzt als Verbündeten zu gewinnen.

Eine weitere unangenehme Variante könnte Ihnen begegnen. Womöglich liegen zu viele «faule Eier» in Ihrem Bereich, weshalb intern niemand den Job übernehmen wollte? Wenn Sie das erfahren, zögern Sie nicht, darüber mit Ihren Vorgesetzten zu reden. Zeigen Sie, dass Sie Bescheid wissen – und dass es nur eine gemeinsame Lösung der Probleme geben kann. Ziehen Sie Ihre Vorgesetzten mit in die Verantwortung für eine konstruktive Lösung.

Ahimsa!
Sollten Sie bei Ihren Recherchen solche Unannehmlichkeiten erfahren, geraten Sie sicher in ziemlichen Stress.

Verfallen Sie nicht gleich in wilden Aktionismus, sondern bewahren Sie einen klaren Kopf.

Denken Sie an die fünf Atemzüge. Damit können Sie sich wieder stabilisieren.

Eine Chefin aus einem Telekommunikationsunternehmen, mit der wir auf einer Zugfahrt ins Gespräch kamen, erzählte diese Geschichte:

Neue Lösungen für faule Eier

Beim Durchforsten der laufenden Vorgänge habe ich festgestellt, dass ungewöhnlich viele Reklamationen unbearbeitet waren. Vorher war nie die Rede davon gewesen. Die lagen jetzt alle auf meinem Tisch.

Ich habe zunächst mit meiner Chefin gesprochen und dann das gesamte Team an einen Tisch gebeten. Gemeinsam haben wir das Vorgehen in der Vergangenheit analysiert – nicht um schmutzige Wäsche zu waschen, sondern um daraus neue Strategien zu entwickeln, um mit solchen Reklamationen effektiver umzugehen. Dann haben wir eine Struktur in die liegengebliebenen Vorgänge gebracht. Für jeden Bereich gibt es in unserem Team Expertinnen. Die konnten, nachdem wir alles gut organisiert haben, wieder motiviert auf die problematischen Kunden zugehen. Schließlich haben wir ja eine Lösung, die wir anbieten können.

Ihre Vorgängerin, das unbekannte Wesen

Wer ist sie oder er? Wie reagieren die anderen, wenn ihr Name fällt? Ist eine Lobeshymne zu hören, oder fallen abwertende Bemerkungen? Aus den Zwischentönen können Sie viel entnehmen und herausfinden, welches Erbe Sie antreten.

* Werden Sie von Ihrer Vorgängerin selbst eingearbeitet?
* Hat sie die Abteilung bereits gewechselt, wenn Sie einsteigen?
* Ist sie jetzt die Chefin?
* Ist der Arbeitsplatz schon seit Wochen verwaist?

Wenn die **Amtsübergabe direkt durch die Vorgängerin** erfolgt, überlegen Sie vorher, was Sie unbedingt fragen wollen. Vor allem möchten Sie fachlich eingearbeitet werden. Grundsätzlich nehmen Sie erst mal alle Infos auf.

Fragen Sie sich aber auch: Wo sollte ich besser kritisch sein?

«Der Kollege Mücke ist immer sehr unzuverlässig mit der Lieferung aktueller Daten.»

«Diesen Arbeitsbereich können Sie vernachlässigen.»

«Die Chefin können Sie jederzeit um Rat fragen.»

Behalten Sie das im Hinterkopf, aber machen Sie sich Ihr eigenes Bild.

Außerdem wollen Sie herausfinden, wie sie mit wem in Kontakt steht.

Welche Verbindungen pflegt sie, die auch Sie nicht vernachlässigen sollten? Gibt es Personen, deren Kontakt sie meidet? Sie als Neue haben jetzt die Möglichkeit, diese Kontakte neu zu beleben, um sich die Arbeit zu erleichtern. Je mehr Menschen Ihnen wohlgesinnt sind, desto schneller kommen Sie an Ihre Arbeitsinformationen.

Wenn die **Vorgängerin in eine andere Abteilung umgezogen** ist, können Sie persönlichen Kontakt aufnehmen, um von ihr direkt Tipps zu erhalten. Versuchen Sie, von ihr selbst zu erfahren, warum sie gewechselt hat. Halten Sie den Kontakt zu ihr, möglicherweise hat sie viele gute Hinweise für Sie – wenn Sie sie erst besser kennt.

Die dritte Möglichkeit: Sie finden einen blitzblanken Schreibtisch vor. Ihre **Vorgängerin hat das Unternehmen bereits verlassen.** Jetzt können Sie nur noch den Schatten erforschen. Hinterlässt sie eine Baustelle oder eine blühende Landschaft? Wurde sie sehr geschätzt? Dann werden Sie vielleicht oft mit ihr verglichen.

Eine Abteilungsleiterin kam entsetzt in ein Coaching:

Nix drin!

Die Aktenschränke im Büro waren voll mit beschrifteten Ordnern. Alles machte den Eindruck, es sei ordnungsgemäß dokumentiert. Doch dann zog ich den ersten Ordner heraus. Leer. Den zweiten und dritten – leer! Stellen Sie sich vor, in all den Ordnern im Schrank war kein einziges Blatt Papier. Sie waren alle leer. Mein Vorgänger hat mir null Aufzeichnungen hinterlassen.

Sein Chef hat ihn sehr geschützt, wie ich bald merkte. Er hatte sich für seine Beförderung eingesetzt. Ich habe es nicht zum Thema gemacht.

Immerhin waren alle in der Abteilung froh, dass sie endlich eine kompetente Chefin hatten, mit der sie über ihre fachlichen Probleme reden konnten. Das Team hat mich sehr dabei unterstützt, die Vorgänge zu rekonstruieren.

Auch den Arbeitsstil Ihrer Vorgängerin sollten Sie kennen. Sie werden sich einem Vergleich nicht entziehen können. War sie beliebt, geachtet, gefürchtet?

Erste Situation: Alle «lieben» sie. Das Team hat ihr bereits ein Denkmal gebaut. Versuchen Sie nicht, sie vom Sockel zu stoßen, sondern profitieren Sie lieber von ihrem Ansehen. Beliebtheit kann aber auch auf Verhaltensweisen beruhen, die Sie nicht übernehmen können. Stellen Sie fest: Woran sind die anderen gewöhnt? Aber auch: Wovon müssen Sie sie notfalls «entwöhnen»?

* Schwimmen Sie mit auf der Erfolgswelle. Was hat bei ihr gut funktioniert? Was wollen Sie davon übernehmen?

* Arbeiten und Projekte, die bereits mit dem Denkmal der Vorgängerin verbunden sind, eignen sich nicht, um sie gleich noch zu verbessern oder gar in Frage zu stellen. Besser, Sie suchen sich ganz

neue Projekte. Irgendwann sind sie das Fundament für Ihr eigenes Denkmal.

Zweite Situation: Das Image Ihrer Vorgängerin ist schlecht. Grenzen Sie sich dagegen ab, so schnell wie möglich. Und setzen Sie etwas dagegen. Aus den Fehlern Ihrer Vorgängerin können Sie nur lernen.

Klüngel-Orte und Klüngel-Zeiten: Davor – in den Pausen – und danach

Klüngeln heißt: Dabei sein und informiert sein.

Informationen erhalten Sie meistens auf zwei Wegen: auf dem offiziellen Weg, schriftlich, heute meist per Mail, bei einem Zweiergespräch oder in einer Besprechung, manchmal auch öffentlich durch die Presse.

Der größte Teil der Informationen läuft über die informellen Kanäle, über den sogenannten kleinen Dienstweg oder den Flurfunk. Also halten Sie von Anfang an die Augen und Ohren offen und seien Sie dabei.

Wo sind die Klüngel-Orte?

Geklüngelt wird

* klar, überall dort, wo Pausen gemacht werden: in der Kaffeeküche, Kantine, Mensa, in Raucherräumen und
* wo frau sich zufällig trifft: auf dem Flur, am Kaffeeautomaten, am Drucker, im Aufzug, auf dem Weg zum Parkplatz oder zur Haltestelle.
* Bei manchen ist es auch das Vorzimmer oder ein bestimmtes Büro, in dem besonders gern geklüngelt wird.
* Für Männer kann es auch die Toilette sein (für Frauen der Toilettenvorraum).

Manche Unternehmen steuern die Klüngel-Orte. Dort finden Sie auf den Fluren Stehtisch und Kaffeeautomat. Hier wird die Möglichkeit angeboten, sich auszutauschen. Vielleicht gibt es sogar einen Pausenbereich mit Kicker wie in großen Unternehmen, die Wert auf kreativen Austausch legen.

Ein Coaching-Kunde sagte uns:

Bei uns wird geklüngelt, was das Zeug hält!

Ich als Firmenchef sorge dafür, dass bei uns viel geklüngelt wird. Die Belegschaft soll sich gut untereinander austauschen, das fördert den kleinen Dienstweg. Entsteht im Unternehmen irgendwo ein Problem, ist durch die persönliche schnelle Kommunikation auch schnell eine Lösung gefunden. Der offizielle Weg ist dafür oft ungeeignet.

Deshalb bieten wir nicht nur die Kaffeeautomaten auf den Fluren an, wir feiern auch in jeder Abteilung oder Gruppe die monatlich anfallenden Geburtstage an einem Tag gemeinsam. Hier haben alle noch mal die Möglichkeit, sich auszutauschen und kennenzulernen.

Es gibt aber auch andere Meinungen zum Klüngeln, wie wir abends beim Bier von einer Führungskraft erfuhren:

Lieber Konflikt statt Kooperation

Bei uns soll gearbeitet werden. Auf das Gequatsche zwischendurch lege ich keinen Wert. Ehrlich gesagt ist es mir gerade recht, wenn die Mitarbeiter sich nicht verstehen. Wegen mir können die sich so spinnefeind sein, dass keiner den anderen anguckt. Dann machen sie wenigstens ihren Job und lassen sich nicht ablenken.

Der Mann meinte das ernst. Können Sie sich vorstellen, welches Arbeitsklima dort herrscht? Kaum vorstellbar, dass es zu guten Arbeitsleistungen kommt.

Bei einem Besuch im EU-Parlament in Brüssel erzählte eine Abgeordnete:

Klüngeln auf den Fluren

Wenn ich wissen will, wie bei der nächsten Sitzung abgestimmt wird, unternehme ich einen Gang über die Flure. Und wenn ich mit anderen klüngeln will, dann gehe ich ebenfalls durch die Flure.

Was sind klassische Klüngel-Zeiten?

Sind Sie die Letzte, die abgehetzt zum Meeting erscheint? Und die Erste, die am Ende geht, weil Sie so viel zu tun haben? Dann sind Sie sicher fleißig und pflichtbewusst, aber wichtige oder aktuelle Informationen könnten an Ihnen vorbeigehen.

Frühzeitig vor Ort sein ist clever.

Seien Sie bei Veranstaltungen jeder Art vorzeitig vor Ort und plaudern Sie mit den Anwesenden. Sie erfahren über diese Gespräche die Stimmung, die neuen oder brisanten Themen, wer mit wem sich gerade noch abspricht, welche Ergebnisse erwartet werden. Wenn Sie selten dort erscheinen, werden Sie als Außenseiterin wahrgenommen und von den informellen Gesprächen ausgeschlossen.

Wartezeiten sind oft sehr informative Zeiten.
Ein Tipp: Informieren Sie sich auch auf «Nebenschauplätzen»

Wenn Sie einen Termin mit Ihrer Geschäftsführerin vereinbart haben, dann treffen Sie dort wesentlich früher ein als verabredet. Warten Sie, wenn möglich, im Vorzimmer. Hören Sie bei Telefonaten genau hin. Wer spricht auf der anderen Seite, und über was wird gesprochen? Wer kommt mal kurz vorbei, um mit der Assistentin einen Plausch zu halten? Wer wird mit «keine Zeit jetzt» abgewimmelt? Wer kommt aus dem Besprechungszimmer, bevor Sie hineingehen? Wie wird diese Person verabschiedet: ganz persönlich, per Du oder ganz offiziell mit Handschlag? Vielleicht geht Ihnen ein Licht auf, wer zu wem guten Kontakt pflegt, und Sie können Ihre Kontaktdatei erweitern. Möglicherweise haben Sie auch eine Idee bekommen, wer noch zu Ihren zukünftigen Verbündeten gehören sollte.

Bitte denken Sie bei Ihrem Termin daran, sich bei der Assistentin zu bedanken und etwas Nettes zu sagen. Sie gehört zu den Schlüsselfiguren.

Dabei sein – in den Pausen

Sie wissen schon, Informationen, Stimmungen, das Neueste, aber auch Klatsch und Tratsch wird in den Pausen – in den inoffiziellen, geselligen Zeiten – ausgetauscht. Sollten Sie in Erwägung ziehen, die Pausen lieber an Ihrem Schreibtisch arbeitend zu verbringen oder die Pausenzeit für Ihren Einkauf im Supermarkt zu nutzen, dann wundern Sie sich nicht, wenn Sie als Außenseiterin und desinteressierte Person eingestuft werden.

Der Leiter einer Anwaltssozietät erzählte bei einem Netzwerktreffen auf die Frage, ob es in seiner Sozietät keine Frauen gebe:

Müsli macht unsichtbar

Jetzt, wo Sie mich danach fragen, fällt mir auf, dass keine von ihnen hier ist. Ich vergesse sie immer. Mittags essen sie in ihren Büros ihr Müsli, weil ihnen das Kantinenessen zu schlecht ist. So sieht sie niemand. Die Gefahr ist schon groß, dass sie vergessen werden.

Ob diese Frauen eine Karrierechance haben oder die interessanten Fälle bekommen – diese Frage stellt sich wahrscheinlich gar nicht. Wenn frau nicht sichtbar ist, hat sie selten Gelegenheit, ihre Kompetenz zu zeigen und über die eigenen Erfolge zu berichten.

Sorgen Sie lieber dafür, dass es auch in der Kantine Müsli zu essen gibt.

Danach – noch bleiben

Endlich ist die Sitzung beendet, und Sie rauschen davon, die Arbeit wartet. Sie wollen Ihre Aufgaben schnell umsetzen und präsentationsbereit haben. Das könnte ein Fehler sein.

Während das Meeting, die Veranstaltung ausklingt und sich alle Richtung Flur begeben, kommen oft noch andere Aspekte zur Sprache. «Ach übrigens, da fällt mir noch ein ...», und schon wird noch etwas Wichtiges besprochen.

«Lassen Sie uns das noch rasch klären ...», und ein anderer Bereich wird doch vorgezogen. Leider ohne Sie, Sie kriegen es gar nicht mit, denn Sie sind bereits wieder vertieft in Ihre Arbeit ...

Nach dem offiziellen Teil wird noch vieles besprochen, sortiert und entschieden. Macht und Einflussfaktoren können Sie hier oft schneller erkennen als in einer Sitzung. Wer hat was zu sagen, wer zieht mit, wer kann es sich leisten, andere Prioritäten zu setzen, wer kennt den Chef oder die Chefin persönlich? Männer prahlen gern mit ihren Kontakten. Nutzen Sie das, Sie brauchen die Informationen.

«Wer geht noch mit auf ein Glas Bier?» Sie wohl auch, oder? Sie wissen doch, Entscheidungen und neue Ideen werden oft außerhalb entwickelt – in der geselligen Zeit –, und dabei werden die Verbindungen gepflegt und enger geknüpft.

Das ist klug. Das ist Klüngeln.

Blicken Sie durch im Unternehmens-Dschungel: Entwickeln Sie Ihr eigenes Organigramm

Jetzt sind Sie bereits ein paar Wochen im Unternehmen und haben schon einigen Durchblick. Trotzdem: So richtig haben Sie noch nicht verstanden, wer wo in der Hierarchie steht bzw. wer welche Arbeitsfunktionen erfüllt. Das ist Ihnen auch nicht übelzunehmen.

Die gute Nachricht: Meist gibt es ein offizielles Organigramm. Das Organigramm ist ein Schaubild, das den Aufbau und die Funktionen einer Organisation graphisch darstellt. Es zeigt Folgendes:

* die hierarchische Struktur von oben nach unten
* die Verteilung der Aufgaben auf Stäbe, Abteilungen und die einzelnen Stellen und
* die personelle Besetzung der Stellen

Organigramm: Beispiel Hotel

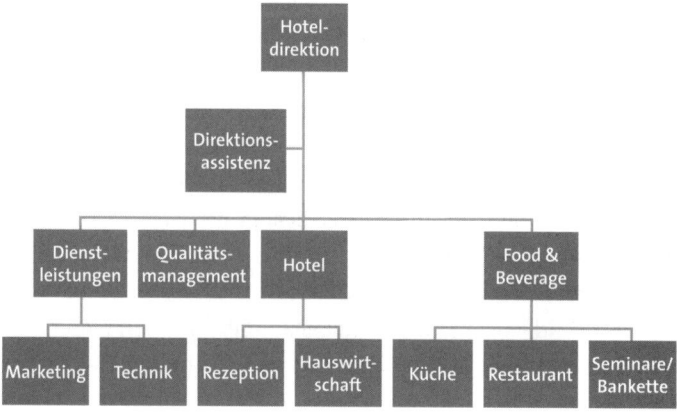

In Ihrem Firmen-Organigramm sollten auch Sie sich wiederfinden oder zuordnen können.

Sollte es kein offizielles Organigramm in Ihrem Haus geben, dann zeichnen Sie es selbst und bitten andere, die Lücken zu füllen.

Jetzt kennen Sie die **offizielle Hierarchie und Arbeitsverteilung**; ob sie der tatsächlichen entspricht, müssen Sie erst noch herausfinden.

Markieren Sie die Namen, die Sie kennen, mit einem grünen Marker und die, die Sie nicht kennen – aber kennenlernen möchten –, mit einem roten Marker.

Öffnen Sie Ihre **Klüngel-Datei.**

Überprüfen Sie, ob Ihre grün markierten Namen auch dort aufgelistet sind. Und lesen Sie nochmal, wo und wann Sie die- oder denjenigen kennengelernt haben. Wissen Sie noch, wie diese Person aussieht und welchen Eindruck sie bei Ihnen hinterließ?

Ein kleines Gedächtnistraining: Lesen Sie nacheinander die Namen in Ihrer Klüngel-Datei und stellen Sie sich jeweils das Gesicht, die Stimme, das Büro vor oder die Geschichte, die Ihnen diese Person erzählt hat. Sie werden schnell feststellen, welche Art von Wahrnehmung oder Erinnerung bei Ihnen Vorrang hat.

Vielleicht können Sie sich an die Geschichte erinnern, aber nicht mehr an das Gesicht. Finden Sie auf irgendeiner Webseite oder auf dem Foto eines Betriebsausflugs das Gesicht, dann fügen Sie es in Ihre Klüngel-Datei ein.

Trainieren Sie, den Namen mit Gesicht und Stimme zu kombinieren, und packen Sie alles dazu, was Sie noch von dieser Person kennengelernt haben. Gestalten Sie sich ein Bild, das Sie sofort aus Ihrem Gedächtnis abrufen können, wenn Sie der Person im Flur begegnen oder sie am Telefon hören.

Sie stärken damit Ihren Ruf, schon dazuzugehören, und entwickeln sich langsam von der Neuen zu einer Insiderin.

Tragen Sie anschließend die rot markierten Namen ein und überlegen Sie, wie Sie zu diesen Personen Kontakt aufnehmen können. Wer könnte Ihnen die Tür öffnen und Sie vorstellen?

Setzen Sie sich eine Frist, damit dieser Vorsatz im Alltag nicht untergeht: Bis wann wollen Sie zumindest einmal ein Shakehands erreicht haben?

Notieren Sie sich die Feste, die großen Events oder betrieblichen Feiern, wo der Chef oder die Chefin von «ganz oben» anwesend sind – für diese «zufälligen» Gespräche.

Holen Sie die anderen in Ihr Boot

Zeichnen Sie sich ein zweites, ganz persönliches Organigramm, in dem Sie die Schlüsselfiguren zuordnen können. Welche Personen sind wichtig für Sie?

Überlegen Sie auch, für wen Sie wichtig sind. Und: Welche Verbindungen können Sie bald anbieten, zu denen andere keinen Zugang haben? Sie erhöhen damit Ihre Attraktivität.

Holen Sie Ihre Schlüsselfiguren ins Boot und werden Sie mit dieser Vorgehensweise schnell zur Insiderin.

Zeichnen Sie sich für jede neue Aufgabe, jedes neue Projekt ein eigenes Organigramm, auf dem Sie alle eintragen, die beteiligt sein könnten. Vergessen Sie auch nicht, diejenigen vorab ins Boot zu holen, die Sie erst am Ende des Projekts brauchen, zum Beispiel wichtige Pressevertreterinnen oder Marketingexpertinnen. Deren Zusagen und Unterstützung werden Sie noch benötigen.

Ihr Organigramm gibt einen wertvollen Überblick, wen Sie für welches Thema ansprechen und überzeugen müssen.

Zwei Welten
Was dominiert: die Rangordnung oder die Inhalte?

Es gibt noch ein ganz besonderes Organigramm, das Sie sich erstellen können: das der männlichen Rangordnung.

Männliche und weibliche Denk- und Arbeitsweisen und Kommunikationsmuster unterscheiden sich enorm voneinander. Oft versteht die eine Seite nicht, warum die andere so und nicht anders agiert.

Rangordnung steht vor Inhalt

Finden Sie diese Überschrift merkwürdig, oder ist es genau das, was Sie in Ihrem Arbeitsalltag nicht verstehen? Steigen Sie in eine männlich orientierte Arbeitswelt ein oder arbeiten bereits dort, werden Sie Folgendes vorfinden: eine klar strukturierte Hierarchie mit einer Rangordnung, die durch Statussymbole markiert wird. Hier wird erwartet, dass Sie sich über- und unterordnen und sich vor allem nach unten abgrenzen, um das System zu stabilisieren. Hier wird statusorientiert kommuniziert und gehandelt. Wer darf zuerst reden? Wer hat das Schlusswort? Die Kommunikation untereinander dient vor allem der Positionierung. Wer das nicht anerkennt, darf nicht mitspielen.

Die Klärung und Akzeptanz der Rangordnung steht stets an erster Stelle, die inhaltliche Diskussion ist dem untergeordnet. Vielleicht können Sie das als Frau nicht so richtig nachvollziehen, aber jetzt manches besser verstehen.

Wenn Sie in einer solchen Arbeitswelt etwas erreichen wollen, müssen Sie sich erst einen einflussreichen Platz in der Rangfolge erkämpfen. Aber wie kommen Sie überhaupt dorthin?

Erkennen Sie als Erstes die Rangfolge. Wer ist der Platzhirsch, wer folgt danach, und wer ist der Letzte in dieser Kette? Rangfolgen können sich ändern, je nach Fachgruppen oder überregionalen Teams.

Zeichnen Sie in Ihrem Notizbuch die Rangfolgen auf – für jedes Team oder jede Gruppe, mit der Sie direkt oder indirekt zu tun haben.

Hier ein Hinweis, der Ihnen helfen kann, die Hierarchie leichter zu erkennen: Körperliche Berührung wird unter Männern als Machtsymbol eingesetzt. Der Ranghöhere legt seinen Arm auf die Schultern des Rangniedrigeren. Wenn beide gleichgestellt sind, fassen Sie sich gegenseitig am Oberarm an. Sehr gut beobachten können Sie das bei Staatsempfängen im Fernsehen oder auch bei der Begrüßung in Talkshows. Achten Sie in Ihrem Umfeld darauf, wer wen wie begrüßt und berührt. Trainieren Sie Ihre Wahrnehmung darauf.

Als Frau stehen Sie da erst einmal außen vor. Sollte ein Mann Sie «zufällig» berühren, reagieren Sie sofort. Stehen Sie auf, falls Sie gerade sitzen und Ihnen jemand die Hand auf die Schulter legt. Geschieht dies bei einer Begrüßung im Flur, fassen Sie ihn ebenfalls an. **Markieren Sie damit Ihre räumliche Grenze.**

Sind Sie bereits in der Rangfolge aufgestiegen, können Sie die

Dominanz-Spielregeln übernehmen. Auch Angela Merkel kennt offensichtlich diese Regeln und nutzt sie bei ihren Auftritten.

Weiteres Dominanzgehabe: Sie werden unterbrochen, wenn Sie das Wort haben. Reden Sie weiter, tun Sie so, als hätten Sie den anderen gar nicht gehört. Thematisieren oder beschweren Sie sich nicht, das wird Ihnen in diesem Umfeld als Schwäche ausgelegt.

Sollte Sie jemand über die Sprache kleinmachen und als «junge Frau» betiteln, verschaffen Sie sich ebenfalls sofort Respekt. Ein fröhlich-selbstbewusstes «Junger Mann, schön Sie kennenzulernen» – oder etwas Ähnliches – hilft Ihnen, die Situation zu retten. Denken Sie daran: Geliebt werden wollen wird hier als Schwäche ausgelegt, **Respekt ist es, den Sie sich verschaffen müssen**.

Wenn Sie als Frau glauben, Sie brauchen nur eine inhaltlich bessere Leistung zu bringen, um in dem Kreis akzeptiert zu werden, dann täuschen Sie sich.

Bessere Leistung bedeutet unter Männern, sich besser durchzusetzen, und das ist eine ganz andere Art von Leistung. Sie merken, wie die Missverständnisse vorprogrammiert sind. Sie als Frau sind inhaltsorientiert und identifizieren sich mit dem Ergebnis Ihrer Arbeit. Wenn Ihre Arbeit angegriffen wird, reagieren Sie daher viel persönlicher und fangen an, sich zu verteidigen und zu argumentieren. Sie kommen wahrscheinlich gar nicht auf die Idee, dass es sich um eine Attacke auf Ihre Position handelt. Ihnen wird Ihr Rang streitig gemacht. Ihre Arbeit ist nur Mittel zum Zweck. Vielleicht hilft Ihnen diese Erkenntnis, sich weniger persönlich angegriffen zu fühlen.

Aber wie schaffen Sie es überhaupt, in diesem Rangordnungsspiel mitspielen zu dürfen? Wer erlaubt Ihnen, Ihre Bälle zu werfen? Als Frau und Neue werden Sie erst einmal gar nicht ernst genommen (außer Sie kommen als Chefin neu hinzu). Sie kommen mit Ihren Kollegen und Ihrem Chef sicher ganz gut zurecht. Die anderen sind nett und hilfsbereit zu Ihnen, aber als Konkurrentin tauchen Sie in deren Köpfen gar nicht auf. Sie sind ihnen im Spiel der Rangordnung noch nicht ebenbürtig.

Es kann auch sein, dass Sie kurz nach Ihrem Einstieg eine erotische Anmache erleben. Vorsicht, steigen Sie nicht darauf ein, es könnte Ihnen passieren, dass Sie auf dieser Stufe hängenbleiben. Auch wenn Sie als Eisblock bezeichnet werden, stehen Sie darüber. Allerdings hilft es Ihnen auch nicht, sich in ein sexuelles Neutrum zu verwandeln, Sie werden trotzdem abgecheckt. Da müssen Sie durch.

Bleiben Sie inhaltlich am Ball und konzentrieren Sie sich auf Ihre Verbündeten, bleiben Sie in Kontakt. So lange, bis Sie ernst genommen und in den «Club» aufgenommen werden. Diese gläserne Decke hätten Sie dann durchbrochen.

Eine Architektin erzählte uns beim Essen:

Auf die Spielwiese abgeschoben

Als ich in ein großes Architektenbüro einstieg, gab man mir kleine Projekte, die ich zu bearbeiten hatte. Ich fand das ganz normal und war damit zufrieden. Erst mit der Zeit bemerkte ich, dass ich vom eigentlichen Informationsfluss ausgeschlossen war. Die Projekte, die sie mir gaben, waren als Spielwiese für mich gedacht, weit weg von den wichtigen Konzepten.

Eineinhalb Jahre habe ich gekämpft und war manchmal den Tränen nah, bis ich endlich ernst genommen und in den erlauchten Kreis aufgenommen wurde.

Behalten Sie immer die Spielregeln «**Rangordnung steht vor Inhalt**» im Kopf. Ihre Arbeitsleistung präsentieren Sie, wenn die Rangordnung geklärt ist.

Noch eine Regel, die wir Ihnen ans Herz legen:

Zeigen Sie ausgeprägten Machtmenschen niemals Ihre Angst. Vermitteln Sie auf keinen Fall das Gefühl, dass Sie sich einer Sache nicht gewachsen fühlen. Erwarten Sie weder Verständnis noch Mitgefühl. Sie könnten herb enttäuscht werden. Sie haben eventuell schon erlebt, dass Sie stattdessen erbarmungslos fertiggemacht wurden. Schwäche ist für diese Menschen unausstehlich.

Achten Sie lieber darauf: Die Platzvergabe in der Rangfolge läuft häufig auch über die Zugehörigkeit zu Clubs und Vereinen außerhalb der Firma. Oder sie kommt auf Geschäftsessen, auf gemeinsamen Fortbildungen zustande oder bei einem Drink am Abend. Merken Sie auf, wenn Sie bei der Verabredung vergessen wurden. Melden Sie Ihr Interesse an. Sie wollen dabei sein, denn an diesen Orten und bei diesen Treffen werden die persönlichen Bindungen aufgebaut. Wenn Sie dabei sind, versuchen Sie, die anderen durch Ihre Persönlichkeit zu gewinnen – nicht vor allem durch Ihre Leistung.

Schreiben Sie sich in Ihr Notizbuch,
* wann und wo sich die anderen außerhalb treffen,
* welche Veranstaltungen sie gemeinsam besuchen,
* welche Aktivitäten (Sport, Kultur ...) sie verbindet
* und wie sie sich gegenseitig loben, anerkennen.

Sie werden nach und nach die ungeschriebenen Spielregeln erkennen.

Inhalte und Gemeinsamkeiten stehen im Vordergrund

Frauenteams und Gruppen kommunizieren in einer Art offenes Netzwerk. Im Gegensatz zu den hierarchischen Zwängen werden die Verbindungen und Gemeinsamkeiten gepflegt. Das Ausscheren aus dieser Gemeinschaft wird allerdings ebenfalls sanktioniert.

Die Konkurrenz untereinander bezieht sich nicht auf die Rangposition, sondern auf die Anerkennung ihrer Arbeit und auf die Anerkennung als Frau. Wenn Sie beides wertschätzend anerkennen und sich aus dem Wettbewerb um die männliche Gunst heraushalten, haben Sie ein hervorragendes Arbeitsklima ohne Rangelei um eine Rangordnung.

Es könnte aber auch sein, dass Sie sich in einer klassischen Neidstruktur wiederfinden. Auf den Faktor Neid kommen wir später zu sprechen.

Sie werden nicht nur die typisch weibliche oder männliche Arbeitswelt vorfinden, sondern mit ziemlicher Wahrscheinlichkeit viele Varianten davon, die Sie erst erkunden.

Doch was immer Sie vorfinden, bleiben Sie Ihren weiblichen Stärken treu, die Sie gut einsetzen können, wenn es nicht um Macht geht.

Sie tragen zum Erfolg Ihrer Einrichtung oder Ihres Unternehmens bei, denn Sie sind als Frau weniger an Machtmenschen interessiert als an der Umsetzung sinnvoller Arbeit. Diese Behauptung wagen wir hier erst einmal.

Auf der Spur der Meeting-Kultur

Ganz besonders gute Erkenntnisse über die Rangordnung gewinnen Sie im Rahmen der Meeting-Kultur.

Meetings sind menschlich

Menschen haben ein natürliches Bedürfnis, sich persönlich kennenzulernen, Dinge zu besprechen und ein Ziel zu erreichen. Das Resultat im Büro: Es wird «ge-meetet», was das Zeug hält. Meetings gehören heute in vielen Berufen zum Alltag. Ob fachlich, abteilungsübergreifend oder als Lenkungsgruppe: Führungskräfte verbringen 50 bis 90 Prozent ihrer Arbeitszeit in Sitzungen.

«Manchmal habe ich den Eindruck, ich komme gar nicht mehr

zu meiner eigentlichen Arbeit», sagte uns eine Coaching-Kundin.

Meetings oder Besprechungen sind eine tolle Sache, wenn
* sie klar strukturierte Tagesordnungspunkte (TOPs) enthalten,
* ein Zeitlimit für jeden Punkt festgelegt und eingehalten wird,
* die Aufgaben verteilt werden (Wer macht was bis wann? Wer hakt nach?),
* und dabei auch noch gut moderiert werden.

Für Sie als Neue sind Meetings eine großartige Gelegenheit zu erfahren, wie das Team und die Abteilung ticken. Sie lernen einiges über die Machtverhältnisse und die Unternehmenskultur.

Zu Beginn eines Seminars erzählte uns eine Teilnehmerin von ihren Meeting-Erfahrungen:

Achtung Stammplatz!

Besprechungen sind für mich immer der Horror. Endloses Palaver und auch viel Gerangel. Dabei fühle ich mich unwohl. Ich komme sowieso nie zu Wort. Außerdem unterbreche ich ungern die Arbeit für solche Runden. Also bin ich meist eine der Letzten, die kommen. Als ich neu angefangen habe, ist mir etwas Unangenehmes passiert: Abgehetzt bin ich in den Besprechungsraum gelaufen und habe mich auf den Stuhl gesetzt, der gerade am nächsten war. Es waren schon ziemlich viele Leute im Raum, also habe ich gedacht, jetzt bloß nicht auffallen. «Das ist *mein* Platz», tönte es plötzlich von der Seite. Was ich nicht wusste. Es gab so etwas wie «Stammplätze», und ich saß auf einem. Jeder hat mich angestarrt. Und mit hochrotem Kopf bin ich aufgestanden und habe mir einen neuen Stuhl gesucht.

Wie gesagt, ich mag Meetings nicht …

Am Ende des Seminars stellte die eben zitierte Teilnehmerin Folgendes fest:

Selbst die Lorbeeren ernten

Ich werde zukünftig über meinen Schatten springen und dafür sorgen, dass ich in Besprechungen sichtbar bin – auf eine positive Weise. Schließlich bieten Meetings eine gute Chance, mich im Unternehmen bekannt zu machen. Also werde ich als Nächstes ein aktuelles Thema vorbereiten, das ich beim Jour fixe vorstelle. Dann muss ich mich auch nicht mehr darüber ärgern, dass die anderen um mich herum immer die Lorbeeren einheimsen.

Wenn Sie neu sind, gibt es bei Besprechungen für Sie drei große Unbekannte: den **unbekannten Raum**, die **unbekannte Kultur** und vielleicht noch viele **unbekannte Menschen**.

Besichtigen Sie den **Meeting-Raum** wenn möglich vorab, damit das «Fremdeln» nachlässt.

Schauen Sie sich den Raum genau an, betrachten Sie die Details, damit er Ihnen später vertraut ist. Setzen Sie sich schon einmal auf alle Stühle und nehmen Sie den Raum von jedem Platz aus bewusst wahr. Welcher ist der beste und welcher ist der schlechteste Platz? Von welchem Sitz aus haben Sie den stärksten Einfluss? Wo werden Sie am wenigsten wahrgenommen?

Vielleicht haben Sie sogar noch die Chance, eine Verbündete mitzunehmen, damit diese Ihnen den Raum zeigt. Gibt es eine typische Sitzordnung? Gibt es verschiedene Meinungs- und Machtblöcke, und wo sitzen diese? Mit etwas Diplomatie können Sie diese Fragen möglicherweise klären.

Wenn Sie vor einer wichtigen Sitzung die Räumlichkeiten nicht inspizieren können, dann machen Sie es danach – es wird ja nicht Ihre letzte sein.

Erobern Sie auch die beiden anderen Unbekannten, Menschen und Kultur, mit folgenden Regeln:

Regel Nummer 1: Bereiten Sie sich vor

* Wie erfolgt die Einladung zum Meeting – schriftlich, per Mail, mündlich, gar nicht, weil es ein feststehender Termin ist?
* Wer und wie viele werden eingeladen? Und wer kommt? Weniger, als eingeladen wurden? Vielleicht sogar mehr Leute? Was gilt als «kleine» Besprechungsrunde?
* Gibt es häufig Spontan-Meetings, für die Sie Ihren Terminkalender umorganisieren müssen?
* Wissen Sie, wer welches Thema einbringen wird? (Können Sie vorher zu diesen Personen recherchieren oder mit Ihnen sprechen?)
* Werden die Tagesordnungspunkte – die Inhalte – rechtzeitig weitergegeben, um sich vorbereiten zu können?
* Steht die Uhrzeit fest – Beginn und Schluss?

Eine Verwaltungsangestellte erzählte uns beim Mittagessen:

Das Zeitfenster unseres Bürgermeisters

Was mir für mein Zeitmanagement immer wichtig ist, ist das Wissen, wann ein Meeting voraussichtlich zu Ende sein wird. Von daher finde ich es als Grundregel erforderlich, die maximale Länge festzulegen. Unser Bürgermeister hat zum Beispiel bei den Besprechungen im Verwaltungsvorstand ein Zeitfenster von ca. 1 Stunde, in Ausnahmefällen 1,5 Stunden. Das macht für mich die Anschlusstermine planbar.

Bereiten Sie sich inhaltlich vor. Was wurde in den letzten Meetings besprochen (Protokolle)? Gab es Entscheidungen, und wurden sie umgesetzt? Wer hat wofür gestimmt? Sprechen Sie mit anderen darüber, die anwesend waren.

Sie haben sich gut vorbereitet und schon eine ausgezeichnete Idee, die Sie sofort als Verbesserungsvorschlag einbringen wollen? Tun Sie das bitte nicht.

Lernen Sie erst die Meeting-Kultur und die damit verbundene Rangordnung kennen. Wie wird entschieden? Wer entscheidet am Ende wirklich? Wessen Zustimmung brauchen Sie auf alle Fälle?

Gehen Sie nie in ein Meeting, ohne vorher zu wissen, ob Ihr Thema bereits Geschichte hat. Wer hat sich daran schon einmal die Finger verbrannt? Wurde es schon dreimal aufgeribbelt und wieder neu gestrickt? Mit diesem Wissen können Sie sich viel Ärger ersparen.

Suchen Sie sich zuallererst Verbündete für Ihr Vorhaben, und zwar bevor Sie in einem Meeting in die Offensive gehen. Sichern Sie sich deren Zustimmung. Klären Sie auch, welche Gegenleistung von Ihnen erwartet wird.

Regel Nummer 2: Seien Sie rechtzeitig vor Ort

Wer ist schon da, und wer spricht mit wem – zu zweit oder in Grüppchen? Spitzen Sie die Ohren: Worüber wird gesprochen? Wie ist die Stimmung?

Stellen Sie sich möglichst vielen mit Ihrem 30-Sekunden-Pitch vor. Begrüßen Sie auch die, die Sie bereits kennen. Sorgen Sie hier schon für Ihren Bekanntheitsgrad.

Beobachten Sie, wer sich wohin setzt. Es ist klug, sich in die Nähe der «Mächtigen» zu setzen, aber natürlich nicht auf einen der Stammplätze. Fragen Sie zur Sicherheit nach, ob der Stuhl frei ist.

Sind Sie Vorgesetzte, Gruppenleiterin, Projektleiterin und/oder die Moderatorin? Dann sollten Sie den Raum wirklich schon kennen und vor allen anderen da sein. Sie haben Ihren Platz reserviert und begrüßen die Neuankömmlinge.

Regel Nummer 3: Erkennen Sie die Spielregeln

Eine Oberärztin sagte uns:

Vorsicht Hackordnung!

Die Missachtung einer Hackordnung kann einen schon fast den Job kosten. Ich habe das nicht nur einmal erlebt, dass eine ganze Besprechungsrunde aufgebracht war, weil ein Neuling mit seinem Wissen nur so glänzte und so tat, als sei er seit Jahrzehnten in der Klinik. Das kam nicht gut an!

Jetzt geht's ums Ganze: Wo viele Menschen zusammen sind, da passiert auch viel – vor und hinter den Kulissen.

Befinden Sie sich in einer männlich dominierten Runde, dann werden Sie eventuell folgendes Einstiegsszenario vorfinden: Es wird viel geredet. «Mann» bezieht sich aufeinander und wiederholt das bereits Gesagte mit anderen Worten.

Diese langen Einstiegsrunden dienen dazu, die Machtverhältnisse in der Runde zu klären. Sie wissen ja: Erst wenn deutlich ist, wer in welcher Rangfolge steht, kann inhaltlich gearbeitet werden. Sollten Sie in dieser Phase einen inhaltlichen Vorschlag einbringen, Pech gehabt! Sie werden überhört oder abgebügelt. Später kann ein Kollege den gleichen Vorschlag einbringen, und auf ihn wird eingegangen. Beobachten Sie die Situation, bis der «Zirkus der Alphatiere» beendet ist. Erst dann kann es inhaltlich losgehen. Erst dann findet Ihr Beitrag Gehör.

Eine Abteilungsleiterin war das Gehabe «ihrer Jungens» leid:

So geht's auch!

Als ich die Abteilung übernahm, in der ich schon lange arbeitete, gab ich bei meinem ersten Meeting die Anweisung: Alle setzen sich bitte nach ihrer Position im Team an den Tisch. Das war erst mal ein Gescharre und Gerangel, aber nach einer Viertelstunde war Ruhe, und wir konnten arbeiten.

Diese Anordnung können Sie sich allerdings erst in leitender Position erlauben.

Vielleicht finden Sie auch dieses Szenario vor: Scheinbar ziehen alle an einem Strang. Niemand tut sich hervor. Niemand darf ausscheren. Beobachten Sie genau, wie mit neuen Ideen und Vorschlägen verfahren wird. Wie werden Entscheidungen getroffen?

Und wie ist es mit der Machtverteilung?

Wer kann gut mit wem? Wer kann sich «nicht riechen»? Welche Allianzen sind sichtbar?

Verhalten Sie sich neutral, bis Sie wissen, wer mit wem eng kooperiert.

Eine Betriebsrätin erzählte uns:

Lassen Sie sich nicht vor den Karren spannen!

Zurückhaltung kann überlebensnotwendig sein für die Neue. Wenn Sie als Neue nach Ihrer Meinung gefragt werden, ist es erst mal besser zu sagen, es ist lehrreich oder interessant. Frau kann auch ihr Interesse bekunden, indem sie nur Fragen stellt.

Ich habe schon erlebt, dass ich ermutigt wurde, bestimmte Dinge direkt anzusprechen. Und genau von der Person, die mich dazu ermuntert hat, wurde ich im Meeting für diesen Punkt angegangen. Später merkte ich, dass ich für deren Zwecke hergehalten habe und für andere die «Drecksarbeit» machen sollte.

Ahimsa!
Sollten Sie im Meeting unter Stress geraten: Nutzen Sie Ihr geheimes Zauberwort «Ahimsa» und nehmen Sie fünf achtsame Atemzüge.

Das merkt niemand und hilft Ihnen, sich weiter zu konzentrieren.

Identifizieren Sie die Machtblöcke. Halten Sie sich fern von rivalisierenden Gruppen, bis Sie deren Funktionen und Intentionen einordnen können. Entscheiden Sie sich erst danach für einen Machtblock, der Ihre Interessen und Ideen unterstützt und umsetzen kann. Damit Sie nicht zwischen die Mühlen geraten, zeigen Sie Flagge. **Ordnen Sie sich zu, damit auch andere Sie zuordnen können.**

«Ich gehe nicht in die Machtblöcke! Ich halte mich lieber raus!» Auch solche Sätze hören wir von unseren Coaching-Kundinnen. Sehen Sie das genauso? Halten Sie sich gerne möglichst neutral, oder argumentieren Sie am liebsten rein fachlich? Dann beachten Sie bitte: Laufen Sie nicht gegen einen Machtblock, der lässt Sie möglicherweise übel zurückprallen. **Neutralität erfordert besonders ausgeklügeltes Verhandeln.**

Zücken Sie am besten gleich Ihr **Notizbuch**, um Ihre Beobachtungen rund um die Meetingkultur in Ihrem Unternehmen festzuhalten.

Regel Nummer 4: Bleiben Sie nach dem Meeting dran
Bleiben Sie, auch wenn noch so viel Arbeit drängt. Vielleicht fallen jetzt Entscheidungen, und es werden noch wichtige Gespräche geführt. Beobachten Sie, wie sich die anderen der Leitung gegenüber verhalten.

Bedanken sich andere für die gut gelaufene Sitzung? Das könnte ein Ritual sein, dem Sie sich anschließen sollten.

Stellen Sie sich mal vor, Sie laden Leute zu sich zum Essen ein. Nach der Mahlzeit strömen alle kommentarlos von dannen. Sie würden sich sicher einen würdigeren Abschluss für Ihre Mühen wünschen. Anerkennung ist jetzt gefragt, auch wenn nicht jeder Gang gleich gut gelungen war. Es wäre doch merkwürdig, wenn Ihre Gäste zum Abschluss sagen, was ihnen alles nicht geschmeckt hat.

Und genau das tun manche Menschen am Ende eines Meetings. Sie doch wohl nicht?

Vielleicht begegnen Sie auch einem männlichen Klüngel-Klassiker: sich nach dem Meeting nochmal im kleinen Kreis zurückzuziehen und das eine oder andere zu besprechen. Es könnte das «Old-Boys-Netzwerk» sein, das hier aktiv wird. Das männliche Beziehungsnetz wird gepflegt. Schauen Sie jetzt genau hin: Dürfen Sie mit, oder bleibt Ihnen als Neue der Zugang verwehrt? Liegt es daran, dass Sie einfach noch nicht zugeordnet werden können?

Bemühen Sie sich um die Eintrittskarte. Wer nicht drin ist, gehört nicht zu den Verbündeten und wird auch nicht unterstützt.

Es könnte sein, dass Sie Ihre «Gläserne Karriere-Decke» gerade live sehen und erleben!

Ihre **Klüngel-Datei** ist jetzt ganz wichtig: Schreiben Sie die Namen dort hinein und vermerken Sie, wer mit wem in Kontakt steht.

 Eine dieser Personen steht dann auf Ihrer **To-do-Liste**, um sie als Verbündete zu gewinnen. Noch besser wäre sie als Mentor.

Der Umgang mit dem Gockel-Faktor

Noch ein wichtiger Tipp für Sie als Frau in einer männlich dominierten Berufswelt:

Sie werden bald Ihre ersten Präsentationen halten und eigene Ideen im Meeting vorstellen. Sollte Sie später ein Kollege auf dem Flur ansprechen: «In Ihrer Präsentation ist Ihnen ein Fehler unterlaufen!», dann reagieren Sie bitte ganz cool: «Danke für Ihren Hinweis». Punkt und sonst nichts. Oder «Danke, dass Sie so aufmerksam waren». Bitte ohne Spott. Hier geht es meistens nur um ein Gockel-Verhalten, das heißt: Schau, ich bin wichtig!

Eine weibliche Führungskraft schilderte eine Meeting-Situation:

Der Zeit-Gockel

Letztens habe ich ein wichtiges Projekt vorgestellt. Blöderweise habe ich den Zuhörern für den Ablauf der Präsentation nicht nur eine Agenda, sondern auch einen detaillierten Zeitplan der einzelnen Themenpunkte gegeben. Ich habe für die erste Hälfte beträchtlich länger gebraucht als zeitlich vorgegeben. In einer kurzen Kaffeepause sprach mich ein anderer Projektleiter an, während er wichtig auf seine Uhr tippte: «Na, Frau Neumayer, Sie haben Ihr Zeitmanagement wohl nicht im Griff! Es sind nur noch dreißig Minuten.»

Daraufhin habe ich geantwortet: «Danke für den Hinweis. Genau, wir haben noch dreißig Minuten.» Sonst nichts. Und es war Ruhe.

Bloß keine Rechtfertigung! Wenn Sie bei solchen Provokationen anfangen, zu argumentieren und zu belegen, dass Sie mit Ihrer Darstellung richtig liegen, dann reagieren Sie auf der Sachebene. Allerdings: Hat Ihr Kollege Sie wirklich auf der Sachebene angesprochen? Oder wollte er Ihnen zeigen, wie wichtig er ist? Antworten Sie lieber auch auf der «Rangebene»: «Danke für den Tipp.» Und nehmen Sie die Luft raus aus der Angelegenheit.

Jetzt könnte es sein, dass Sie beim Lesen entsetzt sind. «Und das soll alles sein?!», fragen Sie vielleicht. Sie wollen die Sache erklären, Ihr Gegenüber überzeugen.

Aber genau damit fangen Sie einen Ball auf, der Ihnen so gar nicht zugespielt wurde – und den Sie weder wollen noch brauchen.

Was für ein Ball flog denn nun wirklich durch die Luft?

«Schau mal, wie wichtig ich bin.»

«Du raubst mir meine Zeit.»

«Ich habe die Macht, dich bloßzustellen oder auflaufen zu lassen.»

«Ich bin größer und wichtiger als du.»

Und Sie verteidigen sich auf der Inhaltsebene?! Damit bieten Sie weitere Angriffsmöglichkeiten.

Sicher haben Sie auch schon Situationen erlebt, in denen Sie reflexartig auf der Sachebene argumentiert haben. Und schon kurz nachdem Sie losgelegt haben, war Ihnen eigentlich klar, dass *diese* Antwort die falsche war. Sie haben mit Ihrer defensiven Art der Rechtfertigung an Augenhöhe verloren.

Und Ihr männlicher Kollege versteht Ihre Reaktion gar nicht. Oder er antwortet: «Das wollte ich jetzt gar nicht wissen.»

In seinem Kopf sind Sie eventuell dann die Zicke, die sich ewig rechtfertigt.

Die «Sofortmaßnahme am Unfallort». Bevor Sie anfangen, sich um Kopf und Kragen zu reden, machen Sie eine kurze Pause und antworten Sie mit einem erstaunten AHA. Schauen Sie den Angreifer an, bleiben Sie ernst. Stehen Sie fest auf beiden Füßen oder sitzen Sie aufrecht. Halten Sie den Kopf gerade. Wenn Sie jetzt lächeln und den Kopf schräg legen, nehmen Sie die ganze Wirkung aus diesem AHA. Sagen Sie nichts, was Ihnen später leidtut. AHA. Sonst nichts. Gehen Sie dann zur Tagesordnung über.

Sie brauchen schließlich nicht jeden Ball aufzufangen, der Ihnen vor die Füße geworfen wird.

Wenn Sie jemand wegen Ihres Zeitmanagements angreift und Sie antworten: «Das spielt doch keine Rolle, wie lange es hier dauert. Sie vermisst doch eh keiner am Arbeitsplatz», dann haben Sie es dem anderen mit gleicher Münze heimgezahlt. Aber Sie haben noch Öl ins Feuer gegossen und können sich schon auf den nächsten Angriff gefasst machen.

Steigen Sie in dieses aggressive Ping-Pong-Spiel gar nicht erst ein.

Eine Rechtsanwältin erzählte bei einer Tagung von folgendem Erlebnis:

Als die Menschen noch auf Bäumen lebten

Am Anfang meiner Laufbahn hat mal ein Richter in einer Besprechung gönnerhaft zu mir gesagt: «Ihren Vorschlag schreibe ich mal Ihrem jugendlichen Leichtsinn zu, Frau Kollegin.» Das hat mich so geärgert, dass ich geantwortet habe: «Und als Sie jung waren, da haben die Menschen sicher noch wie die Affen auf Bäumen gelebt.» Das fand der gar nicht lustig. Oje, bei dem habe ich kein Bein mehr auf die Erde gekriegt. Noch Jahre später hat der Mann mir das übelgenommen.

Auch ein Gegenangriff verschafft Ihnen auf dieser Gesprächsebene keinen Respekt. Ein AHA hätte gereicht, um die Situation erst einmal zu entschärfen...

Damit Sie im Meeting sichtbar sind ...

Stellen Sie sich immer selbst vor, damit die Spekulationen über Sie nicht wie Pilze aus dem Boden schießen. Sie werden in den ersten Meetings als Neue von den anderen Anwesenden mehr oder weniger neugierig beäugt.

Versuchen Sie nicht, durch Bescheidenheit sympathisch zu wirken («Ich bin ja noch nicht so lange dabei», «Ich kenne mich ja noch nicht so gut aus»), zeigen Sie lieber **Kompetenz und Expertise** («Das ist mein Spezialgebiet»).

Sagen Sie möglichst in jedem Meeting etwas. Am Anfang bleiben Sie auf der unverfänglichen Ebene. Später beziehen Sie Stellung. Zeigen Sie, dass Sie da sind und mitmischen.

Lassen Sie sich auf die Situation ein. Was ist gerade gefragt? Geht es um das große Ganze? Dann kommen Sie nicht mit kleinlichen Details daher. Oder ist Ihr Detailwissen gefragt? Dann nennen Sie Zahlen, Daten, Fakten.

Strahlen Sie gezielten Optimismus aus, selbst wenn alle jammern. Bleiben Sie positiv, auch wenn die anderen das Haar in der Suppe suchen.

Ein Beispiel: «Unser Flugzeug ist heute voll besetzt», sagt die Chef-Stewardess. «O weh, so viel Arbeit», seufzen einige Flugbegleiterinnen. «Wie schön, das sichert uns den Arbeitsplatz!», sagt eine andere Stewardess. Auch das prägt Ihr Image.

Rufen Sie nur HIER, wenn Aufgaben verteilt werden, die für Sie wichtig und interessant sind. Hängen Sie sich an aktuelle Themen an.

Noch ein Klüngel-Tipp: Gehen Sie in Projekte, bei denen Sie Menschen aus vielen Bereichen kennenlernen.

Aus der Praxis – für die Praxis: Hier der Tipp einer Vertrieblerin bei einem großen Energieversorger:

Protokoll – nein danke!

Ich lehne es grundsätzlich ab, wenn «mann» mir als Frau die Protokollführung aufzwingen will. Nehme ich zum ersten Mal teil, lehne ich freundlich, aber bestimmt ab. Ich frage sachlich nach, wer bisher das Protokoll führte und warum das jetzt geändert werden soll. Ich bitte um Eingewöhnungszeit. Als Neue muss ich mich zuerst einmal auf Inhalte und vor allem die Teilnehmenden einstellen. Ich führe immer nur dann Protokoll, wenn das Protokoll reihum wandert – und auch dann nicht beim ersten Mal.

Diesen bescheuerten Satz von Männern – «Ach Frau Franzen, Sie machen das so gut, machen Sie es doch bitte weiter» – pariere ich mit einem klaren Nein. Sollen sie ruhig denken, dass ich Haare auf den Zähnen habe. Aber jeder Mann würde sich auch verteidigen und «niedrige» Arbeiten nicht freiwillig übernehmen.

PIA sagt: Köfte, Klüngeln und Kultur

«Dieses Jahr bin ich in die Türkei gereist. Am Flughafen empfing uns unsere Reiseleiterin. Auch der Bus für die Rundreise wartete schon auf uns.

Ich bin immer sehr gespannt, wer mitreist. Finde ich kleinkarierte oder großzügige, bierernste oder fröhliche Zeitgenossen vor? Einzelgängerinnen oder Gruppenfreaks?

Die Reiseleiterin und der Busfahrer haben sich vorgestellt und uns alle persönlich begrüßt. Danach ging es um die Entscheidung: Wer sitzt wo im Bus? Mir ist das absolut nicht egal, ich will viel sehen, also auf keinen Fall ganz hinten sitzen. Und ich möchte einen guten Kontakt zur Reiseleiterin bekommen – deshalb habe ich mir gleich einen Platz in einer der vorderen Reihen gesichert.

Der erste Abend ist immer ein besonderer. Ich unterhalte mich dann mit möglichst vielen Mitreisenden, schließe mich aber noch nicht an. Mir ist es wichtig, eine gute Gruppe zu finden, die auf meiner Wellenlänge liegt. Geizhälse, Nörgler und alle, die zum Lachen in den Keller gehen, gehören jedenfalls nicht dazu.

Schon während der Reise überlege ich mir, mit wem ich gerne weiterhin Kontakt halten möchte. Mit drei Frauen habe ich mich besonders gut verstanden.

Wir planen bereits gemeinsam eine neue Rundreise. Diesmal durch Vietnam.»

deshalb habe ich mir einen Platz ganz vorn gerichtet!

TURKEY

Klüngeln Sie sich ein –
mit den richtigen Statussymbolen

Quizfrage: *Was sind Statussymbole?*

a. Gipfelkreuze in den Bergen
b. Zeichen gesellschaftlicher Zugehörigkeit
c. Erklärende Handbewegungen der Stewardess zur
   Beschreibung der Notausgänge

Hier finden Sie die Antwort.

Mein Golf-Cabrio, meine Gucci-Tasche, meine Prada-Brille – Statussymbole sind mehr als das!

Vielleicht sind Sie versucht, die folgenden Seiten zu überblättern. «Statussymbole – darauf lege ich überhaupt keinen Wert!», diese Reaktion hören wir immer mal wieder von Frauen.

Wenn Sie so denken, dann: **Stopp!** Bleiben Sie trotzdem hier und lesen Sie bitte weiter.

Eine Personalchefin erzählte uns Folgendes:

Vier Dinge braucht die Führungsfrau

Wir erwarten von unseren Führungskräften vier Dinge: eine gute Allgemeinbildung, eine positive Haltung dem Unternehmen gegenüber, Vertrautheit mit den bei uns gültigen Dress- und Verhaltenscodes und Selbstsicherheit im Umgang mit Kollegen, Kunden und Vorgesetzten.

Wollen Sie sich das Leben unnötig schwermachen? Dann verzichten Sie gänzlich auf angemessene Statussymbole. Ihre Umwelt reagiert intuitiv auf bestimmte Signale. Auch der Verzicht auf Statussymbole ist so ein Signal.

Sind Sie eine Führungskraft? Dann müssen Sie so auftreten, dass die anderen Ihnen den Job auch zutrauen, und zwar vom ersten Moment an.

Angemessene, passende Statussymbole erleichtern Ihrer Umwelt den Umgang mit Ihnen: Wenn Ihre Kleidung signalisiert: «Ich bin Chefin», dann ist das eindeutig. Es erspart Ihnen und den anderen Missverständnisse.

Viele wissenschaftliche Untersuchungen belegen, dass Menschen sich an Statussymbolen orientieren und eher bereit sind, sich Personen anzuschließen, die durch ihre Kleidung und ihr Auftreten einen hohen Status signalisieren.

In einem Versuch an einer Fußgängerampel mit extrem langer Rotphase entschieden sich auffällig viele Leute dafür, dem Beispiel einer gutgekleideten Person (teure Garderobe, Aktenkoffer) zu folgen und die Straße ebenfalls bei Rot zu überqueren. Einer anderen Person (in Jeans, alten Schuhen, T-Shirt) gehen deutlich weniger Menschen hinterher. Sie bietet ihnen keine Orientierung für angemessenes Verhalten in der Ampelsituation.

Statussymbole schützen Sie auch vor manchen Angriffen. Wir haben bereits geschrieben, was eine (männliche) Führungskraft sagte: «Eine Frau im Chanel-Kostüm greift ‹mann› nicht so leicht an.»

Bitte unterschätzen Sie niemals die Wirkung Ihrer Kleidung, wenn Sie ernst genommen werden möchten.

Schauen Sie sich einmal selbst an: Laufen Sie wirklich ganz ohne Statussymbole durch Ihr Leben? Ihre Brille, Ihre Bluse, die Schuhe, Handtasche und Armbanduhr – all das sagt etwas über Sie aus.

Und nicht nur die Kleidung gibt Aufschluss über Ihren Status: Ihre Schulbildung, Ihr Uni-Abschluss und Titel, eine außergewöhnliche Zusatzqualifikation, ein besonderes Hobby, Ihr Wohnort, Ihr Auto, Ihr Bekanntenkreis – auch das gibt anderen Hinweise, wo die Kolleginnen Sie «hinstecken» sollen.

Es geht noch weiter: Wie viele Fenster hat Ihr Büro, wie groß ist Ihr Schreibtisch, mit wem teilen Sie den Arbeitsplatz, und wie nah ist Ihr Büro an der Vorstandsetage? Haben Sie eine Firmenkreditkarte, was steht an Ihrer Bürotür, was auf Ihrer Visitenkarte?

Statussymbole sind wichtige Gestaltungsmittel

Sie wissen ja, dass Menschen andere Menschen in Schubladen packen. Und Sie haben sicher längst beschlossen, dass Sie selbst entscheiden wollen, in welche Schublade Sie einsortiert werden.

Eine Bereichsleiterin in der Pharma-Industrie schilderte:

Statussymbole erleichtern den Alltag

Bei der Beförderung habe ich zunächst gesagt, ich brauche kein größeres Büro. Ich wollte nicht umziehen. Ein Kollege ist dafür in das entsprechende Bereichsleiterbüro gezogen. Das Ergebnis: Alle haben ihn für wichtiger gehalten. Bei Entscheidungen wurde zuerst er gefragt, obwohl ich seine Vorgesetzte bin. Ich bin letztendlich doch noch umgezogen. Das macht mir heute das Leben leichter. Ich protze immer noch nicht mit Statussymbolen, aber ich nutze sie ganz selbstverständlich.

Seien Sie vorsichtig mit der Ablehnung von Statussymbolen, die in Ihrem Unternehmen üblich sind. Sie kritisieren damit indirekt den Stil der anderen. Entwerten Sie nicht, was anderen wichtig ist, Sie könnten für mehr Aufruhr sorgen, als Ihnen an dieser Stelle lieb ist. Gönnen Sie den anderen die Statussymbole.

Statussymbole sind aber keine neue Erfindung, sondern historisch begründet. Früher erhielten Menschen ihren Status durch die Geburt. Wer Glück hatte und in den Adel geboren wurde, hatte einen unverrückbar hohen Status, Macht und Einfluss. Wer Macht hatte, besaß Weisungs- und Entscheidungsgewalt, wirkte souverän und stark. Macht bedeutete, zu einer Elite zu gehören. Das hat sich bis heute nicht geändert.

Statussymbole waren und sind Insignien dieser Macht. Früher waren Schlösser, Burgen, Krone, Zepter, Reichsapfel und Thron wichtige Statussymbole, heute sind es (wenn wir nicht zu den Superreichen mit eigenem Flugzeug gehören) Dienstwagen, der eigene Parkplatz, ein eigenes Büro mit Vorzimmer, eine teure Armbanduhr, ein Studium an einer Elite-Uni, eine Segelyacht oder ein Ferienhaus auf Sylt.

Statussymbole sind oft Erkennungszeichen einer bestimmten Elite und die Eintrittskarte zu den Netzwerken der Macht. Sie signalisieren: «Ich gehöre zu euch». Dazu gehört die Rotarier-Nadel, die Krawatte der amerikanischen Uni, die jemand besucht hat, oder eine teure Uhr.

Statussymbole sind auch der Ausdruck Ihres Erfolgs und sorgen für Anerkennung: «Tolle Frau, wenn die sich das leisten kann ...»

Die Außenwirkung muss aber passen! Denn sonst können Statussymbole auch Stolperfallen sein: Manch einer lässt das nötige Feingefühl missen. Wo Mitarbeiter Gehaltskürzungen hinnehmen müssen, kommt die neue S-Klasse, die für die Topmanager angeschafft wird, sicher nicht gut an.

Und wenn Sie als Verkäuferin im Außendienst mit dem Porsche unterwegs sind, kann das kontraproduktiv sein.

Aufgepasst! Soziale Aufsteiger tragen gerne zu dick auf: Die Uhr ist zu protzig, das Auto zu groß, der Schmuck zu klotzig, der Umgang mit Untergebenen zu schroff.

Die Teilnehmerin eines Mentoring-Programms
beschrieb Folgendes:

Ob sie sich kein Auto leisten kann?

Ich habe aus Überzeugung kein Auto. Ich kann fast alles mit
dem Fahrrad oder der Bahn erreichen. Und: Bei uns in der
Stadt gibt es ein sehr gut funktionierendes Car-Sharing-Sys-
tem, das ich mit aufgebaut habe. Ich bin mir aber bewusst,
dass das bei manchen Führungskräften komisch ankommt.
Sicher denkt manch einer: Kann die sich als Selbständige kein
Auto leisten? Deshalb erzähle ich immer gerne von unserem
Car-Sharing-Projekt, damit klar wird, dass der Verzicht aufs
Auto eine bewusste Entscheidung und nicht durch Erfolglosig-
keit begründet ist.

Eine andere Teilnehmerin des Mentoring-Programms
hat sich so entschieden:

Mein Firmenwagen – ein wichtiges Erfolgssignal!

Ich habe mich ganz bewusst entschieden, einen Firmenwagen
zu nehmen. Vielleicht ist es nur eine Kleinigkeit, aber es gibt
mir das Gefühl, ich gehöre dazu und respektiere die Spielregeln
in unserem Unternehmen. Auf meiner Hierarchie-Ebene
fahren fast alle einen Firmenwagen, ich habe den Eindruck,
gerade für die männlichen Kollegen ist das ein wichtiges
Prestigeobjekt. Ich sehe das zwar etwas anders, aber ich respektiere das. Und: Ich habe es leichter, wenn ich zu Kunden fahre.
Sie erkennen gleich, dass ich eine wichtige Repräsentantin
unserer Firma bin. Davon abgesehen: Unser Vorstand würde
auch nicht wollen, dass ich mit meinem Kleinwagen irgendwo
vorfahre.

Lehnen Sie also Statussymbole als Prestigeobjekte nicht grundsätzlich ab, denken Sie lieber darüber nach:

* Welche Statussymbole stehen Ihnen in Ihrer Position zu?
* Über welche Statussymbole verfügen Sie bereits?
* Welche Statussymbole unterstreichen Ihren Stil? Ihren guten Geschmack? Ihre Position? Ihren Erfolg?
* Welche Statussymbole signalisieren, dass Sie bereit sind für den nächsten Karriereschritt?
  «Wer demnächst Führungskraft werden will, sollte nicht im Fleecepulli zur Arbeit kommen», sagte uns die Personalchefin einer Stadtverwaltung.
* Welche Statussymbole sind Ihnen persönlich wichtig für Ihr Wohlbefinden? Warum?
* Welche Statussymbole verschaffen Ihnen Zugang zu wichtigen Netzwerken?
* Welche Statussymbole finden Sie einfach nur protzig?
* Wo ist für Sie gepflegtes Understatement angezeigt?
* Auf welche Statussymbole möchten Sie ganz bewusst verzichten?
* Was ist der Nutzen dieses Verzichts? Was sind die Risiken?

Erweitern Sie Ihre Klüngel-Datei:
Bei wem haben Sie welches Statussymbol entdeckt?

Klüngeln Sie sich ein – mit Fritz und Fritzi

Quizfrage:
Was ist ein Antreibe-Teufelchen?
a. Eine Software für Ihr Mobiltelefon, die Sie an bestimmte Aufgaben erinnert
b. Der Typ Kollegin, der einem gerne mal die Hölle heiß macht
c. Das Gegenteil vom inneren Schweinehund

Hier finden Sie die Antwort.

Vorsicht Antreibe-Falle

Die nachfolgende Geschichte wurde uns bei einem Erfahrungsaustausch zum Thema «Stress abbauen» erzählt:

Nie mehr Grinse-Katze!

Im letzten Job ist mir mein Bedürfnis, nett zu sein, regelrecht zum Verhängnis geworden. Ständig hatte ich von meinem Vorgesetzten alle möglichen Zusatzaufgaben auf meinem Schreibtisch liegen – nur weil ich nicht NEIN sagen konnte.

Aber irgendwann habe ich mich zunehmend gestresst gefühlt, und meine Karriere ging auch nicht so recht voran. Außerdem hatte ich keine Lust mehr, immer die «Grinse-Katze» zu sein. Ich hätte schreien können, ewig dieses Grinsen, auch wenn ich mich geärgert habe. Aber Hauptsache, die anderen merken es nicht ... Immer schön freundlich.

Dann habe ich eine Fortbildung besucht. Dabei habe ich gelernt, mehr auf meine Bedürfnisse zu achten – und auszuhalten, wenn mal nicht alles «eitel Sonnenschein» ist. Ich habe auch gelernt, dass Vorgesetzte keine langen Erklärungen und Rechtfertigungen wollen, warum ich etwas nicht schaffe. Sie wollen Lösungen.

Bei meiner neuen Stelle habe ich die Gelegenheit ergriffen und trete selbstsicherer auf. Statt mir alles aufhalsen zu lassen und mich still zu ärgern, stelle ich die Fakten kurz und knapp dar und frage meine Chefin nach den Prioritäten. Was soll zuerst erledigt werden? Manche Sonderaufgabe bleibt mir seither erspart, für andere Dinge habe ich jetzt ein größeres Zeitfenster.

«Sei wie das Veilchen im Moose, bescheiden, sittsam und rein, und nicht wie die stolze Rose, die stets bewundert will sein.»

Sätze wie dieser standen früher gerne in Poesie- und Freundschaftsalben. Gehören Sie auch zu den Frauen, die in die Harmonie-Falle tappen? Sind Sie sittsam, bescheiden und rein? Bereit, für ein gutes Arbeitsklima mehr Tätigkeiten auf sich zu nehmen, als gut für Sie, Ihr Wohlbefinden und Ihre Karriere ist? Legen Sie Wert darauf, alles perfekt zu machen? Fällt es Ihnen schwer zu delegieren?

Untersuchungen zeigen, dass **viele Frauen vor allem durch Arbeitsinhalte, Aufgaben und Betriebsklima motiviert werden**. Alles soll nett und harmonisch sein, dann fühlt frau sich wohl. **Männer legen häufig verstärkten Wert auf Gehalt, Macht, Status.** Die Anerkennung ihrer Position sorgt für Wohlbefinden und Antrieb.

Keine Sorge, wir wollen Ihnen an dieser Stelle nicht die Freude an Ihrer Arbeit ausreden oder Ihr Engagement und Ihre Einsatzfreude bremsen.

Nun hat aber auch Ihr Tag nur 24 Stunden.

Der neue Job ist eine gute Gelegenheit, darüber nachzudenken, was Sie verändern möchten, um sich gut zu positionieren. Sie müssen Prioritäten setzen und wollen sich möglichst wohl dabei fühlen.

Freundlichkeit, Fleiß und Hilfsbereitschaft sind wertvolle Tugenden. Vergeuden Sie diese nicht auf energieraubenden Nebenschauplätzen.

Eine Berufseinsteigerin erlebte folgende Situation:

Gefährliche Gefälligkeiten

Aus reiner Gefälligkeit habe ich viele Sachen gemacht, die nicht zu meinen Aufgaben gehörten. Alle haben sich ganz schnell daran gewöhnt. Bestimmte Sachen wurden automatisch immer auf meinen Schreibtisch geschoben. Es wurde immer mehr. Aber ich hatte ja auch noch meine offiziellen, wichtigen Dinge zu erledigen, die wurden auch immer mehr. Deshalb musste ich irgendwann natürlich «nein» sagen zu solchen Gefälligkeitstätigkeiten. Und es gab Ärger: Plötzlich sah es so aus, als würde ich meine Arbeit nicht schaffen, obwohl die Extra-Aufgabe gar nicht dazugehörte. Aber das wurde nicht mehr registriert. Und alle waren sauer, weil ich nicht mehr «die Nette» war.

Nehmen Sie sich einige Minuten Zeit für folgende Fragen:

* In welchen Situationen stürzen Sie sich ohne großes Nachdenken sofort in die Arbeit?
* Wann wäre es strategisch klüger, erst einmal abzuwarten oder NEIN zu sagen, statt sich Arbeiten «aufhalsen» zu lassen, die Sie möglicherweise nur schwer wieder loswerden?
* Wollen Sie anderen beweisen, wie belastbar Sie sind?
* Welche unwichtigen, aber zeitfressenden Aufgaben halten Sie davon ab, das wirklich Wichtige zu tun?

Haben Sie auch einen kleinen Fritz oder eine Fritzi auf der Schulter?

Wieso tun wir Menschen manche Dinge, die strategisch gar nicht klug sind, obwohl wir spüren, dass es besser wäre, sie nicht zu machen?

Verrückterweise fühlen wir uns einerseits zu diesem Tun hingezogen (angetrieben), weil es ein bestimmtes Bedürfnis befriedigt. Andererseits ärgern wir uns wieder, dass wir uns haben hinreißen lassen.

Jede von uns hat im Laufe ihres Lebens bestimmte Verhaltensweisen entwickelt, die wir gar nicht mehr kritisch hinterfragen. Es sind Gewohnheiten, nützliche und weniger hilfreiche.

Wir laden Sie ein, im Rahmen Ihrer Gewohnheiten ein ganz bestimmtes Wesen kennenzulernen: Fritzi, Ihr kleines inneres **«Antreibe-Teufelchen»**. Fritzi sitzt jeder von uns gerne mal auf der Schulter und spricht mit uns. Natürlich kann Fritzi manchmal auch der Oberlehrer Fritz sein ...

Lesen Sie mal, was sie sagt. Kommt Ihnen etwas davon bekannt vor?

Fritzi sagt: «Mach es allen recht!»

Das passiert	Ihr Antreibe-Teufelchen flüstert Ihnen beispielsweise ein: «Sei immer lieb und gefällig, damit die anderen dich mögen.» Oder: «Ich fühle mich dafür verantwortlich, dass sich alle um mich herum wohl fühlen.» Sie lächeln auch dann noch artig, wenn Ihnen längst nach Schreien oder Heulen zumute ist. Es scheint auch vernünftig zu sein, nachzugeben und Konflikten aus dem Weg zu gehen. So vermeiden Sie Streit.

	Vielleicht warten Sie auch darauf, dass Ihre große Hilfsbereitschaft irgendwann wahrgenommen und belohnt wird?
Das Bedürfnis, das dahintersteht	Sie möchten sozial kompetent wirken, bei den anderen gut ankommen. Sie wollen mit allen in Harmonie leben und beliebt sein.
Das Risiko	Sie können sich nicht gut abgrenzen. Es fällt Ihnen vor Nettigkeit schwer, NEIN zu sagen, die eigenen Bedürfnisse zählen nicht. Die Gefahr, ausgenutzt zu werden, ist groß. Unbeliebte oder wenig zielführende Aufgaben könnten stets direkt auf Ihrem Schreibtisch landen. Ihre Hoffnung auf Wertschätzung und Dankbarkeit der anderen wird sich möglicherweise nie erfüllen.

Was bedeutet das in Ihrem neuen Job?

Werfen Sie nicht alles in einen Topf. Differenzieren Sie zwischen Menschen und Aufgaben: Seien Sie freundlich zu den Menschen, lächeln Sie, wenn es von Herzen kommt. Werden Sie aber eine durchsetzungsstarke Frau, wenn's um das Fachliche geht. Nettsein bringt Sie fachlich nicht weiter.

Konzentrieren Sie sich auf die wichtigen und vielversprechenden Themen und Aufgaben im Job. Es ist wichtig, dass klare Vereinbarungen bezüglich Ihrer Tätigkeiten getroffen werden. Achten Sie darauf, dass diese konkreten Absprachen auch eingehalten werden.

Behalten Sie Ihre eigenen Ziele im Blick. Was wollen Sie im Job erreichen? Vergessen Sie es nicht.

Fritzi sagt: «Sei perfekt!»

Das passiert	Sind Ihnen Sätze sehr vertraut wie «Ich mache alle Arbeiten gründlich, sonst fühle ich mich nicht wohl», «Ich muss meine Ziele erreichen», «Ich sollte viele Aufgaben noch besser erledigen» oder «Ich liefere einen Bericht erst ab, wenn ich ihn mehrere Male überarbeitet habe»? Dann könnte Fritzi als Perfektions-Teufelchen dahinterstecken. Sie haben vielleicht auch den Eindruck, dass alles, wo Sie nicht 100 Prozent gegeben haben, nichts wert ist. Dinge, die einem mit Leichtigkeit in den Schoß fallen, sind ja nichts Besonderes. Es muss schon Mühe machen.
Das Bedürfnis, das dahintersteht	Sie streben nach Sorgfalt und Genauigkeit, Kompetenz und Perfektion, möchten den Dingen gerne eine «gute Gestalt» und ein optimales Ergebnis verleihen. Erst wenn alles hundertprozentig ist, sind Sie zufrieden. Vielleicht geht es aber auch noch ein bisschen besser?
Das Risiko	Wer immer 100 Prozent gibt, hat oft enormen Stress, neigt zur Übererfüllung der Ziele. Totaler Einsatz bei der Aufgabe lässt wenig Energie übrig für strategische Steuerung, Kreativität oder Krisenmanagement. Fritzi, Ihr Antreibe-Teufelchen, verhindert, dass Sie sich auch mal mit weniger als Perfektion zufriedengeben. Und sich trotzdem gut fühlen.

Was bedeutet das für Ihren neuen Job?

Oftmals reicht es, nach dem «Pareto-Prinzip» vorzugehen: Mit 20 Prozent unserer Zeit und Energie lassen sich 80 Prozent unserer Aufgaben meistern – den größten Anteil unserer Kraft benötigen wir, um die restlichen 20 Prozent gründlich zu erledigen.

Überlegen Sie, wann Sie nicht 100 Prozent benötigen, und nutzen Sie die verbleibende Zeit und Energie für andere Dinge.

Freuen Sie sich ganz besonders, wenn Sie eine Aufgabe mit wenig Aufwand gut hinkriegen. Klopfen Sie sich innerlich auf die Schulter, wie clever Sie sind, dass Ihnen das gelungen ist.

Verbinden Sie sich mit prestigeträchtigen Aufgaben. Da lohnt es sich auch, vollen Einsatz zu bringen.

Fritzi sagt: «Mach schnell!»

Das passiert	Sind Sie «ständig auf Trab»? Regt es Sie auf, wenn Leute «herumtrödeln»? Erledigen Sie am liebsten viele Dinge zur selben Zeit, beim Telefonieren bearbeiten Sie gleichzeitig noch eine Akte? Nutzen Sie auch die Pause am liebsten noch für irgendeine Tätigkeit? Oder essen Ihr Butterbrot gleich vor dem PC? Ursache dafür könnte Fritzi, das Hochleistungs-Teufelchen, sein.
Das Bedürfnis, das dahintersteht	Sie erledigen die Dinge gerne schnell und mögen rasche Entscheidungen. Ein angefüllter Tag, ein praller Terminkalender und eine Vielzahl von Aufgaben, die Sie abends erledigt haben, sollen Ihnen endlich einmal das Gefühl von tiefer Zufriedenheit verschaffen.
Das Risiko	Sie stehen oft unter Zeitdruck, es bleibt wenig Zeit für soziale Kontakte, da Sie stets mit Ihren Aufgaben beschäftigt sind. Heikel wird es auch, wenn Ihnen unrealistische Fristen gesetzt oder ein Übermaß an Aufgaben auf den Tisch gelegt wird – «Sie schaffen das schon!» Leider stellt sich die ganz große Zufriedenheit nie ein, denn durch Ihr Multitasking werden Sie nie wirklich fertig. Ein weiteres Risiko besteht darin, dass Sie den Überblick verlieren könnten, welche Aufgaben

und Kontakte Sie wirklich weiterbringen – und für strategisches Klüngeln sind Sie viel zu beschäftigt!

Was bedeutet das für Ihren neuen Job?

Verlieren Sie Ihre Prioritäten nicht aus den Augen. Schreiben Sie alle Aufgaben und To dos auf Post-its: Dann sortieren Sie Ihre Klebezettel: «Besonders wichtig und mit Termindruck» kommt nach oben, die Kategorie «Wichtig, aber hat noch Zeit» legen Sie darunter. Dann folgen Aufgaben, die «Inhaltlich weniger wichtig, aber es eilt» sind. Welche Tätigkeiten dieser Kategorie wollen Sie loswerden? Was können Sie an andere übertragen? Schließlich ist hier nicht Ihre eigene, volle Expertise notwendig. Möglicherweise verändern sich die Prioritäten im Laufe eines Projekts oder sogar während des Tages. Dann ändern Sie die Reihenfolge und kleben Sie sie einfach um.

Sie können auch eine zusätzliche Kategorie eröffnen: «Macht mir besonderen Spaß». Zur eigenen Motivation nehmen Sie sich auch immer wieder Aufgaben aus diesem Bereich vor.

Ach ja: Falls Sie nur Zettel mit «Besonders wichtig und mit Termindruck» vor sich liegen haben, dann sollten Sie sich noch einmal mit Kolleginnen und den betreffenden Vorgesetzten dransetzen und gemeinsam priorisieren.

Lassen Sie sich nicht von der Dringlichkeit anderer unter Druck setzen. Fragen Sie nach: «Welche Aufgabe hat Priorität?»

Trennen Sie sich von der Vorstellung, dass Leistung und Erschöpfung zusammengehören. Das ist eher ein Zeichen dafür, dass Sie sich über Gebühr anstrengen oder antreiben lassen. Lernen Sie Ihre Bedürfnisse besser kennen. Äußern Sie Wünsche und stellen Sie berechtigte Forderungen.

Setzen Sie sich (kleine) Arbeitsziele und nehmen Sie sich die Zeit, diese auch zu erreichen. Die Erfüllung Ihrer Ziele sorgt dafür, dass Sie sich gut fühlen können.

Fritzi sagt: «Sei stark!»

Das passiert	Heißt Ihre Devise oft «Auf die Zähne beißen»? Können Sie Niederlagen kaum aushalten? Fällt es Ihnen schwer, Gefühle zu zeigen? Lösen Sie Aufgaben am liebsten selbst? Sind Sie bekannt für Ihre «harte Schale»? Es könnte an Ihrer inneren Fritzi liegen.
Das Bedürfnis, das dahintersteht	Sie übernehmen gerne Verantwortung und haben den Ruf, das Unmögliche möglich zu machen. Wenn es darum geht, einen aussichtslosen Zeitplan doch noch einhalten zu können, eine verloren geglaubte Präsentation doch noch zu gewinnen, dann sind Sie die Heldin der Stunde.
Das Risiko	Möglicherweise betrachten Sie auch Aufgaben als interessante Herausforderung, die Sie über Gebühr unter Druck setzen. Sätze wie «Frau Stark, wer außer Ihnen könnte das in dieser kurzen Zeit schaffen?» führen dazu, dass Sie sich unglaublich anstrengen. Aber Sie selbst könnten zu kurz kommen. Auch hier fehlt fürs Klüngeln oft die Zeit.

Was bedeutet das für Ihren neuen Job?

Mal ganz ehrlich – wie lange wollen Sie das durchhalten? Sie laufen auf lange Sicht Gefahr, auszubrennen.

Delegieren Sie Aufgaben oder einzelne Teilbereiche unbedingt. Das scheint auf den ersten Blick vielleicht schwierig oder unnötig. Denn warum sollten Sie zusehen, wie jemand anderes sich plagt, wenn Sie es auch selbst tun könnten (vielleicht sogar schneller oder besser)? Tappen Sie hier nicht in Ihre eigenen Denkfallen: Befürchtungen, die anderen seien weniger effektiv als Sie oder die KollegInnen könnten Sie für nicht belastbar halten, spielen sich oft nur in Ihrem Kopf ab.

Schreiben Sie auf: Welche Person könnte welche Arbeit übernehmen? Wer kann was am besten? Wer macht was besonders gerne?

Entwickeln Sie Ihr Organisationstalent, statt alles selbst zu machen. Langfristig lohnt es sich sehr! Wenn bestimmte Arbeiten wegfallen, gewinnen Sie Zeit. Nutzen Sie diese für entspannende Momente, bei denen Sie regenerieren.

Der neue Job ist eine Riesenchance für Veränderungen. Jetzt können Sie vieles besser machen im Umgang mit Ihren Antreibe-Teufelchen.

Ahimsa!

Lassen Sie es nicht so weit kommen, dass Sie vor lauter Stress Ihre Antreibe-Teufelchen nicht mehr wahrnehmen. Halten Sie sie im Blick. Bleiben Sie nah bei sich selbst.

Hier hilft Ihnen die Ahimsa-Maus: Heften Sie eine Kopie des Mäuschens an Ihren PC-Monitor oder auf Ihr Notizbuch. Und immer, wenn Ihr Blick darauf fällt:

Nehmen Sie sich fünf Atemzüge Zeit. Achten Sie nur auf Ihren Atem. Das ist Ihre kleine Auszeit.

Denken Sie bitte bei jeder Arbeit, die Sie übernehmen, daran, welches Image Ihnen das Ergebnis dieser Arbeit einbringen wird. Sie wollen nicht als fleißiges Lieschen (oder Veilchen im Moose) gelten, sondern als wichtige Mitarbeiterin geschätzt werden.

Seien Sie lieber die stolze Rose, die auch ihre Dornen zeigen kann.

Sichern Sie sich Ihren Erfolg – von Anfang an

EinBlick

Hier erfahren Sie,

- warum Sie Entscheidungen zum richtigen Zeitpunkt treffen sollten
- wie maßgeblich Ihr Bekanntheitsgrad für den Erfolg ist
- weshalb es wichtig ist, Verantwortung für Ihr Handeln zu übernehmen
- wie Sie Ihren Erfolg einfordern und nach außen sichtbar machen
- wieso Optimismus einen entscheidenden Einfluss auf Ihren Erfolg hat

Erst lernen oder gleich handeln?

Welpenschutz ja oder nein? Wie viel Zeit Ihnen für die Einarbeitung gewährt wird, ist von Unternehmen zu Unternehmen unterschiedlich. In einigen Organisationen wird großer Wert darauf gelegt, dass Sie sich erst einmal in Ruhe einarbeiten. In anderen Firmen und Institutionen gibt es keine Schonfrist.

Eine Designerin beschrieb, wie in ihrem Unternehmen die Neuen empfangen werden:

Erst mal wandern oder gleich losschwimmen?

Bei uns im Unternehmen legen wir viel Wert auf eine gute Einarbeitung. Wir schicken unsere Leute erst einmal in unser Business College. Dort lernen sie unsere Organisation, unsere spezielle Kultur und die wichtigsten Prozesse kennen. Dann wandern sie durchs Haus und verbringen einige Zeit in den verschiedenen Abteilungen.

Ich weiß aber, dass das nicht überall so üblich ist. Oft werden die Neuen gleich ins kalte Wasser geworfen und sollen sich sofort beweisen.

Es hängt auch von der Situation ab, ob von Ihnen erst mal Lernen oder gleich Handeln erwartet wird. Wurden Sie dafür eingekauft, dringliche Probleme zu lösen? Dann sollten Sie sich gleich in diese Richtung bewegen.

Bleiben Sie trotzdem auf der Hut. Jetzt lauern viele Fallstricke, die Ihren Erfolg gefährden könnten.

Entscheidungen zum richtigen Zeitpunkt treffen

Auf die Plätze – fertig – Entscheidung steht! Mit schnellen Hauruck-Entscheidungen könnten Sie Ihr Team und die Vorgesetzten verärgern und Abwehrreaktionen hervorrufen.

Bevor Sie als Neue etwas entscheiden: Beziehen Sie die anderen ein, bleiben Sie im Kontakt. Denken Sie immer wieder daran, die anderen ins Boot zu holen, bevor Sie Ihre Entscheidung kundtun. Suchen Sie sich Verbündete für Ihr Vorhaben. Sprechen Sie mit den Schlüsselfiguren und verlassen Sie sich nicht nur auf Ihre fachliche Meinung. Und: Begründen Sie schnelle Entscheidungen so, dass es für die Betroffenen nachvollziehbar ist. Hier ist die Kommunikation entscheidend.

Klären Sie gleich Termine ab, zu denen Entscheidungen fällig werden. Holen Sie sich immer Expertinnen ins Boot, die Sie mit ihrer Kompetenz, ihrem Wissen und ihrer Erfahrung unterstützen. Beziehen Sie die Positionen und Sichtweisen der anderen in den Entscheidungsprozess ein.

Die neu eingestiegene Leiterin einer großen
Stadtbibliothek erzählte uns:

Erfolg durch Kooperation

Ich hatte von Anfang an ein Ziel im Auge. Ich wollte mindestens 20 frei zugängliche Internetplätze schaffen, von denen alle unsere Nutzer profitieren sollten – von der Schülerin, die bei fachlichen Recherchen für den Unterricht unterstützt wird, bis hin zu Senioren, die den Zugang für die persönliche Mail-Abfrage nutzen können. Die Stadt stellte wegen der knappen Haushaltslage dafür keine Mittel zur Verfügung. Daraufhin veranstaltete ich eine Art «Cross-Meeting» unter dem Thema «Unsere Bibliothek – Fundus für die Zukunft?». Eingeladen waren sowohl Schulleiter als auch Vertreterinnen des Stadtrates, der städtischen Sparkasse, der Museen, Seniorenvertretungen und verschiedene Computerfirmen. Die einen konnten fachkundig darlegen, welcher Bedarf für die von ihnen vertretenen Nutzergruppen besteht, die anderen konnten über ihre technischen und finanziellen Unterstützungsmöglichkeiten diskutieren.

Am Ende haben alle dazu beigetragen, dass dieses Projekt umgesetzt wurde. Von allen Seiten wurde es als ein Bürgererfolg gepriesen. Die Presse berichtete. Für mich war es ein durchschlagender Erfolg. Als neue Leiterin habe ich mich damit etabliert und bekannt gemacht.

Drei typische Veränderungsfehler, die Sie besser nicht machen

* **Bloß nicht!** «Ich muss den anderen mal zeigen, wie es geht. Die haben ja keine Ahnung. Wenn die nicht wollen, dann muss ich es eben selbst machen und meine besseren Ideen selbst umsetzen!»

Während die anderen «Slow Go» machen, um Sie zu blockieren, laufen Sie zu doppelter Fahrt auf. Sie machen alles selbst, während die anderen Sie beobachten und denken: «Wunderbar, jetzt lassen wir sie mal laufen. Wenn sie meint, sie könnte alles besser und wir wären nur blöd und hätten keine Erfahrung ... wollen doch mal sehen, wie weit sie kommt.»

Lieber so: Bevor Sie andere mit Ihrem Elan und neuen Ideen überrumpeln, halten Sie inne. Finden Sie heraus, warum es so und nicht anders gemacht wird. Wertschätzen Sie erst einmal die gegenwärtige Arbeit und klären Sie für sich, wer in Ihrer Gruppe welche Fähigkeiten und welches Potenzial einbringt. Danach können Sie Ihre neue Idee entsprechend einbauen.

Delegieren Sie Aufgaben und Verantwortlichkeiten.

* **Bloß nicht!** «Ich habe ein gutes neues Konzept entwickelt, das genau hierherpasst. Die anderen werden begeistert sein. Im nächsten Meeting stelle ich es unverzüglich vor, damit wir keine Zeit verlieren.»

Gehen Sie niemals in ein Meeting oder eine Besprechung, ohne zu wissen, wer wie abstimmen wird. Sonst könnten Sie zum Spielball der anderen werden und enttäuscht über die Ablehnung Ihres außergewöhnlich gut ausgearbeiteten Vorschlags aus dem Meeting gehen. Wahrscheinlich stellen Sie erst viel später fest, zwischen welche Mühlen Sie geraten sind. Das negative Abstimmungsergebnis hat oft gar nichts mit Ihrem Vorschlag zu tun. Vielleicht sind Sie zwischen zwei Machtblöcke geraten, oder es musste gerade ein Opfer gebracht werden. Sie wussten es nicht, weil Sie die Machtblöcke und deren Empfindlichkeit nicht kannten. Es kann sein, dass zwei Wochen später genau Ihr Vorschlag von der Gegenpartei oder einem Kollegen eingebracht wird und ohne Widerspruch angenommen wird. Was ist passiert? Die Machtverhältnisse waren geklärt. Es könnte nach dem Motto gelaufen sein: Wenn ihr bei unseren Forderungen zustimmt, lassen wir auch euer Projekt passieren. Oder: Wenn wir offiziell als Initiatoren erscheinen, dann sind wir dabei.

Lieber so: Bevor Sie auf Ihr nächstes Treffen gehen oder es selbst einberufen, sprechen Sie vorab mit denen, deren Zustimmung Sie für Ihr Projekt brauchen. Holen Sie deren Meinung ein. Leisten Sie Überzeugungsarbeit im Einzelgespräch. Stellen Sie den Gewinn für Ihre Gesprächspartnerinnen dar. Machen Sie sich vorher klar, was das sein könnte. Möglich wäre zum Beispiel ein besseres Image, weil bei diesem Projekt auch der Name der anderen erscheint. Möglicher Gewinn könnte auch eine finanzielle Entlastung sein.

* **Bloß nicht!** «So geht das hier nicht weiter – ab jetzt wird alles anders. Und ich weiß auch schon, wie!»

Stehen Sie unter Druck? Müssen Sie sofort Veränderungen einführen, weil Ihr Vorgesetzter mehr oder weniger deutlich gesagt hat, dass er genau das von Ihnen erwartet: Veränderung, und zwar schon gestern?

Wir haben schon davor gewarnt: Werden Sie nicht zum Virus, der als krankmachender Eindringling empfunden wird und gegen den die anderen Abwehrkräfte entwickeln.

Die anderen sind schon länger als Sie im Haus. Sie bangen vielleicht um ihren Arbeitsplatz, der durch Veränderungen gefährdet sein könnte. Sie fühlen sich womöglich durch Ihre Power minderwertiger. Von all dem, was Sie da auslösen, spüren Sie zunächst nichts, Sie spüren nur den Gegenwind und nicht die erwartete Kooperation. Vielleicht finden Sie sogar anonyme Schmähbriefe, provozierende Zeitungsartikel oder gemeine Cartoons auf Ihrem Schreibtisch.

Lieber so: Lernen Sie Ihr Team besser kennen. Wer ist wer? Wer hat welche Erfolge erreicht? Seien Sie großzügig mit

Komplimenten, wertschätzen Sie das bisher Erreichte und die damit betrauten Personen, bevor Sie an etwas Neues herangehen. Vertrauen erleichtert Veränderungen.

Bitte vergessen Sie nicht: Große Veränderungen sind oft mit großem Widerstand verbunden. Wenn Sie also Entscheidungen treffen wollen oder müssen, die weitreichende Konsequenzen haben, dann brauchen Sie ein professionelles Veränderungsmanagement (oder sogar externe Change-Beratung).

Finden Sie heraus, was Erfolg bedeutet, und setzen Sie aufs richtige Pferd

Wissen Sie schon, was in Ihrem Unternehmen als Erfolg zählt? Zum Beispiel: Einen neuen Kunden gewinnen? Einen schwierigen Kunden halten? Lange Arbeitstage und Berge von Papier auf Ihrem Schreibtisch? Die Teilnahme an vielen Meetings? Zu einer bestimmten Clique zu gehören? Ist es ausschließlich der Umsatz? Oder ein neues elektronisches Ablagesystem ?

Gehört der Start eines Pilotprojekts dazu? Oder machen Sie sich damit nur zu einer Unruhestifterin, die den vertrauten Ablauf stört?

Auch hier lohnt es sich, noch einmal die Spuren Ihrer Vorgängerin zu betrachten. Sie geben Ihnen Aufschluss darüber, was als Erfolg in Ihrer Position anerkannt wurde und welches Thema sich für einen guten Einstiegserfolg eignet.

Was aber sind die **verbrannten Änderungs- oder Lösungsansätze**? Mit welchem Vorschlag dürften Sie auf keinen Fall kommen? Reden Sie mit anderen über die Entwicklung der Firma oder des Instituts in den letzten fünf Jahren. Welche Veränderungen gab es? Was wurde nur ansatzweise umgesetzt oder bald wieder fallengelassen? Was hat sich als erfolgreich erwiesen?

Bei den wichtigen Veränderungen fragen Sie nach: Wer hat sie initiiert, wer durchgeführt, und wer hat die Lorbeeren geerntet? Welchen Ruf oder welches Image haben sich die Akteure damit geschaffen? Geschichten sagen viel aus über die Erfolgskultur, die Sie vorfinden.

 Ihre **Klüngel-Datei** können Sie jetzt ergänzen und in Ihrem **Notizbuch** Ihre Ideen zu diesen Geschichten festhalten.

Lassen Sie andere auch gut aussehen

Erfolg und Anerkennung motivieren uns, vollen Einsatz zu bringen, aber beides ist nur im richtigen Umfeld möglich. Wenn Ihr Einsatz das Image Ihrer Chefin oder Ihres Chefs schmälert, könnte Ihr Erfolg ein Bumerang für Sie werden. Deshalb ist es so wichtig zu wissen, welche Erfolge auch Ihre Vorgesetzten gut aussehen lassen. Dann könnten Sie bei deren Aufstieg eine unverzichtbare Mitarbeiterin sein und sich gleich mit befördern lassen.

Beobachten Sie aber auch die anderen im Team. Womit profilieren sie sich? Wer schreibt sich welche Ergebnisse auf die Fahnen? Wer sind die Winner und wer die Looser? Auch hier können Sie sehen, wer wie seine Wertschätzung einfährt.

Überlegen Sie auch, wie weit sich Ihr Engagement in das des gesamten Teams einfügt. Was bringt Ihr Einsatz den anderen? Formulieren Sie es deutlich, bevor Sie ausgegrenzt werden.

Sie sind die Neue, die Fremde, die genau beobachtet wird. Mit diesem Gefühl, die Fremde zu sein, müssen Sie erst einmal leben.

Bevor Sie weiterlesen, raten Sie doch mal:

Was ist die wichtigste Voraussetzung, um in einem Unternehmen befördert zu werden?

a. Die Qualität Ihrer Leistung?

b. Ihr Image, Ihre Art, sich zu präsentieren?

c. oder ... Ihr Bekanntheitsgrad und Ihre Kontakte im Unternehmen?

Und jetzt verteilen Sie noch die Prozentwerte von Leistung, Image und Bekanntheitsgrad.

Ein kleiner Tipp: Die Prozente sind folgendermaßen verteilt: 60 zu 30 zu 10.

Bewahren Sie ruhig Blut – Erfolg entsteht aus Leistung *und* Beziehung

Sollten Sie immer noch an das Märchen glauben, dass Sie *allein* durch Ihre Leistung erfolgreich sein könnten, dann schauen Sie sich diese Graphik an. Sie enthält die Ergebnisse von vielen Befragungen. Die Fragestellung:

Woran liegt es, ob jemand im Unternehmen befördert wird?

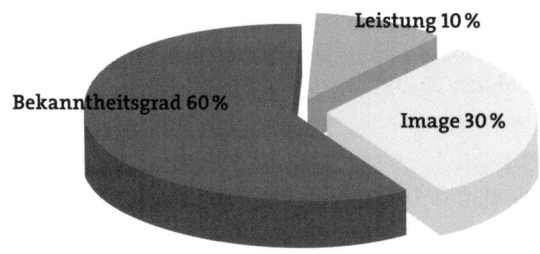

An diesem Bild haben Sie möglicherweise eine Weile zu kauen, bis Sie es verdaut haben. Die Ergebnisse sind indessen heute aktueller denn je.

Ihre Leistung allein bewirkt wenig. Sie werden damit weder erfolgreich sein noch befördert werden. Sie können die besten Protokolle schreiben oder ausgefeilte Projektpläne entwickeln – wenn niemand sie liest, könnten Sie Ihre Arbeit auch gleich in den Papierkorb werfen.

Zwei Beispiele: Sie stürzen sich mit großem Elan in die Erstellung eines Protokolls. Leider wissen Sie nicht, dass Protokolle in Ihrem Institut keinen hohen Stellenwert haben. Sie werden einfach der Ordnung halber erstellt und abgeheftet.

Oder: Möglicherweise investieren Sie Stunden und Tage in die Erarbeitung eines Projektplans. Sie gehen ganz darin auf. Um Sie herum hat sich die Welt aber inzwischen weitergedreht, andere Entscheidungen wurden getroffen. Ihr Projektplan ist längst nicht mehr gefragt. Kontakte wurden genutzt, wodurch sich neue Fördertöpfe für andere Projekte aufgetan haben, während Sie Ihre Aufmerksamkeit ganz Ihrer fachlichen Arbeit gewidmet haben.

Hohe Leistung mit geringem Erfolg

In beiden Fällen ist das Gleiche passiert: Sie erbringen eine hohe fachliche Leistung, die trotzdem ins Leere läuft.

Leistung wird erst dann zum Erfolg, wenn sie Anerkennung findet. Wenn Sie ein Buch schreiben, das niemand lesen will, werden Sie keine berühmte Schriftstellerin. Wenn Sie eine virtuose Klavierspielerin sind, den Weg auf die Bühne aber nicht wagen, wird keine CD von Ihnen erscheinen. Ihre fachlichen Fähigkeiten sind wichtig, aber erst die «Vermarktung» Ihrer Leistung führt zum Erfolg.

Das bedeutet, dass Sie *selbst* Ihre Arbeit ins rechte Licht stellen müssen. Verabschieden Sie sich von dem Glauben, «die anderen sehen doch, was ich leiste».

Warten Sie nicht länger auf den Märchenprinzen, der Ihr Schicksal günstig beeinflusst. Sie selbst sind die Märchenprinzessin, die für den sichtbaren Wert ihrer Arbeit verantwortlich ist. Welche Kontakte Sie dazu brauchen, haben wir Ihnen schon beschrieben.

Allein kämpfen oder Netzwerke knüpfen?

Sie sehen auf der rechten Seite der folgenden Graphik die Einzelkämpferin, die fleißig ist und perfekte Arbeit leistet. Sie wünscht sich, dass ihre Arbeit gesehen und anerkannt wird. Die Arbeit ist ihr wichtiger als die Kontaktmöglichkeiten um sie herum. Sie verhält sich eher passiv, denn sie erwartet, dass andere ihre Leistung erkennen.

Irgendwann muss das doch mal jemand mitkriegen.

Aber ach, als fleißiges Lieschen bekommt die Einzelkämpferin eventuell noch mehr Arbeit aufgebrummt. Was für ein Frust!

Das Märchen von der Qualifikation

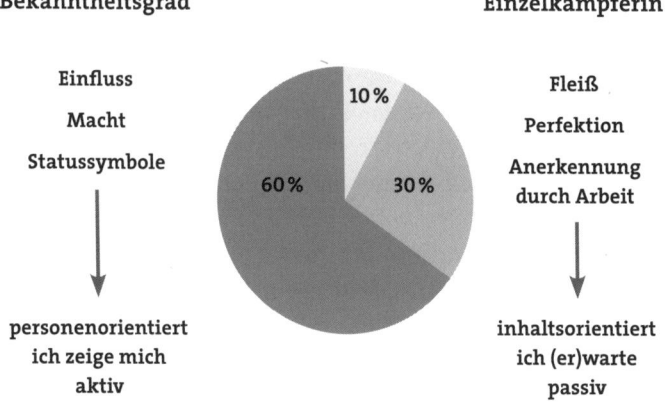

Bekanntheitsgrad   Einzelkämpferin

Einfluss
Macht
Statussymbole

10 %
60 %
30 %

Fleiß
Perfektion
Anerkennung durch Arbeit

personenorientiert
ich zeige mich
aktiv

inhaltsorientiert
ich (er)warte
passiv

Auf der linken Seite der Graphik sehen Sie, wie es anders geht. Über Ihren Bekanntheitsgrad, den Sie sich über das Klüngeln erworben haben, werden Sie für andere sichtbar. Über Ihre Kontakte können Sie Einfluss nehmen, mitbestimmen, im positiven Sinn Macht ausüben und Ihre Leistung sinnvoll einsetzen. So können Sie Ihr Umfeld mitgestalten. Sie sind selbst aktiv und warten nicht, bis andere Ihre Leistung erkennen und über Sie bestimmen.

Investieren Sie in Ihren Klüngel-Erfolg

Die wichtigsten Kontakte für Ihren Erfolg brauchen Pflege. Manche Kontakte wollen täglich ganz gezielt, manche können nebenbei auf dem Flur aufgebaut und gepflegt werden. Andere Kontakte entstehen außerhalb des beruflichen Umfelds und werden dort gehalten und erweitert.

Aufbau und Pflege Ihrer Kontakte brauchen erst einmal Zeit. Die gute Nachricht: Das amortisiert sich oft früher, als Sie denken, weil Sie schneller erfahren, wo und wie Sie Ihre Arbeit erfolgreich einbringen können. Netzwerkorientiertes Arbeiten heißt, gezielt zu arbeiten – ein platzierter Erfolg.

Je weiter Sie in der Hierarchie aufsteigen, desto größer wird der Anteil Ihrer Kontaktpflege. Viele Top-Positionen werden aufgrund der Kontakte und damit der Einflussmöglichkeiten vergeben.

Achten Sie deshalb darauf, immer genug Zeit zum Klüngeln einzuplanen.

Klüngel-Zeit ist wichtige Arbeitszeit. Sie kann bis zu 60 Prozent Ihrer Gesamtzeit ausmachen, je nachdem, in welchem Bereich Sie tätig sind.

Denken Sie daran: Selbst wenn Sie hochqualifiziert und leistungsorientiert sind, Sie müssen Ihre Ergebnisse an die Frau oder an den Mann bringen, um sich Gehör zu verschaffen. Die beste Präsentation bringt Ihnen keinen Kunden, wenn Sie diesen nicht für sich gewinnen. Vertrauen entsteht nicht über die Sache, sondern über den persönlichen Kontakt.

Wenn Sie Ihre Kontaktarbeit auch als Leistung verstehen, werden Sie nicht mehr mit sich hadern, dafür so viel Zeit zu investieren. Sie werden sich als fachkompetente Frau ein besonderes Image durch Ihre Kontakte verschaffen. Sie werden gefragt sein für Ausschüsse, besondere Aufgaben oder Außenkontakte, weil viele Sie kennen und Ihnen vertrauen.

Eine Wissenschaftlerin gab uns folgenden Tipp:

Kultur macht zugänglich

An vielen Universitäten wird großer Wert auf ein gutes kulturelles Angebot gelegt. Ich als Wissenschaftlerin empfehle jungen Kolleginnen, diese kulturellen Veranstaltungen, z. B. Konzerte, zu besuchen. Hier treffen sie Professoren und Professorinnen in lockerer Runde, die im kleinen Foyer auch sehr gesprächig sind. Für eine Wissenschaftlerin eine Chance, persönliche Interessen auszutauschen.

Eine Professorin erscheint zu jeder Veranstaltung, auch wenn sie manchmal ganz hinten sitzt und Texte liest. Aber sie ist immer dabei: Davor, in der Pause und danach. Sie hält über ihr Musikinteresse den persönlichen Kontakt zu ihren Kollegen. Vielleicht genießt sie auch diese gemeinsame, private Atmosphäre und dokumentiert, dass sie eine von ihnen ist.

Auch für junge Wissenschaftlerinnen bietet dieses kulturelle Forum Kontaktmöglichkeiten.

Vielleicht erzählt ein Professor von der neuen Gastprofessorin aus San Diego in Kalifornien. Er kennt sie gut. Wollten Sie nicht schon seit langem Kontakt zu dieser Uni aufnehmen?

Übernehmen Sie die Verantwortung für Ihren Erfolg

Übernehmen Sie Verantwortung ...
... für das Arbeitsklima

Die Stimmung im Team ist nicht einfach so da, alle beeinflussen und gestalten die Beziehungen am Arbeitsplatz mit. Trotzdem sind viele davon überzeugt, dass das Betriebsklima einfach irgendwie entstehe. Frau oder Mann müsse sich eben anpassen oder im besten Fall arrangieren. Seien Sie sich bewusst: Sie haben Einfluss und können das Miteinander gestalten! Jedes Teammitglied beeinflusst durch sein oder ihr Auftreten die Kommunikation, die Umgangsformen und damit die Qualität des Miteinanders.

Denken Sie einmal darüber nach:

* Welchen Beitrag leisten Sie als Neue zum Betriebsklima?
* Was tun Sie bereits für eine positive Stimmung?
* Was könnten Sie noch intensivieren, ausbauen, verstärken?
* Was sollten Sie reduzieren oder ganz weglassen?

Ahimsa!
Halten Sie inne. Horchen Sie in sich hinein und nehmen Sie fünf achtsame Atemzüge. Welche Empfindungen, welche Gedanken nehmen Sie bei sich wahr?

... für Ihren fachlichen Erfolg

Wenn es darum geht, Verantwortung für fachliche Erfolge zu übernehmen, fällt es Männern oft leichter, auf ihren Erfolg zu pochen. Viele Frauen haben Hemmungen, ihre Leistungen nach außen kundzutun, wir sprachen ja bereits davon.

Eine Teamleiterin in einem großen Unternehmen berichtete uns, warum eine Mitarbeiterin nicht ins Talentprogramm für Nachwuchsführungskräfte aufgenommen wurde:

Nicht nur Erfolge haben, sondern auch über Erfolge sprechen!

Eine meiner Mitarbeiterinnen konnte ihre positiven Arbeitsergebnisse nicht gut verkaufen. Sie hatte eine ausgesprochen hohe Zufriedenheitsrate bei unserer Kundenbefragung erzielt. Für sie war das selbstverständlich, und sie mochte auch gar nicht darüber sprechen. Das machte sie verlegen.

Wir erwarten von unseren Führungskräften, dass sie nicht nur Erfolge produzieren, sondern auch nach außen kommunizieren. Wer das nicht kann, dem fehlt eine wichtige Führungskompetenz, deshalb wurde die Mitarbeiterin nicht befördert.

Kommunizieren Sie Erfolgsgeschichten, halten Sie nicht mit positiven Resultaten, die Sie selbst verantworten, hinter dem Berg. Möglicherweise möchten Sie bescheiden wirken und wollen nicht angeben – wahrgenommen wird aber etwas anderes: Da versteht es jemand nicht, Verantwortung für ihr Tun zu übernehmen und ihre Erfolge ins rechte Licht zu rücken. Die Vermarktung eigener Erfolge ist ein wichtiger Karrierefaktor.

Auch wenn es Ihnen merkwürdig vorkommen sollte: Notieren Sie unter dem Gedanken der späteren Verwertung alle Ihre Erfolge in Ihrem **Notizbuch**. Darüber sprachen wir ja bereits. Schreiben Sie Ihre Glanzleistungen so konkret wie möglich auf: 11 Stunden am Börsenprojekt gearbeitet. 25 000 Euro Gewinn erzielt, 3 Neukunden gewonnen, 125 Booklets erstellt, 15 Akquisitionsgespräche geführt…

So sehen Sie Ihren Erfolg in Zahlen. Diese Art der Darstellung von Erfolg ist «typisch männlich».

Männer berichten gern in Zahlen: Die Fußballtore ihres Lieblingsvereins, die Weinflaschen in ihrem Keller, die Anzahl der ihnen unterstellten Mitarbeiter, die Masse der erledigten Kundenanrufe, die Größe ihres Werbebudgets, die Zahl der geleisteten Arbeitsstunden, die Menge der in einer Woche mit dem neuen Auto gefahrenen Kilometer.

Da fällt es leicht, bei Bedarf den eigenen Erfolg in konkreten Zahlen, Daten, Fakten darzustellen.

Fordern Sie Ihren Erfolg ein

Eine IT-Spezialistin erzählte im Seminar folgende Geschichte:

Eigene Erfolge selbst präsentieren ist wichtig

Seit sechs Monaten hatte ich in einem wichtigen IT-Projekt mitgearbeitet. Ich recherchierte, entwickelte Ideen und schrieb ein Programm. Doch dann habe ich einen großen Fehler gemacht: Ich habe es einem Kollegen, der auch beteiligt war, überlassen, meine Ergebnisse vorzustellen. Ich mag es einfach nicht zu präsentieren, war erst mal froh, dass er mir das abgenommen hat. Das Ende vom Lied: Alle denken, er hat den Erfolg allein erzielt. Er hat auch nichts unternommen, um diesen Eindruck zu korrigieren. Jetzt fragen sich alle, was ich die ganze Zeit gemacht habe.

Nun, dieses Kind ist wohl erst mal in den Brunnen gefallen. Echt dumm gelaufen … Ich werde nochmal mit meinem Chef sprechen, aber für die Zukunft habe ich mir vorgenommen, es besser zu machen. Meine Erfolge überlasse ich nicht wieder anderen!

Das ist ein wichtiger Tipp: Präsentieren Sie Ihre Ergebnisse selbst. Halten Sie Ihre Vorgesetzten über den Stand der Projekte auf dem Laufenden. Stellen Sie immer mal wieder die Meilensteine, Teilerfolge und Zwischenresultate vor. Damit auch andere an Sie denken und Sie einbeziehen, wenn es um weitere Projekte geht. So kann sich auch niemand mit Ihren Federn schmücken.

Wie können Sie dafür sorgen, dass alle Sie kennen?

Es gibt zahlreiche Möglichkeiten, wie Sie auf sich und Ihre Erfolge aufmerksam machen können:

* Zunächst einmal setzen Sie bitte immer Ihren **Namen unter Dokumente**, die von Ihnen erstellt wurden. Das schützt Sie vor Ideenklau und bringt Ihren Namen grundsätzlich mit den erarbeiteten Inhalten in Verbindung.
* Nutzen Sie die **Pausen** und Meetings (davor und danach), um von Ihren Ergebnissen zu berichten. Gewöhnen Sie sich daran, auch wenn es sich erst einmal fremd anfühlt.
* In der Wissenschaft ist es üblich, Poster von Forschungsprojekten herzustellen. Wir kennen Teams, die diese Idee aufgegriffen haben und wichtige Projektergebnisse als **Poster-Dokumentation** an ihre Bürotüren hängen. Gestalten Sie so ein Poster und sorgen Sie dafür, dass Ihr Name und Ihr Bild zu sehen sind.
* Geben Sie ein **Infoblatt** heraus, mit dem Sie aktuelle Projekte vorstellen.
* Geben Sie **Interviews** zu Ihren Projekten: Lancieren Sie einen Artikel in der Firmenzeitung (ist meist sehr willkommen) oder in Fachzeitschriften.
* Stellen Sie Ihre Arbeit in **Gremien und Verbänden** vor.
* Organisieren Sie einen abteilungsübergreifenden **Erfahrungszirkel**.
* Initiieren Sie den **Austausch von Projekterfahrungen**.
* **Feiern Sie Erfolge sichtbar für alle**: Kick-offs, Projektabschlüsse, Rollouts, …

Das können Sie sicher nicht alles in den ersten Wochen und Monaten erreichen, aber immerhin schon einmal mit einplanen.

Die Firmenkundenberaterin bei einer großen Bank beschrieb es so:

Dabei sein und gesehen werden

Wir bieten für unsere Kunden eine Vortragsreihe mit hochkarätigen Rednerinnen und Rednern an. Das funktioniert so, dass wir wichtige Kunden einladen und gemeinsam mit ihnen hingehen. Unsere Vorstände sind auch anwesend. Es ist sehr wichtig, dort gesehen zu werden. Und die Vorstände nehmen genau wahr, wer mit wie vielen Kunden dabei ist.

Der Mensch denkt – die kluge Klünglerin lenkt

So, das wäre geklärt. Jetzt wissen Sie, dass Sie auf jeden Fall selbst Ihre Ideen und Projekte präsentieren.

Aber was transportieren Sie? Wo lenken Sie die Menschen gedanklich hin?

Die von Ihnen erbrachte Leistung ist die eine Sache. Was aber hat Ihr Gegenüber damit zu tun? Genauer gesagt, welchen Nutzen hat Ihr Gesprächspartner oder -partnerin? Was wollen Sie in den Köpfen der anderen verankern? Sie wollen sicherlich positive Gedanken und Gefühle auslösen, wenn andere an Sie und Ihre erbrachte Leistung denken.

Das können Sie steuern.

Lenken Sie durch Inhalte

Sie entscheiden selbst, was Sie auslösen mit dem, was Sie über Ihre Arbeit erzählen. Achten Sie einmal darauf, worauf Sie den Fokus legen, wenn Sie etwas beschreiben oder vorstellen. Könnten die folgenden Sätze zu Ihrem Repertoire gehören?

* «Das ist doch selbstverständlich, schließlich werde ich dafür bezahlt.»
* «... hier fehlen aber noch die Ergebnisse.»
* «Das Projekt hat folgende Nachteile ...»
* «Das werde ich nicht hinbekommen.»
* «Das ist so, das müssen Sie so hinnehmen.»
* «Mit mehr Zeit hätte man es sicher besser machen können.»
* «Da kann ich auch nichts dafür ....»

Merken Sie was? Der Fokus richtet sich hier voll auf die Nachteile. Wo ist Ihre Leistung zu sehen?

Wie ist das bei Ihnen? Zeigen Sie, was Sie bereits geleistet haben? Oder betonen Sie ausführlich, was noch fehlt, was noch unausgereift ist?

Wenn dem so ist: Verändern Sie Ihre Perspektive.

Ihr Bestreben nach Korrektheit und der umfassenden Wahrheit in Ehren, aber was bringt das Ihnen oder den anderen? Denken Sie auch daran, dass es viele Wahrheiten gibt, es hängt immer von der Perspektive der Betrachtenden ab.

Hierzu ein Beispiel:

Ausgangssituation: Eine Mitarbeiterin wird zeitweise nach Hamburg versetzt, um dort eine Filiale für Raumausstattung mit aufzubauen. Es zieht sich alles hin – länger als erwartet. Unvorhergesehene Schwierigkeiten treten auf, die neue Einrichtung ist noch unvollständig, die Mitarbeiter in der Werkstatt arbeiten sich erst ein – es herrscht eine völlig andere Kundenmentalität.

Sie berichtet dem Management: «Wir kommen nur schlecht voran, bei den Vorbereitungen hätte man besser planen müssen, noch arbeiten wir unter chaotischen Bedingungen, die Werkstatt ist auch noch recht unerfahren. Was die Kunden anbelangt: Hanseaten sind halt schwierige Menschen ... Wie man die am besten anspricht, weiß ich einfach nicht.»

Oder: «Das wird mal eine ganz große Sache werden, auch

wenn es derzeit noch nicht danach aussieht. Was wir dort unter den gegebenen Bedingungen schon geleistet haben, kann uns stolz machen. Wir lernen jeden Tag dazu. Jetzt müssen wir nur noch herausfinden, was die Hanseaten am meisten anspricht. Ich verlasse mich da ganz auf unsere ‹eingeborenen› Hamburger Kolleginnen.»

Lenken Sie durch Fragen

Welche Fragen stellen Sie in den Mittelpunkt? Fragen Sie nach Kritik oder fragen Sie nach Erfolgen?

Wenn Sie *so* fragen, erreichen Sie mit ziemlicher Wahrscheinlichkeit, dass die anderen Sie in kritischem Licht sehen:

* Was hat Ihnen nicht gefallen?
* Gibt es noch kritische Punkte?
* Welche Einwände haben Sie?

Ob Sie mit diesen Fragen noch irgendeinen Erfolg verbuchen werden?

Eine Existenzgründerin erzählte beim Coaching:

Falsche Frage als Erfolgskiller

Letztens habe ich einen sehr wichtigen Vortrag in einem Unternehmerinnen-Netzwerk gehalten. Ich wollte damit für meine Dienstleistung werben. Es ist sehr gut gelaufen, bis es an die Diskussion ging. Natürlich wollte ich auch wissen, was den Frauen nicht so gut gefallen hat an meinem Vortrag. Oje. Da habe ich was gemacht. Irgendwie wurde die Stimmung ganz komisch. Ich hätte auch fragen können, was für sie besonders interessant war und was sie sich merken werden. Aber das habe ich dann vergessen.

Fragen Sie lieber *so*, damit mit Ihrem Projekt oder Vortrag Ihr Erfolg verbunden wird:

* Was war für Sie besonders wichtig? Welches «AHA»-Erlebnis nehmen Sie mit?
* Welche positiven Schlüsse ziehen Sie aus diesem Ergebnis / dieser Darstellung?
* Welchen Gewinn hat das Projekt für Ihr Vorhaben?

Sammeln Sie in Ihrem Notizbuch positive Aussagen, **Erfolgs-Feedbacks.**

* Das haben Sie hervorragend gemacht.
* Das ist Ihnen gut gelungen.
* Sie sind eine ausgezeichnete Texterin.
* Sie sind ein kreativer Geist.
* …
* …
* …

Falls es bei Ihnen keine positive Feedback-Kultur gibt, entwickeln Sie Ihre eigenen Feedbacksätze. Auch die sollten Sie in Ihr Notizbuch schreiben.

«Frau Hausladen, Frau Maile, Sie sind das Highlight bei unseren Veranstaltungen!»

(In aller Bescheidenheit, das wurde uns schon mehrmals gesagt – und seitdem zitieren wir es.)

Loyales Verhalten

Sie wollen einen hohen Bekanntheitsgrad – allerdings nicht den Ruf derjenigen, die immer und überall dagegen ist.

Loyalität ist eine Haltung, die von Ihnen unbedingt erwartet wird. Deshalb ist es wichtig, schon vorab zu wissen, ob Sie in dieses Unternehmen oder in diese Einrichtung passen, ob Sie die Werte, Produkte und die ganze Firmenkultur mittragen können. Wenn Sie gegen Ihre innere Überzeugung dort arbeiten, werden

Sie sich im ständigen Stress befinden. Sie arbeiten, setzen sich ein, sind vielleicht sogar erfolgreich – und erreichen etwas, was Ihnen im Grunde Ihres Herzens widerstrebt.

Eine Trainerin erzählte bei einem Netzwerk-Treffen:

Das war's wohl!

Ich hatte einen guten Job bei einer großen deutschen Automobilfirma. Als Deutsch-Türkin war es meine Aufgabe, für eine Weile in Istanbul Verkäufer für den dortigen Automarkt zu trainieren. Ich war beliebt und wurde von meinen – ausschließlich männlichen – Kollegen respektiert.

Bei einem Dinner, zu dem die Geschäftsführung eingeladen hatte, fragte mich mein Platznachbar, ein Manager aus der deutschen Top-Etage, welches Auto ich denn fahre. Ich antwortete ganz ehrlich und überzeugt: Ich fahre kein Auto. Und erklärte, dass die Abgase unsere Städte zu sehr verpesten und ich mich deshalb gegen ein Auto entschieden hätte.

Der Abend verlief wie immer gesellig.

Am nächsten Morgen fand ich im Hotel mein Rückflugticket nach Deutschland vor.

Solidarität zum Management ist Pflicht

In einer Führungsposition stecken Sie manchmal in der Zwickmühle. Sie erhalten eine Order von oben, die nicht Ihrer Vorstellung entspricht und die Ihren Mitarbeiterinnen schwer zu vermitteln sein wird. Von Ihnen aber wird erwartet, dass Sie Ihren Job gut machen und entsprechend als Vermittlerin agieren.

Jetzt tun sie vor allem eins nicht: Solidarisieren Sie sich nicht mit Ihren Mitarbeiterinnen gegen «die da oben». Gerade in Ihrer Startzeit könnte das verhängnisvoll werden. Das Management erwartet von Ihnen Solidarität. Sollte jemand Ihr unsolidarisches Verhalten nach oben tragen, riskieren Sie Ihren Job.

Klar, vermutlich werden Sie sagen, dass Ihnen das sicher nicht passiert. So klug sind Sie auch vorher gewesen, denken Sie. Bitte achten Sie trotzdem auf das WIE Ihrer Vermittlung. Strahlen Ihr Körper, Ihre Stimme und Ihre Wortwahl die volle Überzeugung aus? Oder lassen Sie die Schultern hängen, werden leiser und zögerlicher, sprechen von «leider» und «wir müssen wohl», wenn Sie unbeliebte Botschaften verkünden?

Sie müssen nicht die große Führungsshow abliefern, aber mit Stärke und Überzeugungskraft Ihre Frau stehen in solchen Situationen.

Wohin mit dem eigenen Frust?

Vielleicht fühlen Sie sich bei dieser Übertragungsarbeit wie ein Kaffeefilter, der den guten, schmackhaften Kaffee an die Mitarbeiterinnen weitergeben will und den Kaffeesatz bei sich behält. Sie überlegen, wie viel Sie von den Anweisungen herausfiltern können, um den Gegenwind von unten zu reduzieren, ohne selbst zu viel nach oben zu riskieren.

Das sind klassische Situationen, in denen Führungskräfte sich sehr einsam fühlen. Wie viel können Sie auf Ihren Schultern tragen? Wer würde sich mit Ihnen solidarisieren? Mit wem könnten Sie darüber reden? Kollegen und Kolleginnen auf der gleichen Hierarchiestufe sind oft Konkurrenten. Hier wollen Sie Ihr Problem nicht preisgeben, obwohl wahrscheinlich alle diese Situation kennen.

Zu Hause oder im Freundinnenkreis darüber zu reden verschafft Ihnen nicht wirklich Erleichterung. Sie fühlen sich nicht verstanden, die anderen können Ihre Situation nicht nachvollziehen, weil ihre berufliche Position eine ganz andere ist.

Sie brauchen auch externe Klüngel-PartnerInnen!

Besser ist es, sich ein externes berufliches Netzwerk zu schaffen. Es könnte der gute Kontakt zu einem früheren Chef sein, zu Kolleginnen in gleicher Position, aber in anderen Berufsfeldern, zu Exkolleginnen, die aufgestiegen sind, zu überregionalen Netzwerken. Auch auf Fortbildungen für Führungskräfte können Sie solche Themen ansprechen.

Später geben wir Ihnen noch Tipps, wie Sie Ihr externes Netzwerk erweitern können.

Außerdem ist es von Vorteil, in ein Coaching zu investieren und sich während Ihrer Einstiegsphase von einer Fachfrau begleiten zu lassen. Manche Firmen übernehmen auch diese Kosten.

Loyalität heißt auch, unpopuläre Entscheidungen mitzutragen

Loyalität für Sie als Mitarbeiterin bedeutet, die Werte und Entscheidungen von anderen zu vertreten. Das heißt zwangsläufig: Sie müssen diese Entscheidung auch dann mittragen, wenn Sie sie nicht hundertprozentig teilen. Loyalität wird vor allem im Umgang mit Dritten sichtbar.

Sie kennen wahrscheinlich Situationen, in denen Sie von Ihrer Meinung überzeugt sind. Ihre Fachkenntnis und Ihre Erfahrung sagen Ihnen zum Beispiel, dass der nächste Schritt zur Kundenbindung nur über das persönliche Gespräch zu erreichen ist. Ihr Chef aber gibt die Order aus, alle Kunden anzuschreiben. Wie verhalten Sie sich jetzt? Gehen Sie immer wieder zu Ihrem Chef und versuchen, ihn von Ihrem Vorschlag zu überzeugen? Kommen Sie in jedem Meeting vor dem Team wieder auf das Thema zu sprechen? Fällt es Ihnen schwer, sich hier loyal zu verhalten und ohne großes Getöse die Entscheidung mitzutragen?

Durch loyales Verhalten signalisieren Sie in solchen Situationen Ihre Zugehörigkeit. Erschweren Sie sich deshalb nicht Ihren Einstieg.

Davon abgesehen: Für wen würden Sie sich bei einer anstehenden Beförderung entscheiden? Wen würden Sie bei Ihrem eigenen Aufstieg mitnehmen?

Die Mitarbeiterin, die Sie immer wieder wegen einer Ihrer Entscheidungen anspricht und Ihnen im Beisein anderer sagt, dass Sie eine Fehlentscheidung getroffen haben? Oder die Mitarbeiterin, die zwar ihre Meinung äußert, dann abwägt, Ihre Entscheidung mitträgt und Sie in Ihrem Vorhaben unterstützt?

Überlegen Sie selbst: Welche Art von Loyalität erwarten Sie von anderen? Wahrscheinlich umgeben Sie sich lieber mit Menschen, auf deren Unterstützung Sie sich auch in kritischen Situationen verlassen können.

Als Mitarbeiterin kennen Sie nicht immer die Hintergründe. Sie wissen, egal auf welcher Hierarchiestufe, nicht immer, warum eine Entscheidung so und nicht anders gefällt wurde. Oft stehen firmenpolitische Abwägungen oder Konkurrenzzwänge im Hintergrund, über die nicht offen gesprochen wird. Seien Sie also bedacht in Ihrer Kritik auf der Fachebene. Jede Entscheidung ist eingebunden in ihr (Macht-)Umfeld und manchmal auch in gesellschaftliche Belange, die Sie wahrscheinlich jetzt noch nicht kennen. Bedenken Sie das.

Also lassen Sie Ihren Chef oder Ihre Chefin gut dastehen! Diskussionen sind notwendig, aber wenn eine Entscheidung getroffen wurde, tragen Sie diese mit.

Kleine Randbemerkung zur Loyalität

Das ist der kleine Unterschied: Männern fällt es leichter, auch gegen ihre Überzeugung loyal zu sein. Jedenfalls den meisten. Sie folgen der Einstellung: Chef ist Chef. Er entscheidet, er muss seinen Kopf dafür hinhalten. Seine Entscheidung wird akzeptiert, weil alle weiterhin dazugehören wollen. *Mann* riskiert ungern durch eine andere Meinung seine Rangstellung, die er sich hart erkämpft hat.

Sie erinnern sich: Rangordnung geht vor Inhalt.

Für Sie als Frau, die für die Sache kämpft, ist das oft schwer nachzuvollziehen.

Erfolgreiches Klüngeln braucht Optimismus

Optimismus ist ein weiterer wichtiger Faktor für Ihren Erfolg. Zu viel Pessimismus lähmt unsere Phantasie, blockiert unser Handeln und jegliche Zuversicht.

Eine Studie mit College-Studenten, deren Daten 14 Jahre später wieder überprüft wurden, dokumentiert: Optimistisch und positiv denkende Menschen verdienen später im Leben durchschnittlich ein Drittel mehr als unzufriedene, pessimistische.

Zwei Tipps für optimistisches Klüngeln
1. Stärken Sie Ihre positive Selbstwahrnehmung

Denken Sie so oft wie möglich an das, was gut und schön ist in Ihrem Berufsleben. Wer schätzt Sie, wer tut Ihnen gut?

Bauen Sie mit positiven Gedanken ein grundsätzlich positives emotionales Klima auf, aus dem heraus Sie anderen Menschen begegnen. Denken Sie konsequent immer wieder an die positiven Aspekte Ihres Berufslebens, speziell wenn Sie unerfreulichen Zeitgenossen begegnen. Das hilft Ihnen, sich nicht herunterziehen zu lassen, sondern positiv zu bleiben.

2. Fördern Sie Ihre positive Wahrnehmung

Unterstellen Sie anderen eine positive Absicht. Wenn Ihnen Kollegen in den ersten Tagen Ihres Neuanfangs negativ begegnen, beziehen Sie das nicht auf sich als Neue.

Sie würden mehr Verständnis für den schnippischen Ton der Kollegin haben, wenn Sie wüssten, dass diese gerade durch eine schmerzhafte Scheidungsphase geht, alleinerziehend mit drei Kindern. Sie würden viel gelassener reagieren, wenn Sie wüssten, dass das barsche «Jetzt nicht!» auf Ihre Anfrage in der anderen Abteilung damit zu tun hat, dass dort gerade eine Kundenpräsentation total danebengegangen ist und rasend schnell etwas Neues ausgearbeitet werden muss, um den Kunden zu halten. Ihnen als Neuer wird man das nicht gerade auf die Nase binden.

Meist wissen Sie nicht, was der Grund für ein bestimmtes störendes Verhalten war – wer aber anderen grundsätzlich eine positive Absicht und einen guten Grund dafür unterstellt, der hat es leichter im Kontakt.

Eine Controllerin erzählte in einem Seminar:

Erfolge feiern – innehalten

Als meine Diplomarbeit endlich fertig war und auch die Prüfungen hinter mir lagen, habe ich tagelang gefeiert. Also, keine wilden Partys, aber immer eine Kleinigkeit gemacht, damit der Tag schön wurde. Ich bin mit einer Freundin Kaffee trinken gegangen, und wir haben mit einem Glas Sekt auf meinen Erfolg angestoßen. Ich kaufte mir – nach all den vielen Fachbüchern – drei Krimis, legte mich in die Sauna und las sie hintereinanderweg. Schließlich hatte ich ja vorher hart gearbeitet. Endlich konnte ich mal wieder einen Stadtbummel machen, ganz entspannt. Habe die Tage einfach genossen.

Auch wenn die Jobsuche als Nächstes anstand – ich finde es enorm wichtig, auch mal innezuhalten und das Erreichte zu würdigen. Und ich klopfe mir noch heute manchmal auf die Schulter, wie gut ich das alles hingekriegt habe. Einen interessanten Job habe ich inzwischen auch. Es hat zwar etwas gedauert, aber ich habe auch das gut gemeistert.

Normalerweise gelingt mir die Suppe viel besser ...

PIA sagt: Positiv stimmt positiver!

«Vor einigen Wochen war ich bei einer Freundin zum Essen eingeladen. Ich hatte einen wunderschönen Blumenstrauß besorgt, die Gäste hatten sich alle in Schale geworfen, und es duftete köstlich aus der Küche. Ob es nun am Aperitif lag oder an der Vorfreude auf das gute Essen, jedenfalls befanden wir uns in ausgesprochen heiterer Stimmung.

Dann wurde zu Tisch gebeten. Die stilvolle Dekoration beeindruckte mich sehr. Die Gastgeberin trug die Suppe auf – und verkündete beim Abstellen der Schüssel mit Bedauern, dass ihr die

Vorspeise gar nicht gut gelungen sei. Normalerweise dürfe das Zitronengras nicht so dominieren, es täte ihr wirklich leid.

Alle löffelten erst unbekümmert los, aber der Hinweis ließ unsere Zungen doch kritischer werden. War da wirklich zu viel Zitronengras? Irgendwie fand ich plötzlich, dass die Suppe nicht ganz gelungen sei.

Obwohl – eigentlich schmeckte sie phantastisch...

So ging es weiter: Der Hauptgang, sagte die Gastgeberin, sei ebenfalls ein wenig heikel, also nicht ganz so gut wie sonst. Zum Glück gab es dazu keine weitere Analyse, da sich das Tischgespräch in eine andere Richtung entwickelte. Die Hauptspeise war tatsächlich hervorragend – aber nach der pessimistischen Vorankündigung traute ich mich nicht mehr, das zu sagen.

Schade, meine Freundin ist wirklich eine ausgezeichnete Köchin und hätte ein dickes Lob verdient, aber das kam uns jetzt nicht mehr richtig über die Lippen. Bei so viel Abwehr und Herabsetzung hat sie es uns schwergemacht, Lobesworte zu finden.

Einige Tage später war ich bei einer anderen Freundin zu Gast. Sie beschrieb vor jedem Gang, welches spezielle Öl sie verwendet hatte, um den knusprigen Geschmack zu erreichen, auf welchen Märkten sie die ausgefallenen Kräuter sucht, die sie Tage vorher einlegt, um das Fleisch damit zu marinieren. Uns lief das Wasser im Munde zusammen. Ob sie es nun beabsichtigt hatte oder nicht: Sie hatte unsere Geschmacksnerven sensibilisiert. All die von ihr vorgesetzten Köstlichkeiten verzehrten wir mit geradezu ehrfürchtiger Wonne.

Sie erhielt sehr viel Anerkennung. Am nächsten Tag trudelten bei ihr die Dankeschön-Mails ein. Und ein Gast fragte sogar, ob er sie für ein Feinschmeckermagazin empfehlen dürfe. Ich kann mir vorstellen, dass sie begeistert zusagte.»

Klüngeln Sie sich ein – und achten Sie darauf, wie Sie mit Neid umgehen

Quizfrage:
Neidisch sein
a. ist typisch weiblich?
b. kann für Vorbilder sorgen?
c. ist ein wichtiger Antrieb, um andere plattzumachen?

Hier finden Sie die Antwort.

Spieglein, Spieglein an der Wand ...
Wer ist die Erfolgreichste im ganzen Land?

Das sind doch alte Geschichten von bösen Königinnen, sagen Sie? «Mit Neid habe ich nichts zu tun», davon sind Sie möglicherweise fest überzeugt. Umso besser! Trotzdem sollten Sie dieses Thema nicht leichtfertig überblättern.

Die Neid-Kultur in Teams äußert sich selten offen und direkt. Das Thema «Neid» wird fast nie beim Namen genannt.

Aber woran können Sie dann erkennen, dass es in Ihrem neuen Umfeld auch so etwas wie eine Neid-Kultur gibt? Und was können Sie dagegen unternehmen – um nicht selbst Opfer dieser Kultur zu werden?

Haben Sie schon mal diese Sätze gehört (oder im Geheimen selbst gedacht)?

* «Die Kollegin Meier tut sich hervor.»
* «Jetzt, wo sie befördert wurde, ist die Schmitz richtig angeberisch geworden.»

* «Sie meint wohl, sie wäre was Besseres, seit sie die Teamleitung hat.»
* «Die Frau Müller muss ihre Nase auch in jedem Projekt haben.»
* «Ich arbeite ja lieber mit Männern zusammen, die Frauen bei uns sind mir zu zickig.»

Immer mehr Frauen gehen in Führungspositionen und übernehmen Verantwortung als Projektmanagerin, Teamchefin oder Bereichsleiterin. Frauen können schnell zu Konkurrentinnen werden. Jetzt kommt es darauf an, wie damit umgegangen wird. Konkurrenz kann zum Ansporn oder zum großen Bremsklotz werden.

Ahimsa!

Sie wollen kraftvoll bleiben, auch im Konkurrenzkampf.

Nehmen Sie sich fünf Atemzüge Zeit. Achten Sie nur auf Ihren Atem. Das ist Ihre kleine Auszeit.

Wieso sind Menschen eigentlich neidisch?

Warum entstehen überhaupt Neidgefühle? Weil jemand anderes mehr Aufmerksamkeit erhält? Besser, schneller, erfolgreicher ist – oder zu sein scheint? Neid hat viel mit unserem Selbstwertgefühl zu tun.

Sehen wir uns das an einem Beispiel an: Angenommen, die junge Angestellte Anna ist mit der wesentlich älteren, berühmten Pianistin Berta befreundet, dann kann das den Selbstwert von Anna erhöhen. Stolz besucht Anna die Konzerte ihrer Freundin und wartet anschließend am Bühneneingang, um mit ihr gemeinsam ein Glas Wein trinken zu gehen.

Wenn jedoch im Büro Annas Kollegin Christa zur Teamleiterin aufsteigt, mehr Geld verdient und offensichtlich erfolgreicher ist, kann das Annas Selbstwertgefühl empfindlich stören. Die Wahrscheinlichkeit, dass Anna auf Christa neidisch ist, ist groß. In beiden Fällen ist die Leistung der Vergleichsperson höher als die von Anna. Berta kann besser Klavier spielen, und Christa verdient mehr Geld. Warum wird in einem Fall der Selbstwert erhöht und im anderen Fall vermindert?

Ein positives Selbstbild sorgt für Wohlbefinden

Der Unterschied liegt darin, dass Berta in einem Bereich besser als Anna ist, der für ihr Selbstbild irrelevant ist, während Anna von Christa in ihrem eigenen Lebens- und Schaffensbereich übertroffen wird – schließlich ist Christa direkt an ihr vorbeigezogen, und Anna ist nicht befördert worden.

Menschliches Wohlbefinden hängt davon ab, dass wir ein positives Selbstbild haben. Berta gefährdet dieses Bild nicht, mit ihrem Klavierspiel tritt sie nicht in Konkurrenz zu Anna. Im Gegenteil – Anna kann sich im Glanz der Erfolge ihrer Freundin sonnen. Jedes Mehr von Christa wird jedoch als Minderung von Annas eigenem Wert gespürt. Das gilt noch stärker, wenn Annas Selbstbewusstsein generell eher niedrig ist oder gerade durch ihre Lebensumstände angeknackst wurde.

Jetzt gibt es mehrere Möglichkeiten, um sich wieder wohl zu fühlen:

1. Anna könnte Christas Erfolg als Ansporn nehmen, um die eigene Karriere in Schwung zu bringen, und sich überlegen, wie sie ihren eigenen Arbeitserfolg optimieren will. Sie könnte dazu auch Christa beobachten und von ihr lernen.
2. Sie könnte sich zurückziehen und beschließen, dass ihr ein glückliches Privatleben wichtiger ist als beruflicher Erfolg. Karriere ist blöd!

3. Anna könnte die Leistungen von Christa durch Störungen, Intrigen und Behinderungen verschlechtern. Wenn Christas Erfolg gestört ist, ist die Situation wieder im Gleichgewicht.

Viele Frauen laufen zu großer Form auf, wenn es darum geht, an ihrem Arbeitsplatz fachliche Kompetenz und Einsatzbereitschaft zu zeigen. Im Umgang mit Hierarchien sind in den Köpfen aber oft noch traditionelle Denkkonzepte verankert. Eine Frau, die aufsteigt und mehr Erfolg hat, gilt als Verräterin am Gleichheitsgedanken. Weiblicher Konkurrenzkampf ist das, was Sie auch als «Zickenkrieg» oder «Stutenbissigkeit» kennen.

«Wir Frauen sind alle gleich, so soll es sein. Wie Champignons in einer Pilzkultur. Keine darf das Köpfchen höher heben, denn sie könnte mehr Aufmerksamkeit erhalten.» So schilderte uns eine Sozialarbeiterin, wie es in ihrem Team zuging, bevor sie sich zu einem Teamcoaching entschlossen. «Jetzt gelingt es uns besser, unsere Unterschiedlichkeit zu akzeptieren und auch einen Vorteil darin zu sehen.»

Kompetenzen und Fähigkeiten sind unter den Menschen verschieden verteilt – Frauen haben erst seit wenigen Jahrzehnten die Gelegenheit, davon im Job zu profitieren.

Männer haben seit Jahrtausenden Erfahrung mit Konkurrenz und Wettkampf. **Konkurrenz bedeutet Ansporn,** das Gleiche zu erreichen. Sie lernen schon in früher Kindheit, um Macht und Einfluss zu kämpfen, aber auch zu verlieren. Sie schießen Tore, sie begehen Fouls, sie attackieren und verteidigen – und gehen nachher gemeinsam feiern. Sie ordnen sich in ein hierarchisches Gefüge ein und finden ihren Platz in der Hackordnung. Es fällt ihnen oft leichter, zwischen der Leistungsebene und der Beziehungsebene bzw. dem Wert ihrer Person zu trennen. Eigene Fehlschläge oder der Erfolg von anderen kratzen weniger am Selbstwertgefühl. Wichtiger ist die Rangordnung, und innerhalb dieser darf gekämpft werden. Nur wer rausfliegt oder darum kämpft, weiter dabei sein zu dürfen, wird wirklich leiden.

Sind Sie die neue Teamchefin?

Vielleicht befinden Sie sich in der Situation von Christa: Von der Kollegin sind Sie zur Chefin geworden. Es könnte einige Annas geben, die Sie jetzt blockieren.

Wir empfehlen unseren Seminarteilnehmerinnen deshalb, nach Möglichkeit die Beförderung mit einem Abteilungswechsel zu verbinden oder vorübergehend in eine andere Niederlassung zu wechseln.

Wenn das nicht geht: Versuchen Sie nicht, sich auf Biegen und Brechen durchzusetzen. Beobachten Sie Ihre Konkurrentinnen und Widersacher, aber schotten Sie sich nicht ab. Bleiben Sie im Dialog. Nehmen Sie ihnen den Wind aus den Segeln durch fachliche Anerkennung.

Das sind unsere drei wichtigsten Tipps zum Umgang mit Neid:

1. **Nehmen Sie sich den Raum, der Ihnen zusteht.**
   Stehen Sie fest und aufrecht, knicken Sie nicht ein. Bescheidenheit hilft nicht gegen Neiderinnen, verzichten Sie also nicht auf das, was Ihnen an Erfolgen, Anerkennung und Statussymbolen zusteht.
2. **Loben Sie.** Würdigen Sie das, was jede Einzelne im Team beisteuert. Lob und Anerkennung sind immens wichtig, um Neiderinnen zu Verbündeten zu machen. Loben Sie ganz konkret, damit klar wird, worauf Sie Ihr Lob beziehen:
   «Sie sind ja eine ausgezeichnete Vermittlerin.»
   «Das haben Sie wunderbar organisiert.»
   «Das ist eine tolle Jacke, die Sie da tragen!»
   Loben Sie nichts, was Ihnen nicht wirklich gefällt, aber loben Sie aufrichtig, wenn Ihnen etwas Gutes bei Ihren Mitarbeite-

rinnen und Mitarbeitern, Konkurrenten und Widersachern auffällt.

Wenn Sie selbst gelobt werden: Nehmen Sie das Lob an wie einen Blumenstrauß – sagen Sie «Danke schön». Freuen Sie sich, dass Ihre Arbeit als wertvoll empfunden wurde. Kommen Sie nicht auf die Idee zu sagen: «Das war doch nur eine Kleinigkeit» oder Ähnliches. Sie entwerten die Anerkennung, symbolisch schmeißen Sie den Blumenstrauß in die Ecke. Wer will dann noch weiter loben?

Sie kennen bestimmt aus Ihrem Alltag diese Szenen. «Du hast eine wunderschöne Bluse an.» Antwort: «Die ist schon so alt.» Oder: «Die habe ich ganz billig erworben.» Sagen Sie doch ganz einfach: «Danke, freut mich, dass sie dir gefällt.» Entwerten Sie sich nicht selbst.

3. **Rivalität gehört zum Erfolg.** Akzeptieren Sie die «hoffnungslosen Fälle», die Ihnen den Erfolg partout nicht gönnen wollen. Jetzt ist es an Ihnen, die Gefühle der anderen auszuhalten und besonnen zu reagieren. Männer wissen das schon lange, die setzen häufig noch eins drauf und prahlen gegenüber ihren größten Konkurrenten erst recht mit Erfolgen.

Wenn Konkurrenz zu Neid wird

Wenn Sie bislang den Eindruck gewonnen haben, dass Neid ein typisch weibliches Phänomen ist, dann irren Sie sich. Folgender Fall trug sich hinter den ehrwürdigen Mauern des Towers in London zu:

Moira Cameron war 2007 die erste Frau, die bei den «Beefeaters» im Londoner Tower den Dienst antrat. Man muss wissen, dass bis dahin ausschließlich männlichen «Beefeaters» die Bewachung der Kronjuwelen im Londoner Tower anvertraut wurde – seit dem 15. Jahrhundert. Es war also eine kleine Sensation, als Miss Cameron fünf männliche Mitbewerber um einen der 35 Wachposten aus dem Rennen schlug.

Das Medieninteresse an der neuen «Beefeaterin» war riesig. Die Touristen ließen sich besonders gern von ihr durch den Tower führen. Bei den männlichen Kameraden erweckte das nicht gerade Begeisterung, genauer gesagt, es missfiel einigen ganz gewaltig. Und da begann das systematische Schikanieren von Miss Moira Cameron. Zuerst wurde ihre 1500 Euro teure Uniform zerstört, dann fand sie immer mehr anstößige und diffamierende Nachrichten in ihrem Spind.

Moira Cameron nahm den Kampf gegen Neid und Mobbing auf. Sie hatte in ihrer Dienstzeit genügend Verbündete gefunden, die ihr halfen, die neidischen Widersacher ausfindig zu machen. Nicht Moira Cameron, sondern ihre Widersacher wurden vom Dienst suspendiert.

God save the Queen.

Konkurrenz belebt die Karriere

«Was hat sie, das ich nicht habe?» Diese Frage wird in tausend Variationen gestellt. Finden Sie es heraus, wenn Sie im neuen Job einer Frau begegnen, die auf eine besondere Art erfolgreich ist.

Beobachten Sie die Erfolgreichen:

* Wie nehmen diese Personen Kontakt zu anderen auf? Wie verhalten sie sich in Meetings? Wie erledigen sie ihre Arbeit? Wie gestalten sie die Beziehung zu den Vorgesetzten? Welche Selbstmarketing-Aktivitäten zeigen sie?
* Fragen Sie nach. Wenn Sie beispielsweise eine Kollegin für ihr gutes Zeitmanagement bewundern, dann lernen Sie von ihrem Organisationstalent. Stellen Sie Fragen: «Wie planen Sie?», «Wie halten Sie Ihre Ziele ein?» Meistens freuen sich Menschen über das Interesse und geben gerne Auskunft. Lassen Sie sich bloß nicht entmutigen, wenn dies einmal nicht der Fall sein sollte. Nutzen Sie trotzdem die Gelegenheit der Beobachtung.

* Seien Sie offen für Ungewöhnliches. Gleich und gleich gesellt sich gern – Ähnlichkeit sorgt für Sympathie. Beobachten Sie aber auch diejenigen Menschen, die so ganz anders sind als Sie. Versuchen Sie, negative Bewertungen außen vor zu lassen. Lernen Sie lieber: Was sind deren Besonderheiten? Wie könnten diese Eigenschaften Ihre ergänzen? Wie könnten Sie voneinander profitieren? Erfolgreich sein bedeutet auch, dass Sie sich mit Menschen umgeben, die anders sind als Sie selbst.

Ach ja: Falls Ihnen die Antwort auf unsere Quizfrage noch nicht ganz klar war – Neid kann für Ihre Vorbilder sorgen: Zollen Sie erfolgreichen Frauen und damit potenziellen Klüngel-Partnerinnen Anerkennung für das, was sie erreicht haben.

Erweitern Sie Ihr Netzwerk mit erfolgreichen Frauen. Heute sind das vielleicht noch Ihre Konkurrentinnen, auf lange Sicht könnten Sie Verbündete werden, die sich gegenseitig nach vorne bringen.

Bleiben Sie in Kontakt –
mit den Menschen *und* mit sich selbst

Ahimsa!
Sie haben während des Lesens immer wieder fünf achtsame Atemzüge genommen, behalten Sie das bei.

Diese Achtsamkeit auf sich selbst hilft Ihnen, Ihr Bauchgefühl zu kultivieren. Und das tut gut.

Eine Pause geht immer und überall. Eine Frau macht Qi-Gong-Übungen im Vorraum der Toilette, eine andere nutzt die Wege ins andere Klinikgebäude, um einen Moment stehen zu bleiben und durchzuatmen. Wieder eine andere schließt einmal am Tag die Bürotür und macht ein Fünf-Minuten-Nickerchen. Entscheidend ist nicht die Länge, sondern die Regelmäßigkeit und die Qualität, die Sie der Pause geben.

Und so geht's auch: Die Mitarbeiterin einer radiologischen Praxis erzählte während eines Achtsamkeits-Retreats:

Pause in der Dunkelkammer

Die Entwicklung eines Röntgenbilds dauert 90 Sekunden. Und das ist meine Pause, genau 90 Sekunden. Ich verbringe diese kurze Auszeit ganz für mich – in der Dunkelkammer! Da ist es absolut ruhig.

Viel Spaß dabei sagt Ihre «Ahimsa»-Maus

Klüngeln Sie sich ein – verhandeln Sie Ihren Erfolg. Freundlich zum Menschen, klar in der Sache

Quizfrage:
Was ist kooperatives Verhandeln?

a. Es ist ein Verfahren aus der Agrarwissenschaft, das die Verteilung landwirtschaftlicher Güter regelt.

b. Darunter wird die Verhandlung von Interessen statt Positionen verstanden.

c. Kooperatives Verhandeln stellt die Freundlichkeit in den Vordergrund. Lieber nachgeben als gute Beziehungen zu gefährden.

Hier finden Sie die Antwort.

Verhandeln mit kluger Vorbereitung – für Klünglerinnen ist das eine Selbstverständlichkeit. Die clevere Klünglerin sichert sich ihren Verhandlungserfolg mit der richtigen Strategie.

Wenn Sie im neuen Job verhandeln, informieren Sie sich eingehend über die Dinge, die vorab bereits gelaufen sind. Welche vertraglichen Abmachungen gelten? Gibt es mündliche Absprachen, die Sie nicht kennen? Wie hat der Verhandlungspartner bisher reagiert, worauf ist er ansprechbar, worauf reagiert er allergisch? Zu welchen Ihrer Kolleginnen und Kollegen hat er einen guten Kontakt? Mit wem kann er gar nicht?

Verfallen Sie nicht in eines der beiden Extreme: Knallhartes Vorgehen, um die eigene Position durchzusetzen oder freundliches Nachgeben, damit die Harmonie gewahrt bleibt oder der

Kunde nicht vergrault wird. Beide Varianten bringen Sie nicht voran.

**Eine Immobilienkauffrau schrieb uns
zum Thema «Verhandeln»:**

Weder zu hart noch zu nachgiebig sein!

Ob am Telefon mit unseren Mietern, im Meeting mit den Kollegen anderer Abteilungen oder beim Kontakt mit neuen Auftraggebern – ich habe in meinem neuen Job viele Verhandlungsgespräche zu führen. Es geht um Konditionen, Termine, Fristen und Nachlässe. Eines habe ich gemerkt: Eine extrem harte Haltung zahlt sich genauso wenig aus wie zu viel Nachgiebigkeit. Im ersten Fall gibt es im Nachhinein oft Ärger mit der Gegenpartei – darüber ist die Geschäftsleitung dann auch nicht glücklich –, im zweiten Fall mit den Vorgesetzten, weil ich für uns nicht das herausgeholt habe, was erwartet wird. Daran wird ja letztendlich mein Erfolg gemessen.

Der Klünglerin hilft **kooperatives Verhandeln**, auch bekannt als **Harvard-Konzept** oder Win-Win-Lösung. Wir möchten Ihnen dieses Konzept für Ihren Erfolg im neuen Job ans Herz legen.

Ein Beispiel: Sie sind Managerin in einem Einkaufszentrum mit verschiedenen vermieteten Shops. Zu Ihren Aufgaben gehört die Betreuung der Mieter, aber auch die Verwaltung der Ladenflächen. Einer Ihrer Mieter stellt immer wieder große Ständer mit Waren (Handtaschen und Gürtel) vor seinem Ladenlokal auf die Fläche, die für das Flanieren der Kundinnen vorgesehen ist. Gemietet hat er aber nur die Fläche innerhalb des Shops, zusätzlich steht ihm der Platz für *einen* Verkaufsaufsteller vor der Eingangstür zu. Die Kunden müssen im Slalom um die Aufsteller laufen.

Ihr erster Gedanke: Das darf er nicht, diese Fläche steht ihm nicht zu. Er wird langsam unverschämt in dem, was er sich hier herausnimmt. Allerdings: In der heutigen Zeit sind Sie froh, den Mieter zu haben. Er hat ein attraktives Warenangebot und zahlt sicher und regelmäßig seine Miete. Sie wollen ihn nicht verärgern.

Keinen Zoff bitte

Wenn Sie Ihre Position nun in aller Härte darstellen: «Das dürfen Sie nicht, bitte beschränken Sie sich auf einen Aufsteller vor der Tür», dann könnte es zu Zoff kommen.

Vertritt der Inhaber wiederum ungerührt seine Position – «Sie sind neu hier, Sie kennen die Problematik überhaupt nicht. Ihre Chefs sind doch froh, dass ich überhaupt Miete zahle und sie keinen Leerstand haben!» –, dann ist die Verhandlung schnell festgefahren. Sie als Neue müssen sich jetzt positionieren, um als Verhandlungspartnerin angenommen zu werden.

Wochenmarkt – nein danke

Eine weiche Position, eben nur Nettsein, ist aber auch keine Lösung. Angenommen, Sie reagieren so: «Na gut, dann lassen Sie es mal, wie es ist.» Was dann?

Das Beispiel könnte Schule machen, und in Ihrem schicken Einkaufszentrum sieht es demnächst aus wie auf dem Wochenmarkt.

Die Lösung ist hier das kooperative Verhandeln. Nicht die Verhandlungspositionen («Ich habe recht»), sondern die dahinterliegenden Interessen (Vermieter:«Ich will an einen zahlungskräftigen Händler vermieten», Händler: «Ich will Umsatz machen») stehen im Vordergrund.

Wer hat welches Interesse?

Hinter den Positionen stehen immer Wünsche, Sorgen und Motive, also die Interessen.

Was sind Ihre Interessen als Center-Managerin? Sie wollen ein attraktives Einkaufszentrum, das viele Kundinnen anzieht, die dort ihr Geld ausgeben. Damit verbunden ist Ihr persönlicher Erfolg: Sie wollen keine Leerstände, sondern Wirtschaftlichkeit. Schließlich müssen Sie im Konzern Rechenschaft ablegen.

Außerdem sind Ihnen einheitliche Spielregeln wichtig, an die sich alle Mieter halten. Dazu kommt die Einhaltung der Sicherheitsvorschriften auf den Laufwegen.

Worum geht es Ihrem Mieter, was sind seine Interessen? Finden Sie es im Rahmen der Verhandlung heraus. Einen Punkt kennen Sie schon: Er will verkaufen, möglichst viel Umsatz machen.

Jetzt beginnt die Verhandlung sogar mit einer Gemeinsamkeit. Ihre Verhandlungseröffnung könnte so lauten: «Wir wollen beide, dass hier Umsatz gemacht wird. Dazu müssen sich die Kunden im Haus wohl fühlen und sicher flanieren können. Und dazu ist auch erforderlich, dass bestimmte Spielregeln eingehalten werden ...»

Das Ziel: Alle Beteiligten am Verhandlungsprozess erhalten einen Mehrwert!

Wer bei Verhandlungen mit zu hohen Forderungen einsteigt, verliert an Glaubwürdigkeit. Sie werden mit sich unzufrieden sein, wenn Sie sich nachher mit viel weniger begnügen müssen. Wer aber zu niedrig einsteigt, verschenkt wertvolle Optionen.

Behalten Sie den Lösungsfokus im Blick! Wer verhandelt, hat mit Menschen zu tun – dabei kann es immer auch Missverständnisse, Ärger, verletzte Gefühle geben.

Es gibt immer zwei Interessensebenen: die Sachebene und die persönliche, die Beziehungsebene. Schwierig wird es, wenn beides sich vermischt. Halten Sie eigenen Ärger aus Verhandlungssituationen heraus: «Ich habe Ihnen schon dreimal gesagt, Sie sollen die blöden Ständer wegräumen!» Das wäre sicher ehrlich, aber unklug.

Entwickeln Sie mehrere alternative Lösungsmöglichkeiten.
Der größte Fehler in einer komplexen Verhandlungssituation: Sie gehen bereits mit einer kompletten Lösung in die Verhandlung und erwarten, diese genauso umzusetzen. Vergessen Sie nicht Ihr Gegenüber.

Verhandlungen wollen gut vorbereitet werden: Oft ist es erforderlich, ein ganzes Paket von Lösungsmöglichkeiten zu erarbeiten. Für die Center-Managerin könnte das sein:

* Der Mieter beschränkt sich auf einen Ständer. Ihre Idee: Er könnte einen größeren Ständer anschaffen, denn er möchte ja möglichst viele Waren anbieten.
* Sie bieten ihm einen Laden in besserer Lauflage an, der demnächst frei wird.
* Sie schlagen vor, dass er seine Waren auf einer der Aktionsflächen in der Mall präsentieren kann – zum günstigen Mietpreis.

Limitieren Sie sich nicht selbst auf die einzig richtige Lösung. Überlegen Sie immer auch Gegenargumente, die Ihr Gegenüber vorbringen könnte: «zu aufwendig», «zu teuer», «der Mieter Meier hat auch zwei Ständer draußen stehen» ...

Suchen Sie objektive Entscheidungskriterien für das Ergebnis!
Ein weiteres Problem bei vielen Verhandlungen: Die Kriterien, die über das Ergebnis entscheiden, werden oft nach Gefühl festgelegt («scheint mir zu teuer, zu viel verlangt, zu unangemessen ...»).

Was könnten sachliche Kriterien sein? Denken Sie dabei an Gutachten, Verträge, den Marktwert, die Kosten, den örtlichen Mietspiegel.

Die Center-Managerin weiß, wer welche Miete für welche Fläche zahlt. Mieter Meier hat beispielsweise eine höhere Grundmiete, und außerdem hat er Außenfläche mit gemietet.

In unserem Fall hat der Handtaschen- und Gürtelhändler eine sehr günstige Grundmiete, da sein Laden bislang weniger Umsatz macht (und der Mietpreis an den Umsatz gebunden ist).

Das Verhandlungsergebnis. Center-Managerin und Mieter einigen sich darauf, dass für die Wochen vor Weihnachten eine zusätzliche Aktionsfläche angemietet wird. Langfristig überlegt der Mieter, in ein anderes Ladenlokal umzuziehen. Er will jedoch erst den Erfolg der Aktion abwarten. Außerdem stellt er einen anderen Ständer vor seinen Laden, auf dem mehr Waren präsentiert werden können. Der zweite Ständer verschwindet.

Denken Sie daran: **Nichts ist vereinbart, solange nicht alles vereinbart ist!** Schließen Sie *immer* mit einer gemeinsamen Vereinbarung, der Umsetzungsplanung sowie Terminen zur Überprüfung des Umgesetzten ab:

1. Der Mieter verpflichtet sich, ab dem 13. Oktober nur einen Ständer nach draußen zu stellen.
2. Die Aktionsfläche steht ab dem 3. November zum Preis von XY zur Verfügung.
3. Am 2. Dezember findet ein weiteres Gespräch statt, um über die Mietsituation im nächsten Jahr zu verhandeln.

Bestehen Sie auf Schriftform, wenn Sie befürchten, dass sich die Gegenseite sonst nicht daran halten wird.

«Da werden wir uns schon einig werden, denke ich ...» Lassen Sie sich darauf nicht ein.

Sondern: «Lassen Sie uns das ganz kurz schriftlich festhalten, damit die nächsten Schritte klar sind.» So gehen Sie sicher.

(Wenn Sie mehr zum Thema Verhandeln wissen wollen, lesen Sie weiter im Buch über das Harvard-Konzept – siehe unser Literaturverzeichnis.)

Verhandlung ist nicht alles – klüngeln ist mehr

Bleiben Sie mit Ihren Verhandlungspartnern auch weiter im Gespräch. Nicht nur bei Verhandlungen. Wenn Sie als Center-Managerin ab und zu mal den Kopf durch die Tür stecken, sich erkundigen, nachfragen, dann tun Sie damit einiges, um die Sympathie des Mieters zu gewinnen.

Sie prägen jetzt Ihr Image als Neue. Wenn Sie Nörgler, Schlüsselfiguren und Meinungsmacher für sich gewinnen, wird Ihnen das Ihre Arbeit sehr erleichtern.

Ahimsa!

Verhandlungen und Projektgespräche entwickeln oft ein rasantes Tempo. Lassen Sie sich nicht um den Finger wickeln.

Nehmen Sie sich fünf Atemzüge Zeit. Achten Sie nur auf Ihren Atem. Das ist Ihre kleine Auszeit für einen klaren Kopf.

Stabilisieren und erweitern Sie Ihr Netzwerk

EinBlick

Hier erfahren Sie,

- warum es sich lohnt, sich fördern zu lassen
- wo und wie Sie Ihre persönliche Förderfrau oder Ihren Ziehvater finden
- weshalb Ihnen das den Weg durch die «gläserne Decke» erleichtern kann
- welche externen Netzwerke wichtig für Sie sind

Förderer – Ziehväter – Mentoren und Mentorinnen

Die Geschichte von erfolgreichen Männern und Frauen in Politik, Wirtschaft oder Sport zeigt, dass sie durch Ziehväter gefordert und gefördert wurden. In ehrlichen Karrierebeschreibungen können Sie nachlesen, wer den Aufstieg unterstützt und gefördert hat. Wer motiviert hat und im richtigen Moment zur Seite stand und Mut machte, eine wichtige Position zu übernehmen

Auch wenn später das Verhältnis kippt, wenn die «Ziehkinder» zu Konkurrenten werden oder sich vom Ziehvater lösen und eigene Wege einschlagen – so hatten sie doch die Förderer von ganz oben. Und hier können wir wirklich von Förderern sprechen, weil Frauen immer noch selten diese Positionen einnehmen.

Steffi Graf ohne ihren Vater? Zeitweise undenkbar. Angela Merkel ohne Helmut Kohl? Erst der Ziehvater ermöglichte dem «Mädchen» den Einstieg in die ganz große Politik. Bankchef Josef Ackermann hatte als Ziehvater einen Franz Josef Strauß.

Selbst im Medienbereich geht es nicht ohne diese Unterstützung. Was nutzt ein erfolgreiches Casting ohne anschließende Protektion?

Jetzt stellt sich die Frage: Wer ist der Ziehvater oder Mentor von wem in Ihrem Haus?

Oder: Wer unterstützt oder fördert bestimmte Projekte?

Für Sie – inzwischen Forscherin der Unternehmenskultur – kann auch das eine spannende Aufgabe sein und ganz neue Sichtweisen und Erkenntnisse bringen.

Schreiben Sie in Ihre Klüngel-Datei:
Wer fordert und fördert wen?
Wer unterstützt bestimmte Projekte?

Es könnte Ihr Ziel werden, einen Ziehvater oder eine Ziehmutter von ganz oben zu gewinnen.

Fangen wir aber etwas kleiner an. Eine Coachee erzählte uns von ihrer Verbündeten:

Wer mit wem und warum

Nach dem Studium habe ich in der Kundenberatung einer Werbeagentur begonnen. Die Arbeit macht mir sehr viel Spaß, trotzdem: Es ist ganz anders, als ich mir das während des Studiums vorgestellt habe. Zum Glück habe ich schnell eine Account-Managerin aus einem anderen Team kennengelernt, mit der ich mich super verstehe. Sie gibt mir viele Tipps und kennt sich gut aus im «Wer mit wem und warum». Sie bewahrt mich vor manchem Fettnäpfchen, denn das Arbeiten in einer Agentur ist schon sehr speziell …

Fällt Ihnen der Gedanke schwer, Unterstützung und Förderung in Anspruch zu nehmen? Dann machen Sie sich eines klar: Es spricht für Ihre Professionalität, wenn Sie Unterstützung suchen. Es zeigt, dass Sie die Zusammenhänge kennen zwischen Karriere, Einfluss und Macht. Wenn Sie dazugehören wollen, lassen Sie sich von Ihren Verbündeten fördern. Nutzen Sie die Kraft der anderen, um selbst voranzukommen.

Kann sein, dass Sie jetzt folgender Gedanke quält: Alle haben den Verdacht, ich habe die Stelle nur durch Empfehlung bekommen … Ich bin durch Vitamin B befördert worden …Ich wurde direkt in den Lenkungsausschuss berufen – durch Ziehvater X.

Schreiben Sie Ihren Verdacht auf einen Zettel – zerreißen Sie ihn dann und werfen Sie ihn fort. Und machen Sie dann weiter unbeirrt einen guten Job. Sie wissen doch selbst ganz genau: (Auch) erfolgreiche Frauen brauchen erfolgreiche Frauen und Männer im Rücken.

Gehen Sie also auf die Suche.

Bauen Sie sich Ihren persönlichen Berater-Pool auf

Wer ist die Richtige oder der Richtige für Sie?

Damit Ihnen Ihr Einstieg gut gelingt und Sie in den folgenden Monaten Ihre Kontakte weiter ausbauen, empfehlen wir Ihnen, sich folgende Unterstützung zu holen:

* für das **fachliche Know-how**
  Wer kennt die alltäglichen Vorgänge sehr genau? Wer hat spezielles Fachwissen, das Sie brauchen können? Wer hat den Überblick in Ihrem Bereich?

* für **etwas, das Sie nicht können** und das Sie gerne lernen möchten. Beispiel: Sie sind eher schüchtern und schweigsam. Eine Frau mit hoher Sozialkompetenz ist ihr Vorbild. Diese Frau ist sehr bekannt, und alle reden gerne mit ihr und besonders positiv über sie. Wie schafft sie das?

* für die **Unternehmenskultur**
  Wer ist hier sehr aufmerksam? Wer registriert die Dos und Don'ts? Wer kommentiert, wenn eine ins Fettnäpfchen tritt?

* auf einer **höheren Ebene**

  Auch wenn Sie nicht sofort einen Kontakt nach oben – eine oder zwei Etagen höher – herstellen können, behalten Sie es im Hinterkopf. Bei der nächsten Möglichkeit steigen Sie ein in eine Arbeitsgruppe, in der alle Ebenen vertreten sind. Jetzt können Sie die persönlichen Kontakte aufbauen. Aber haben Sie Geduld. Vertrauen wächst nach und nach.

  Bevor Sie sich für eine Person entscheiden, überprüfen Sie, wie weit ihr Einflussbereich reicht und wofür sie ihren Einfluss nutzt. Welche Verbündete stehen zu ihr? Nicht ganz unerheblich für Sie ist dann aber noch die zusätzliche Frage: Liegen Sie auf der gleichen Wellenlänge?

* für Ihre **politischen Kontakte**

  Brauchen Sie in Ihrem Job politisches Feingefühl, dann suchen Sie nach einer politischen Beraterin. Lassen Sie sich einweihen ins Who is who. Wer hat was zu sagen? Damit Sie sich gleich an die richtigen Leute wenden können.

Lernen Sie mit der Zeit, sich auf dem Parkett der Einflussreichen zu bewegen (Kleidung, Etikette, Gesprächsthemen).

Eines noch: Ihre direkte Vorgesetzte ist zwar Ihre wichtigste Verbündete – als interne Mentorin aber sicher nicht die glücklichste Wahl. Sie sitzen zu nahe beieinander, Sie sind dieser Person zu dicht auf den Fersen. Ihre Förderfrau oder Ihr Ziehvater sollte aus einem anderen Bereich und mindestens aus einer Etage höher kommen.

Sie oder er kann manche Kontakte und Wege für Sie öffnen, Unternehmenswissen an Sie weiterleiten, Sie ermutigen und coachen.

Im günstigsten Fall öffnet er oder sie Ihnen auch das eigene Netzwerk.

Jetzt ist wieder Ihr **Notizbuch** gefragt.

* Notieren Sie, wer für Sie wofür in Frage kommt und warum?
* Entscheiden Sie sich erst, wenn Ihre Notizen Ihnen den Hinweis auf die richtige Wahl geben.

Nähe suchen, aber wie?

Wie machen Sie diese Frau oder diesen Mann aber jetzt auf sich aufmerksam? Was können Sie der Person anbieten, damit Sie gefördert werden? Vermutlich können Sie nicht einfach losgehen und sagen: «Hier bin ich, bitte fördern Sie mich.»

Finden Sie eine Möglichkeit, wie Sie dieser Person **von Nutzen sein** können. Können *Sie* in irgendeinem Bereich Unterstützung anbieten? Wen kennen *Sie*, der etwas hat, das Ihr potenzieller Unterstützer oder ihre Förderfrau brauchen könnte?

Ergreifen Sie **jede Kontaktchance**. Suchen Sie auf Firmen-Events ihre Nähe. Besuchen Sie dieselben Veranstaltungen. Fragen Sie in fachlichen Dingen um Rat. Seien Sie neugierig auf alles, was im Unternehmen geschieht. Versuchen Sie, durch Projektarbeit in ihren oder seinen Dunstkreis zu gelangen. Bleiben Sie dran.

Hat die Person, von der Sie sich Förderung wünschen, irgendwelche **Interessen und Hobbys**? Wo engagiert sie sich außerhalb des Unternehmens besonders? Recherchieren Sie: im Internet, im Umfeld Ihrer «Zielperson». Nähern Sie sich langsam, aber stetig. Welche Gemeinsamkeiten haben Sie?

Eine Newsletter-Leserin schrieb uns:

Für mich hat die Königin der Nacht gezaubert

Als ich meinen Job in Berlin antrat, musste ich am ersten Tag einen Antrittsbesuch beim Personalchef machen. Er fragte, was mich an Berlin besonders reize, und ich sagte, ohne zu zögern, es sei die Oper. Ich gebe zu, das stimmte nicht ganz, ich bin eigentlich mehr fürs Schauspiel, aber im Büro hingen Opernplakate aus aller Welt. Da war doch klar, wohin die Interessen des Personalchefs gingen. Ich sagte ihm noch – und das stimmte nun wirklich hundertprozentig –, dass ich angenehm überrascht sei, hier in dieser Etage einen praktizierenden Opern-Fan zu treffen. Auch das freute ihn. «Ja glauben Sie denn, wir hätten nur das Geschäft im Kopf?» Er veranlasste, dass ich eine Freikarte für die nächste Aufführung – die *Zauberflöte* – erhielt. Er wies mich auf die neue Sopranistin hin, über die halb Berlin rede – und ich sollte unbedingt berichten, wie sie mir gefallen habe. Das tat ich, ich war ganz hingerissen von dieser Stimme, die «Königin der Nacht» hatte Berlin zu Recht verzaubert. Unsere gemeinsame Freude an der Oper machte ihn für alle meine Probleme zugänglich, und auch als ich nach einigen Monaten zurück nach Köln wollte, weil dort eine besonders interessante Redaktionsstelle frei wurde, unterstützte er mich.

Nutzen Sie wieder einmal die Gelegenheit für (aufrichtige!) **Komplimente**. Sagen Sie, was Sie an Ihrem Gegenüber begeistert, und zeigen Sie Ihre Bereitschaft, sich für diese Person einzusetzen.

Worüber Sie mit Ihrem Förderer/Ihrer Förderfrau sprechen könnten

Hier einige Tipps: Fragen Sie,

* welche Fähigkeiten und Kompetenzen Sie in den Vordergrund stellen sollten
* welche aktuellen Projekte von Bedeutung sind
* welche Aktivitäten Sie im Unternehmen «sichtbarer» machen dürften
* mit welcher Strategie Sie Ihre Ziele erreichen können
* welche wichtigen Personen Sie wo kennenlernen können und
* wen er/sie Ihnen vorstellen kann

Noch eines: Denken Sie auch daran, selbst andere zu fördern.

Vielleicht können Sie schon nach ein paar Monaten überlegen, wer von Ihrem «Machtzentrum» einen Nutzen haben soll. Wen wollen Sie wie fördern? Wen hätten Sie gern in Ihrer Nähe? Auch das erweitert Ihr Ansehen und Ihren Einfluss.

Für Sie als Frau gibt es auch offizielle Förderprogramme. Wenn Sie dazu mehr wissen wollen, dann lesen Sie im Anhang über Mentoring-Programme weiter.

Bauen Sie externe Netzwerke auf, bevor Sie diese brauchen

Netzwerke sichern und stabilisieren uns privat und beruflich. Externe berufsbezogene Kontakte bieten Ihnen weitere berufliche Möglichkeiten. Machen Sie sich an Ihre Außenkontakte:

Berufsverbände

Berufsverbände sind eine Form der Interessenvertretung Ihres Berufsstandes, vor allem nach außen. Akademikerverbände aller Berufssparten, Beamtenverbände, Verbände für Information und Dokumentation …

Durchforsten Sie Ihre Verbandslandschaft, regional bis international, und schnuppern Sie hinein. Schauen Sie sich die Webseiten an. Gehen Sie zu einer Tagung oder einem Kongress oder zu einer Versammlung. Fragen Sie nach Fachgruppen. Stellen Sie fest, welches Thema Ihr Interesse weckt.

Fragen Sie auch die Chefin oder andere Schlüsselfiguren, welcher Verband wichtig ist oder Ansehen genießt und wie Ihr Unternehmen dort vertreten ist. Zeigen Sie Ihr Interesse dafür.

Und klar, ganz wichtig ist: Wer aus Ihrem Unternehmen sitzt im Vorstand, im Präsidium oder einem Ausschuss? Wen könnten Sie in welcher Fachgruppe kennenlernen?

Diese Außenkontakte könnten es ermöglichen, einen Weg zu finden zu der internen Schlüsselfigur, die Sie im eigenen Haus nicht erreichen können. Über diesen meist ehrenamtlichen Einsatz lernen Sie Ihre Branche noch einmal aus einem anderen Blickwinkel kennen. Ihr Kontaktspektrum erweitert sich. Lassen Sie sich aber nicht verheizen. Auch hier ist es von Vorteil, ein Ziel vor Augen zu haben: Wollen Sie Expertin für Sponsoring oder Steuerfragen werden? Streben Sie ein einflussreiches Amt an? Wollen Sie die Position als Sprungbrett für Ihre Karriere nutzen?

Berufliche Netzwerke

Hier finden Sie alles, von kleinen privaten Zirkeln bis zu einflussreichen großen Vereinen, berufsbezogen oder berufsübergreifend. In solchen Netzwerken sind alle vertreten, Projektmanagerinnen, Anwältinnen, Ingenieurinnen, Sekretärinnen / Assistentinnen und und und … Sie können aber auch in reine Frauennetzwerke gehen. Hier können Sie sich austauschen, Unterstützung finden, andere mitziehen, sich fortbilden.

Testen Sie, in welchem Netzwerk Sie sich am wohlsten fühlen und wo Sie die meiste Unterstützung finden.

Unterschätzen Sie auch nicht die Kontaktmöglichkeiten und den Einfluss von regionalen oder überregionalen Vereinen, kulturellen Fördervereinen und Clubs. Ob in Stiftungen, Fördervereinen, Sportvereinen, Kirchenchören, Reitvereinen, Karnevalsvereinen, in Vereinen, die das Brauchtum oder das Wattwandern fördern – überall werden Sie Menschen aus leitenden Positionen ihres und anderer Unternehmen finden. Im Vorstand, im Beirat, in Arbeitsgruppen.

Manche Clubs sind etwas exklusiver, die Mitglieder zumeist auch … Sie können nicht einfach Mitglied werden. Sie brauchen eine Empfehlung oder einen Leumund, wie bei den Lions, Soroptimistinnen, Zontas, exklusiven Golfclubs …

Jeder neue Kontakt kann Ihnen eine neue Welt öffnen und Sie in eine neue Gruppe, eine neue Gesellschaft einführen. Vor allem Menschen, die großartige Kontakter sind, können Ihnen einen neuen Wirkungskreis erschließen. Achtung: Diese Leute pflegen, schätzen und hüten ihre Kontakte. Natürlich lernen Sie hier Menschen kennen, womöglich auch für Sie wichtige Menschen. Aber nutzen Sie diese neuen Verbindungen nur sehr vorsichtig für Ihre eigenen Zwecke. Und zumindest anfänglich nie, ohne die erste Kontaktperson mit einzubeziehen. Sonst könnten Sie schnell wieder draußen sein.

Eine Freundin erzählte uns Folgendes:

Fliegen und rausfliegen

Beim Geburtstagsempfang meiner Chefin war auch ein braungebrannter junger Mann eingeladen, Angestellter in einem großen Reisebüro, der für die Firma alle Firmenflüge und Betriebsreisen buchte. Er war sehr freundlich, verteilte überall seine Visitenkarten und sammelte selbst jede Menge Karten ein. Er muss dann all diese Leute, die er dort kennengelernt hatte, zu kleinen privaten Essen eingeladen haben, auf denen er so ganz nebenbei aufwendige Reisen nach Südafrika und Indien verkaufte. Meine Chefin erfuhr davon erst nach und nach, auch weil einige der Angesprochenen sich mit den ständigen Reiseangeboten irgendwie unter Druck gesetzt fühlten. Als ihr klar wurde, dass dieser Mann all ihre Kontakte ohne ihr Wissen missbraucht hatte, zitierte sie ihn wütend herbei, kündigte alle Verträge mit dem Reisebüro und brach jeglichen privaten und geschäftlichen Kontakt ab.

Die Wertschätzung ist Dreh- und Angelpunkt solcher Beziehungen. Interessieren Sie sich für den Erfolg dieser Menschen. Erkennen Sie die Bedeutung dieser Leute in ihrem Umfeld an.

Schätzen Sie, was sie erreicht haben. Geben Sie ihnen die Möglichkeit, sich wichtig und erfolgreich zu fühlen.

Umgekehrt ist es doch genauso: Wenn Sie gerade eine große Veranstaltung organisiert oder einen kniffligen Bericht abgegeben haben, dann freuen Sie sich doch auch, anerkannt zu werden, wichtig für andere zu sein.

Gegenseitige Wertschätzung ist die Basis für einen wertvollen unterstützenden Kontakt. Welche privaten Interessen hat die andere Person – oder auch: welche Probleme? Können Sie sie dabei unterstützen? Dann haben Sie mit Sicherheit einen Stein bei ihr – oder ihm – im Brett.

Gehen Sie in die Breite – Außenkontakte und ihre Chancen

Suchen Sie sich Menschen aus den unterschiedlichsten Berufen und aus verschiedenen sozialen Welten und Hierarchien. Ihr Netzwerk ist dann in der Breite stark verankert.

Als Frau schätzen Sie womöglich mehr die engen Freundschaften als die breitgestreuten «oberflächlichen» Kontakte. Enge Beziehungen reichen aber nicht zum erfolgreichen Klüngeln. In Ihren Freundschaften leben Sie wahrscheinlich in ähnlichen Welten, bezogen auf Status, Interessen und soziales Engagement. Freundschaftliche Kontakte entstehen oft innerhalb bestimmter Kreise, in der vertrauten Nachbarschaft oder im Kollegenkreis, reichen noch von der Schul- oder Studienzeit hinein ins jetzige Leben. Menschen finden sich mit Menschen ähnlicher Herkunft und ähnlichem gesellschaftlichem Status zusammen. Oder es tun sich Berufe zusammen: Banker kennen oft nur Banker, Fachärzte hauptsächlich Fachärzte und Journalistinnen viele Journalistinnen …

Öffnen Sie Ihre Welt – damit eröffnen sich für Sie weitere Chancen, Ihre Ziele zu erreichen.

Unter diesem Aspekt sollten Sie Ihr Netzwerk genauer betrachten. Machen Sie sich eine Liste, schreiben Sie auf, wer Ihnen spontan ins Gedächtnis kommt:

* Wen kennen Sie im Medienbereich: Rundfunk, Fernsehen, Printmedien?
* Wen aus der Verwaltung Ihrer Stadt oder Gemeinde?
* Wen aus der Politik, dem Rat, den Parteien?
* Wen aus der Wissenschaft, aus den Hochschulen?
* Wer hat mit Finanzen und Steuern zu tun – Beraterinnen, Finanzamt ...?
* Wen kennen Sie aus der Kultur: Schauspiel, Musik, Literatur?
* Wer ist im Personalbereich tätig?
* Wer ist Fachärztin, Chefarzt, Krankenhausangestellte?
* Wen kennen Sie aus dem Handwerk?
* Und aus dem Anwaltsbereich, den Immobilien ...?
* Wie ist es mit dem Internetbereich: von der Software bis zu Bloggern?
* Und last not least: Restaurants, Blumengeschäfte, Weinläden ...?

Alle diese Kontakte können Sie beruflich und privat brauchen. Jetzt überlegen Sie einmal: Wen davon können Sie schnell kontaktieren, wenn Sie Hilfe oder einen guten Tipp benötigen?

Ihre Klüngel-Datei braucht jetzt neue Kategorien:
* Politik
* Verwaltung
* ...
* ...
* Geschäfte

Viele davon werden zu Ihren oberflächlichen Kontakten zählen. Mal treffen Sie sich auf Veranstaltungen, mal auf Feiern. Dort ergibt sich die Gelegenheit zum Gedankenaustausch. Das ist immerhin schon ein Grundstein, um bei anderer Gelegenheit auf Wissen und Möglichkeiten der anderen zurückzugreifen.

Denken Sie aber auch darüber nach, was Sie in das Netz «einspeisen» können, damit Sie für andere interessant werden.

Erweitern Sie hierzu Ihre Klüngel-Datei um Ihre Möglichkeiten für jede Person.

Private Freundschaften – berufliche Kontakte

Wir haben Ihnen viele Wege gezeigt, Kontakte zu knüpfen. Vielleicht haben Sie nach all diesen Tipps und Vorschlägen plötzlich das unangenehme Gefühl, Ihre ganze Welt müsse sich künftig nur noch um nutzbare Beziehungen drehen. Jeder noch so sympathische Mensch müsse auf seine «berufliche Verwertbarkeit» geprüft werden.

HAAAALT!

Diese Schlussfolgerung wäre völlig falsch.

Die Menschen, die Ihr Privatleben bereichern, die Sie als Freunde und Freundinnen schätzen, deren Nähe Sie ganz ohne Nebenabsichten suchen – **diese Menschen sind und bleiben die wichtigsten.**

Aber wenn es einmal nötig wird, gezielt Kontakte zu finden, die für Ihr Fortkommen wichtig sind, dann ist es Ihr gutes Recht, danach zu suchen.

PIA sagt: Neue Kontakte – andere Welten

«Unser Tennisverein wurde im letzten Jahr 25. Das haben wir groß gefeiert.

Bei der Vorbereitung meldete ich mich für die Arbeit in der Orga-Gruppe. Das war eine gute Entscheidung. Unsere Planungsgruppe entwickelte sich zu einem großartigen Team. Ich lernte bei der Vorbereitung viele Leute kennen. Wir haben Kontakt aufgenommen zu Sportfreaks, zu Künstlerinnen, die wir für unser Bühnenprogramm angesprochen haben, zu Politikerinnen, die wir als Ehrengäste einluden, zu Funktionären aus unserem Tennisverband. Es war einfach spannend, mit diesen Leuten zu reden, die sonst nicht zu meinem Bekanntenkreis gehören.

Einige von uns haben ihre Pressekontakte genutzt, damit auch in der Öffentlichkeit über unser großartiges Fest und unseren Verein gesprochen wurde.

Im Nachhinein kann ich sagen, dass diese Erfahrungen, Einblicke und Kontakte mein Leben bereichert haben.»

Pia entdeckt neue Welten

Wir verabschieden uns von Ihnen

Ursula Maile
www.mailensteine.de

Anni Hausladen
www.frauen-kluengeln.de

Gerda Laufenberg
www.GerdaLaufenberg.de

Anhang

Sie brauchen noch eine Orga-Unterstützung für den Einstieg?
Hier ist sie:

Ihre Checkliste für die Einarbeitung

Einstiegs-Checkliste (zum Ausfüllen und Abhaken)	Erledigt	Anmerkung
Zuweisungen und Zugangs-berechtigungen • EDV-Nutzeranmeldung • E-Mail-Adresse und Mail-Account • Telefonnummer • Diensthandy • Passwörter • Codes • Türpass • Büroschlüssel • Parkkarte		
Who is who? Wer ist Ansprech-partner für welche Fragen? • Einweisung allgemein und fachlich • EDV-Einweisung/-Probleme • Material – Wo? Wie? • Schreibtischausstattung • Türschild • Personalangelegenheiten • Organigramm		

Einstiegs-Checkliste (zum Ausfüllen und Abhaken)	Erledigt	Anmerkung
Einweisungen in Sicherheitsvorschriften		
Telefon-Kommunikation • Internes Telefonbuch • Bedienung der Telefonanlage • Wie melden Sie sich?		
Corporate Identity • Dokumentenlayout – intern/extern • Welche Vorlagen existieren? • Signatur unter E-Mails • Wo finden Sie diese? • Visitenkarten – nur Firmen- oder auch Privatadresse?		
Gebäuderundgang – Vorstellung der zentralen Stellen • Kaffeeküche – Getränkeregelung? • Kantine • Personalbüros • Poststelle • Postfächer • WCs • Ruhezonen • Drucker und Kopierer • Telefax		
Zeiten und Termine • Offizielle Arbeits- und Pausenzeiten • Meeting-Zeiten • Termine, an denen Sie teilnehmen sollten		

Einstiegs-Checkliste (zum Ausfüllen und Abhaken)	Erledigt	Anmerkung
Verwaltungstechnische Verfahrensabläufe • Unterschriftenregelung • Formularnutzung • Dienstwege • Dienstreisen • Verhalten im Krankheitsfall		
Interne Kommunikations- und Informationsnetzwerke • Virtuell: Intranet? Mail-Verteiler? • Reale Treffen • Fachmedien		

Sie sind jetzt schon einige Zeit dabei? Zeit für einen Rückblick:

Zwischenbilanz – Wenn die ersten Monate im neuen Job vorbei sind ...

Sie sind intern jetzt schon gut vernetzt und wissen, zu wem Sie noch einen guten Draht aufbauen werden. Klopfen Sie sich auf die Schultern. Gratulieren Sie sich. Sie haben gute Arbeit geleistet.

Ihre Klüngel-Datei ist zu Ihrem Schatzkästchen geworden.

In Ihrem Notizbuch entdecken Sie immer wieder brauchbare und wertvolle Notizen, die Sie schon fast vergessen haben.

Gönnen Sie sich eine Verschnaufpause. Betrachten Sie Ihre Leistung: Welche Arbeitsabläufe sind Ihnen jetzt schon vertraut? Welche schwierigen Momente haben Sie gemeistert? Welche blöde Anmache ignoriert? Welche Unterstützung von wem erhalten?

Sie sind von der Fremden zur neuen *Mit*-Arbeiterin oder Chefin geworden. Die Feuertaufe haben Sie also bestanden.

Ahimsa

Lassen Sie sich Zeit für Ihre 5 Atemzüge. Kehren Sie für einige Augenblicke ganz zu sich selbst zurück. Hier und jetzt zählen nur Sie.

Ja oder nein?

Jetzt ist es an Ihnen, sich nochmal wirklich dafür oder dagegen zu entscheiden. Sie sagen ja zu Ihrer Stelle. Und trotzdem werden Sie noch Wochen und eventuell Monate brauchen, um wirklich alle Interna zu kennen. Gönnen Sie sich auch diese Zeit.

Brauchen Sie einen Plan B?

Sollten Sie aber feststellen, in dieser Kultur absolut fehl am Platz zu sein, dann ist es besser, sich für das Gehen zu entscheiden.

Während der ersten Monate ist ein Zögern noch okay, später könnte es sein, dass Sie als ungeeignet, erfolglos oder uninspiriert gelten und aufs Abstellgleis geschoben werden. Geben Sie nicht zu früh auf – aber entscheiden Sie sich klar dafür oder dagegen, machen Sie nicht unentschlossen weiter!

Schauen Sie nach vorn: Welche Kultur passt zu Ihnen? Wir haben ganz am Anfang darüber geschrieben. Es ist ein Unterschied, ob Sie mit Ihrer Profession als Personalentwicklerin, Wissenschaftlerin, Sozialarbeiterin in einem traditionellen mittelständischen Unternehmen oder in einem Verband, einem Industrieunternehmen oder in einem internationalen IT-Konzern arbeiten. In jeder Branche finden Sie unterschiedliche Kulturen, auch im Forschungsbereich oder in sozialen Einrichtungen.

Wo passen Sie besser hin? Wenn Sie genau wissen, wohin Sie wollen, werden Sie auch schneller wieder eine Stelle finden. Ihr Engagement bei der Stellensuche wird größer sein.

Sprechen Sie je nach Arbeitssituation auch mit den Personalleuten oder Ihren Chefs. Können die Ihre Situation nachvollziehen, dann könnte es auch sein, dass Sie Tipps und Empfehlungen für ein anderes Institut oder Unternehmen erhalten.

Manchmal ist es auch erforderlich, im Beruf eine Zeit lang eine Rolle zu spielen, die gegen Ihre eigentliche Veranlagung geht. Es ist legitim, sich aus wirtschaftlichen Erwägungen oder Karriere-Aspekten zu entscheiden, erst mal eine Weile durchzuhalten, obwohl Sie mittel- bis langfristig den Absprung suchen.

Definieren Sie die Rolle, die Sie spielen wollen / sollen, genau: Welche Verhaltensweisen gehören dazu? Erarbeiten Sie ein Drehbuch für diese schwierige Zeit. Und bauen Sie so viele Facetten Ihrer Persönlichkeit wie möglich in dieses Drehbuch ein, damit Sie diese Lebensphase gut überstehen.

Achten Sie bei der Rollengestaltung darauf, dass Sie stets professionell und motiviert wirken und korrekt bleiben. Schließlich ist auch diese Episode ein Teil Ihrer Karriere.

Definieren Sie Ihre Ziele

Kommen wir aber wieder zurück auf Ihre neue Stelle:

Sie haben sich für diesen Platz entschieden. Sie wollen sich weiter einbringen oder – wenn nötig – durchbeißen. Gerade in schwierigen Situationen ist es entlastend, den Zeitraum festzulegen, in dem Sie was bis wann erreichen wollen. In zwei Jahren, in sechs Monaten, in einem Monat. Was genau ist Ihr berufliches Ziel hier in Ihrem gegenwärtigen Arbeitsumfeld? Definieren Sie ein Ziel, auch wenn Sie glauben, dass es noch zu früh sei. Sie wissen doch, Ziele sind wie Magnete. Wenn Sie Ihr Ziel in sich verankert haben, richtet sich alles danach aus.

Wenn Sie den Fortbildungsbereich in zwei Jahren übernehmen wollen, werden Sie alles dafür – bewusst und unbewusst – tun, um Ihr Ziel zu erreichen. Nebenschauplätze sind dann für Sie uninteressant. Gerade am Anfang müssen Sie die richtige Weichenstellung beachten. Es darf nicht geschehen, dass Sie *zufällig* auf eine unbedeutende – gerade nicht besetzte – Stelle abgeschoben werden. Fokussieren Sie Ihr Ziel und bleiben Sie dran.

Sie sind neugierig geworden aufs Mentoring? Bitte schön:

Mentoring – Förderung durch Klüngeln

Wo liegt eigentlich das Problem? Heute sind immer mehr Frauen gut ausgebildet, haben Lehre, Studium und viele Fortbildungen mit Bravour absolviert, legen die besten Zeugnisse vor, die besten Beurteilungen. Fachlich hochqualifiziert, stehen sie ihre Frau im Berufsleben. Und die Anzahl dieser Frauen nimmt ständig zu. Hinzu kommt, dass die Quotenregelung vielen Frauen den Einstieg in männliche Domänen ermöglicht, gleiche Qualifikation mit männlichen Bewerbern vorausgesetzt.

Wir könnten doch glauben, die Arbeitswelt ist vorbereitet für Frauen, die in die Führungsriegen aufsteigen wollen. Weit gefehlt! Denn wie eine unsichtbare Mauer steht die informelle Welt der männlichen Verbindungen vor ihnen.

Offiziell wird bei Befragungen der Führungselite das Geheimnis des Erfolgs mit der Dreifaltigkeit von Wille, Leistung und Engagement begründet. Doch weiß frau heute, dass Spitzenposition und damit Macht und Wohlstand nach anderen Regeln vergeben werden. Eine FORSA-Studie aus dem Jahr 2007 belegt das.

Zwar ist offene Diskriminierung selten geworden, offiziell gelten Frauen als gleichberechtigte Anwärterinnen auf Spitzenpositionen. Doch das steht nur auf dem Papier. Der Haken: Männernetzwerke booten Frauen in der Praxis aus. Und die Frauen wissen das. Was empfinden weibliche Führungskräfte als größtes Hindernis für ihre Karriere? In der FORSA-Studie wurden dazu 501 Managerinnen aus größeren Unternehmen befragt. Ein erstaunliches Ergebnis: Als größtes Hindernis für die Karriere empfinden weibliche Führungskräfte nicht die schwierige Vereinbarkeit von Beruf und Familie, sondern die Dominanz männlicher Netzwerke. 70 Prozent der Managerinnen fühlen sich durch die Seilschaften der männlichen Konkurrenz ausgeschlossen oder benachteiligt.

Seit dieser Studie hat sich in der Praxis nicht viel verändert.

Es sind die informellen Strukturen, über die männliche Kollegen verfügen. Sie ergeben sich aus Netzen mit männlichen Ziehvätern, mit männlichen Vorbildern auf einflussreichen und gutdotierten Positionen. Und die sichern sich männlichen Nachwuchs. Das sind die wirksamsten Strategien von Männern auf dem Arbeitsmarkt, für Frauen unsichtbar und formell kaum greifbar, individuell aber schmerzhaft spürbar.

Die Vorstellung, sich für eine Frau in ihrer Mitte einzusetzen, für die kluge, gebildete, so gar nicht zurückhaltende Kollegin im Vorstand oder in der Geschäftsleitung, ist in vielen Männerköpfen längst noch nicht verankert. Vielleicht verursacht die Vorstellung auch Unbehagen. Männliche Vorgesetzte setzen sich eher für männlichen Führungsnachwuchs ein, da kennt «mann» sich aus. Natürlich gibt es Ausnahmen, aber die bestätigen nur … na Sie wissen schon. Und deshalb ist die Mentorin, das weibliche Vorbild, als unterstützende Förderin für Frauen so wichtig.

Frauen brauchen, wenn sie ganz oben in der beruflichen Hierarchie ankommen wollen, eine individuelle Förderung. Sie müssen eingeführt werden in die Unternehmenskultur und ihre informellen Regeln. Klar, allein geht das mit etwas Glück vielleicht auch. Mit einem Mentor – bzw. einer Mentorin – geht's besser, auf jeden Fall einfacher.

Hinter jedem erfolgreichen Mann steht immer einer, der ihn gefördert hat. Das sollte frau wissen, bevor sie leichtfertig auf eigene Förderung verzichtet.

Aus dieser Erfahrung hat sich das Mentoring für Frauen institutionalisiert.

Angst vor der weiblichen Schublade?

Stehen Ihnen die Haare zu Berge, wenn Sie von Frauenförderprogrammen hören? Sie fühlen sich nicht minderbegabter oder unfähiger als Ihre männlichen Kollegen. In diese defizitäre Frauenschublade wollen Sie nicht gepackt werden. Sie sind kompetent, leistungsstark und einsatzbereit. Eine Förderung haben Sie nicht nötig, und schon gar keine Frauenförderung.

Aber mal ganz ehrlich: Haben Sie sich nicht schon über manche männliche Lusche geärgert, die vor Ihrer Nase befördert wurde? Wer hat da wohl nachgeschoben? Vielleicht wissen Sie es sogar, aber Sie haben es geschluckt und geschwiegen.

Gestatten Sie sich doch mal, darüber nachzudenken, wie die Old-Boys-Networks funktionieren. Old-Boys-Networks sorgten schon immer für die individuelle Förderung ihres männlichen Nachwuchses und ganz klar mit dem Ziel, den favorisierten jungen Mann in die gewünschte Position zu befördern. Das heißt, der Nachwuchs schließt die Lücke in der Führungsriege wieder. Eine geschlossene Gesellschaft. Und Sie stehen außen vor. Übrigens heißt das nicht «Männerförderung», sondern Networking. *Mann* klopft sich gegenseitig auf die Schulter und fühlt sich bestätigt.

Mentoring bei Frauen hat zumeist eine völlig andere Bedeutung. Die Frauen erhalten erst einmal nur einen Einblick in die höhere Riege, sie werden in ihrer Karriereplanung unterstützt, aber selten von ihrer Mentorin auf einen bestimmten Platz gehievt. Sie lernen die Regeln kennen, mehr zunächst nicht. Vielleicht wäre es wünschenswert, dass es bald gutfunktionierende «Old-Girls-Networks» gibt. Sie hätten dann hoffentlich keine Bedenken mehr, sich fördern zu lassen.

Eine Wissenschaftlerin schilderte bei einer Fortbildung zum Thema «Frauen in Führungspositionen»:

Der Weg durch die gläserne Decke

Nach meiner Erfahrung profitieren traditionell meist Männer von Beziehungen. Damit meine ich weniger die offizielle Förderung, sondern das, was unter der Hand läuft. Sie helfen sich gegenseitig mit ihren «Old-Boys-Clubs» und hieven sich innerhalb dieser Netzwerke gegenseitig nach oben. Es mangelt vielen Frauen nicht an der passenden Qualifikation für den Aufstieg, sondern sie kommen nicht zum Zuge, weil sich die Männer untereinander fördern. Die nächste Ebene scheint zum Greifen nah, doch es gibt keinen Weg durch die «gläserne Decke».

Die «gläserne Decke» ist die unsichtbare Schranke, die Frauen den Aufstieg in die nächste Hierarchieebene erschwert. Faktisch gibt es keine Ursache dafür, dass der nächste Schritt auf der Karriereleiter nicht gelingt, trotzdem werden andere Mitarbeiter bei der nächsten Beförderungsrunde vorgezogen. Eine Vielzahl von inoffiziellen Gründen sorgt für die Stagnation. Vor allem fehlen den Frauen die Kontakte und die damit verbundene mächtige Unterstützung, die es ihnen ermöglichen würde, durch diese gläserne Decke hindurchzukommen.

Natürlich gibt es immer mal wieder auch die eine oder andere «Vorzeigefrau» in Führungspositionen. Das klingt jetzt vielleicht, als wäre ich frustriert, möglicherweise bin ich es auch. Auf jeden Fall habe ich beschlossen, mich in unserem Institut für ein Mentoring-Programm starkzumachen, damit uns die relevanten Netzwerke der Macht nicht länger verschlossen bleiben. Wir brauchen erfolgreiche Rollenvorbilder und eine systematische Karriereplanung. Und irgendwann haben wir uns so gut vernetzt, dass wir unseren eigenen «Old-Girls-Club» gründen.

Wie entwickelte sich das Mentoring?

In den **70er Jahren** entstand in den USA das Mentoring-Programm für Frauen, um die Anzahl von Frauen in Führungspositionen zu erhöhen. Heute zeigt dieses Programm seine Wirkung – in den USA. Denn der weibliche Führungsanteil ist wesentlich höher als in Deutschland und auch selbstverständlicher geworden. Dort hat eine Bewusstseinsänderung stattgefunden, und Mentoring wurde ein Teil weiterer Förderprogramme.

Viele international agierende amerikanische Firmen setzen jährlich fest, um wie viel Prozent sich der Frauenanteil im nächsten Jahr in einem Bereich erhöhen muss. Diese Vorgabe geht auch an ihre deutschen Firmen. So mancher deutsche Vorstand ist davon nicht sonderlich begeistert.

In den **90er Jahren** wurde die Möglichkeit von Mentoring-Programmen auch bei uns in den Gremien für Gleichstellung von Frau und Mann im Berufsleben diskutiert. Die bisherige Maßnahme, Frauen durch eine Quotenregelung den Durchbruch durch die «gläserne Decke» zu ermöglichen, brachte zwar viele Erfolge, führte Frauen aber letztendlich nicht wirklich in die Firmen- oder Verbandsspitzen. Das ganz persönliche Mentoring versprach hier eine weitere Chance.

Die **ersten Pilotprojekte** an den Universitäten wurden gestartet, um den Einstieg in die männlich geprägten technischen und naturwissenschaftlichen Bereiche zu forcieren. Sie haben sich bewährt. Heute ist das Angebot von Mentoring-Programmen weit verbreitet. Der Widerstand seitens der Wirtschaft war gering, da keine Stelle für eine Frau geräumt oder bereitgestellt werden musste. Darum muss frau sich jetzt selbst kümmern.

Allerdings: Wenn sich die hierarchischen Strukturen nicht öffnen, wird die einzelne Frau trotz Mentoring daran scheitern. Mentoring hat dann nur eine Alibifunktion.

Trotzdem: Heute ist es ein beliebtes, weil individuell und von Firmen und Institutionen akzeptiertes Instrument zur Nachwuchsförderung von Frauen. Ziel ist es, den Frauenanteil in Fach- und Führungspositionen zu erhöhen und die neu erworbenen Kompetenzen vor Ort einzubringen.

Zusätzlich trägt dieses Programm dazu bei, Führungskräfte untereinander stärker zu vernetzen und darüber hinaus das Image als Führungsfrau im eigenen Berufsumfeld zu erweitern.

Der Ablauf: Eine Führungskraft (Mentorin) trifft sich mit einer Nachwuchskraft (Mentee) in einem festgelegten Zeitraum, um die Mentee in ihrer beruflichen Laufbahn zu unterstützen.

Die Mentorin ist ein **weibliches Rollenvorbild**, das weitere Karrierestufen des Unternehmens oder der Institution schon durchlaufen hat und die formellen und informellen, meist männlich geprägten Strukturen kennt.

Auf der Ebene einer **One-to-one-Beziehung** kann sich die Mentee Begleitung, Unterstützung und Förderung von einer erfahrenen Mentorin holen. Die Mentorin kann ihre Erfahrungen als Frau in einer Führungsetage an ihre Mentee weitergeben. Sie kann ihr die informellen Spielregeln vermitteln, Konflikte mit ihr bearbeiten, Karriereplanung und Karrierehindernisse besprechen, Türen öffnen, Kontakte herstellen. Die Jüngere profitiert von der Erfahrung der Älteren. Ein Tandem, das generationsübergreifend funktioniert – menschlich und fachlich. Mentoring setzt auf Erfahrungswissen, auf die persönliche Ermutigung und Motivation, die eigenen Ziele zu formulieren und zu erreichen. Ein professioneller Blick von außen hilft dabei, die eigene Rolle im Berufsalltag zu reflektieren und zu klären, den Blick für das eigene Geschäft zu stärken und die persönliche Leistung wertzuschätzen. Es verbessert meist die Aufstiegschancen, erweitert die Führungskompetenz und motiviert, Führungsaufgaben zu übernehmen.

Vielleicht ist es leichter, durch ein weibliches unterstützendes Vorbild (Mentorin) den nächsten Karriereschritt anzugehen.

Was bringt das Mentoring?

1. Ihr persönlicher Nutzen als Mentee

* Spielregeln der Arbeitswelt zu erkennen und zu nutzen
* eigene Fähigkeiten im Unternehmen richtig zur Geltung zu bringen
* sich strategisch geschickt im Unternehmen zu bewegen
* Vermeidung von Fallstricken, Überwinden von Widerständen
* ein förderliches Netzwerk aufzubauen
* ein Perspektivenwechsel Ihrer Sichtweise gegenüber Vorgesetzen, um deren Entscheidungen besser zu verstehen
* Karrierehindernisse zu erkennen und zu überwinden
* die persönliche Führungsrolle zu finden, um die eigene berufliche Entwicklung besser steuern zu können
* Durch Ihre Mentorin erhalten Sie bereits einen Blick in die obere hierarchische Ebene
* Sie kann für Sie ein Rollenvorbild werden
* Sie unterstützt Sie durch die persönliche Beratung mit praktischen Tipps und individuelles Coaching

Vor allem wenn Sie in einem männlich dominierten Umfeld arbeiten, ist es hilfreich, sich mit einer Frau austauschen zu können. Mentoren (männliche) können vielleicht andere Türen für Sie öffnen, aber eventuell Ihre Situation nicht nachvollziehen.

Und das sagen die Mentees:

Schock, der Neue!

Hilfe! Ich war vollkommen geschockt vom Verhalten meines neuen, recht jungen Vorgesetzten. Ich habe mich mit meiner eigenen Rolle, meinen Einflussmöglichkeiten und der Situation meines Vorgesetzten beschäftigt. Meine Mentorin hat mir sehr geholfen zu verstehen, worauf es bei seiner Führungsrolle ankommt, seine Strategien und

Vorgehensweisen nachzuvollziehen und darauf angemessen zu reagieren. Heute verstehen wir uns gut.

Manchmal ist es ganz einfach!

Am Anfang habe ich mich voll auf die fachliche Einarbeitung konzentriert – und die Mitarbeiter fühlten sich vernachlässigt. Ich habe gelernt, dass die sogenannten Kleinigkeiten sehr wichtig sind: Wenn ich weggehe, melde ich mich kurz ab – und wenn ich zurückkomme, sage ich: ‹Hallo, ich bin wieder da.› Ich zeige Interesse an dem, was die Mitarbeiterinnen leisten und verteile meine Aufmerksamkeit möglichst gerecht. Das hat die Atmosphäre im Team sehr entspannt.

Alle wollen was anderes!

Meine Mentorin hatte viel Erfahrung im Umgang mit den verschiedenen Hierarchieebenen. Vom Architekten über den Bauleiter bis zum Polier – ich habe mit so vielen verschiedenen Menschen zu tun und führe Gespräche mit Investoren und Bauarbeitern. Da ist es wichtig, den richtigen Ton zu treffen und sich als Frau Respekt zu verschaffen.

Hurra, ich kann die Stimmung prägen!

Durch meine Mentorin habe ich Führung praktisch und angewandt erlebt. Ich konnte hinter die Kulissen schauen und erkennen, dass Führung ein Handwerk ist und wie entscheidend die Arbeitsatmosphäre von einer Führungskraft beeinflusst wird.

Krisen und Wünsche

Es gab doch einige Rückschläge zu verkraften in der neuen Position. Normalerweise neige ich ja zum Grübeln und hadere dann mit mir und meinem Schicksal. Meine Mentorin hat mir durch Geschichten aus ihrem eigenen Leben gezeigt, dass Fehler, Krisen und Rückschläge zum Vorwärtskommen dazugehören.
Ich habe mit der Unterstützung meiner Mentorin gelernt, meine persönlichen Wünsche besser wahrzunehmen und als eigene Forderung einzubringen: Früher habe ich mich vor allem darauf konzen-

triert, die Erwartungen anderer zu erfüllen. Das hat meinen Horizont enorm erweitert und eröffnet mir neue berufliche Perspektiven.

Mir geht's gut!

Mir wurde von meiner Mentorin geholfen, die für mich passende Stelle mit Perspektive zu finden. Heute geht es mir richtig gut, ich bin erfolgreich und stehe finanziell auf sicheren Beinen.

2. Wie wäre es – Sie als Mentorin?

Vielleicht ist noch ein ganz anderer Aspekt interessant für Sie. Möglicherweise haben Sie bereits viel Führungserfahrung gesammelt. Wie wäre es, wenn Sie diese als Mentorin zur Verfügung stellen, am Besten für eine Mentee in einer anderen Organisation?

Was *Sie* davon haben? Nun, Sie werden aus Ihrem alltäglichen Denken herausfinden, Sie werden Gewohntes neu betrachten. Sie werden der jungen Wissenschaftlerin oder der jungen Marketingfrau Ihre Erfahrung und Ihr Wissen vermitteln und dabei eigene Positionen und Einstellungen reflektieren. Sie werden aktuellen Einblick nehmen in Forschung und Wissenschaft und neue Trends. Das hatten Sie schon immer vor – jetzt können Sie es nicht mehr vor sich herschieben. Und Sie erweitern Ihre sozialen Beratungskompetenzen.

Zudem können Sie neue Kontakte in ganz anderen Bereichen knüpfen und in einen Mentorinnenkreis einsteigen und sich austauschen.

Last but not least: Ihr Ansehen im Unternehmen wird steigen.

Übrigens: Mentorin zu sein ist ein Ehrenamt.

Das macht die Sache nicht leichter, aber noch honoriger …

3. Der Nutzen für das Unternehmen

Das Unternehmen profitiert gleich in zweifacher Hinsicht: Es nutzt das Potenzial hervorragend qualifizierter Frauen und ist beim Nachwuchs nicht auf die Unzulänglichkeiten des allgemeinen Arbeitsmarktes angewiesen, weil es individuell fortgebildete Frauen im Haus «produziert».

Wer bietet Mentoring-Programme an?

* Universitäten und Fachhochschulen – für Studentinnen und Doktorandinnen
* Frauennetzwerke und Frauenverbände (nationales und internationales Mentoring) – für Frauen, die Karriere machen wollen
* Forschungseinrichtungen – für Wissenschaftlerinnen
* Kliniken – für Ärztinnen
* Medien – für Journalistinnen
* Große Unternehmen (internes Mentoring) – für hochqualifizierte Frauen, die eine Führungsposition anstreben
* Internationale Unternehmen (Cross-Mentoring) – für Managerinnen
* Auch Ministerien bieten Mentoring-Programme an – zum Beispiel KIM in Nordrhein-Westfalen
* Parteien – um Frauen den Einstieg in die Kommunal- und Landespolitik zu erleichtern
* In Gewerkschaften und dem öffentlichen Dienst wird ebenfalls gefördert
* Nicht zu vergessen, die EU bietet länderübergreifende Programme an

Recherchieren Sie selbst und finden Sie heraus, welches Programm zu Ihnen passt.

Was Sie vorab wissen sollten

Die Mentoring-Programme sind zeitlich begrenzt – von sechs Monaten bis zu zwei Jahren.

Wenn Sie teilnehmen wollen, müssen Sie sich schriftlich bewerben. Davor sollten Sie Ihre beruflichen und persönlichen Ziele geklärt haben. Auch die Frage, was Sie mit dem Mentoring erreichen wollen, werden Sie beantworten müssen.

Die Tandemfindung von Mentorin und Mentee wird angeleitet, und die Tandems werden während dieses Prozesses individuell begleitet. Zusätzlich sind Seminar- und Workshop-Angebote üblich.

Der neu entstandene Mentee- und Mentorinnenkreis schafft zusätzliche Vernetzungsmöglichkeiten und einen Austausch untereinander.

Sagen oder schweigen?

Falls Sie sich für ein externes Mentoring entscheiden, stellt sich Ihnen die Frage, ob Sie das im Unternehmen, Ihrer Einrichtung oder Ihrem Institut kundtun wollen. Soll Ihr Arbeitgeber oder Ihr Kolleginnenkreis davon erfahren?

Sofern Sie auf direkte Vorbilder zurückgreifen können und wenn offen und positiv über Mentoring an Ihrem Arbeitsplatz kommuniziert wird, werden Sie nicht mit Problemen rechnen müssen.

Sind Sie aber die Erste, müssen Sie einiges bedenken:

* Werden Ihre Vorgesetzten befürchten, dass Sie Firmeninterna ausplaudern oder schlecht über sie reden?
* Wird Ihr Wunsch nach einem externen Mentoring Neid bei den Kolleginnen auslösen? Warum gerade Sie?
* Und wenn's dann doch nicht klappt mit der Karriere? Sie könnten sich beobachtet fühlen und unter extremem Erfolgsdruck stehen.
* Gilt bei Ihnen Mentoring als eine «Frauenmaßnahme» und

hat daher einen schlechten Ruf? Glauben andere, dass Sie
Defizite aufzuarbeiten haben?

* Wird Ihr Wunsch nach einer Mentorin eventuell als Signal
(miss-)verstanden werden, Sie wollten das Unternehmen
verlassen?

Fingerspitzengefühl ist gefragt.

Eines aber gilt immer: Machen Sie deutlich, welchen Nutzen
Ihr Mentoring für Ihr Unternehmen bringt.

Manchmal muss frau es auch einfach verschweigen, in vielen
Fällen ist es aber gar nicht so kompliziert. Oft wird Ihr besonderes Engagement und Ihre Aufstiegsorientierung im Unternehmen positiv gesehen. Sie treten mit Ihrem Mentoring-Wunsch
offen und klar für Ihre Karriereziele ein. Sie wollen nicht still und
unauffällig in einer Nische verharren bis zur Rente. Sie wollen etwas tun. Sie zeigen, dass Ihre Tätigkeit im Unternehmen einen
hohen Stellenwert für Sie hat.

Literaturliste

Die Kunst des Klüngelns. Erfolgsstrategien für Frauen
von Anni Hausladen und Gerda Laufenberg – Rowohlt Verlag.
Erfolgreiches Klüngeln mit vielen Übungen und Fallbeispielen

Spiele mit der Macht: Wie Frauen sich durchsetzen
von Marion Knaths – Piper Verlag.
Durchblick bei Rangordnung und (männlichen)
Machtspielen – Anleitung zum Mitspielen

Das Harvard-Konzept:
Der Klassiker der Verhandlungstechnik
von Roger Fisher, William Ury, Bruce Patton – Campus Verlag.
Faire Verhandlungsstrategien

Geh nie alleine essen!
von Keith Ferrazzi und Tahl Raz – Verlag Börsen Medien.
Sehr amerikanisch, aber übertragbar

Die entscheidenden 90 Tage:
So meistern Sie jede neue Managementaufgabe
von Michael Watkins
Harvard Business School – Campus Verlag.
Strategisches Erfolgs-Management – für Führungskräfte

Im Alltag Ruhe finden:
Meditationen für ein gelassenes Leben
von Jon Kabat-Zinn – Fischer Taschenbuch Verlag.
Raus aus dem Stress – hin zu mehr Achtsamkeit
und Gelassenheit durch Meditation

Erfolgreich ohne auszubrennen:
Das Burnout-Buch für Frauen
von Dagmar Ruhwandl – Klett-Cotta Leben!
Erste Anzeichen des Ausbrennens erkennen
und wirksam gegensteuern

Entdecken Sie Ihre Stärken jetzt:
Das Gallup-Prinzip für individuelle Entwicklung
und erfolgreiche Führung
von Marcus Buckingham und Donald O. Clifton
– Campus Verlag.
Die eigenen Talente besser kennen und nutzen –
mit Zugang zum Online-Stärkenprofil

Smart Talk: Sag es richtig!
von Doris Märtin – Campus Verlag.
Grundlagen der Kommunikation – ein konkreter Überblick
mit E-Mail-Coaching

Wir bedanken uns …

… bei denen, die uns **motiviert** haben, das Buch zu schreiben, allen voran Beate Ch. Ulrich, Geschäftsführerin eines Fachbuchverlags. Der krönende Abschluss ihrer Unterstützung sind die von ihr gestalteten Werbeseiten am Ende des Buches.

… bei den vielen Frauen, die uns **Interviews** gaben, uns ihre Geschichten erzählten oder mailten – und deren Berichte / Erfahrungen Sie im Buch wiederfinden.

… bei unseren **Vor-Testerinnen** – Vorab-Leserinnen, die kleinere und größere Textteile gelesen haben und uns Feedback gaben zu den Fragen: Was ist unverständlich? Wo wird es langweilig? Was ist besonders spannend?

… bei Andrea Steffen, Anja Fricke, Annette von Alemann, Bärbel Heise, Beate Mies, Beate Ulrich, Birgit Deter, Carola Langenfeld, Conny Oberhäuser, Daniela Henneke, Daniela Fabritius, Diana Skrotzki, Hanna Hilber, Inga Hasenbalg, Jutta Düren, Millie Ruffin de Tekampe, Sigrid Meuselbach, Silke Herrmann, Silvia Hammes, Stephanie Redmer, Tatjana Erhardt, Ute Mies, Ute Müller-Clark.
Alle diejenigen, die wir möglicherweise vergessen haben, bitten wir um Entschuldigung.
… und bei Silvia Bechtold, Ute Pörksen, Thomas Mayer und dem Wieslocher FacettenReich für die guten Tipps und Ideen.

Vor allem bedanken wir (Anni Hausladen und Ursula Maile) uns bei Gerda Laufenberg, unserer **Zeichnerin**. Die nicht nur ihre witzigen Ideen als Zeichnungen zu Papier brachte, sondern fast alle unsere Texte mit Freude lesen «musste».

Und last, not least danken wir unserem **Lektor** Frank Strickstrock für die gute und respektvolle Zusammenarbeit.

Mein (Ursula Maile) ganz besonderer Dank gilt meinen Kindern Saskia und Lara, meinem Mann Norbert und meinen Eltern – die mich während des Schreibens liebevoll unterstützt und ermutigt haben. Und: Danke schön, Stephan, Carmen, Sabine und Dirk, ich bin froh über unseren wunderbaren «Familien-Klüngel».

Und wir bedanken uns bei uns selbst für unsere gelungene Zusammenarbeit und über die gemeinsame Freude daran, in Bistros und Restaurants unsere Ideen und Texte zu entwickeln.

Training
– für mehr Kreativität und besseres Selbstmarketing
– für gesundes Work-Life-Management
– für Ihren dynamischen Jobwechsel

Coaching
– zum eigenen Change-Management
– für die Entwicklung und Verankerung neuer Ziele
– mit Ihrem individuellen Stärken-Profil

Team Workshops
– beim Projekt-Start und Abschluss
– bei personellen Veränderungen und Umstrukturierungen
– als Team-Event, um Meilensteine zu feiern

www.mailensteine.de • info@mailensteine.de

Gerda Laufenberg

Malerei • Karikatur • Skulpturen

«Witzig, schräg und manchmal sogar poetisch, ein wenig sprunghaft allemal, oft genug überraschend – so könnte man die Zeichnungen und Bilder von Gerda Laufenberg beschreiben».

Programmheft Bonner «Springmaus» zur Ausstellung «So sind wir», 2009

Kontakt:
Atelier
Gerda Laufenberg
Mühlenweg 3
50996 Köln-Rodenkirchen

GerdaLaufenberg@netcologne.de
www.gerdalaufenberg.de

Klüngeln & Co.

Anni Hausladen ist Diplom-Betriebs-
wirtin, Supervisorin, Business- und
Karriere-Coach.

Sie berät und coacht Frauen – von
der Existenzgründerin bis zur Vorstandsfrau – aus allen Bereichen der
Wirtschaft, Politik und Verwaltung.

Ihre Coachingerfahrung mit Frauen
hat sie zur intensiven Auseinander-
setzung mit den Themen *Vernetzung*
und *Netzwerke beruflich nutzen*,
geführt. Heute ist sie die **Klüngel-Expertin** im deutschsprachigen Raum.

Anni Hausladen ist eine vielgefragte
Referentin auf Kongressen und
Workshops.

Kontakt:
KLÜNGELN & CO
Coaching + Network
Anni Hausladen
Gustav-Heinemann-Ufer 54
50968 Köln

info@frauen-kluengeln.de
www.frauen-kluengeln.de

Der Klüngel-Klassiker!

rororo 61170

Schritt für Schritt zeigen die Autorin-
nen mit konkreten Übungen und Fallbeispielen, wie jede Frau beruflich und
privat erfolgreich das Klüngeln/Netz-
werken lernen kann.

Eve Povel · illustriert von Niels Bonnemeier

Mogelküche

Fix gekauft – pfiffig veredelt – perfekt serviert

Hölker Verlag

5 4 3 2 1
ISBN 3-88117-608-X

Gestaltung: Niels Bonnemeier
Redaktion: Christiane Leesker
© 2003 Verlag W. Hölker GmbH, Münster
Alle Rechte vorbehalten, auch auszugsweise
Printed in Italy

Inhalt

Vorwort

Hand aufs Herz, diese Situationen kennen Sie alle: Morgens läutet das Telefon, ihre beste Freundin kündigt für den Abend ihren Besuch an. Oder gute Freunde von auswärts melden sich freitags: „Seid ihr morgen zu Hause?" Oder es klingelt an der Haustür. Wie schön, die Kinder schneien herein. Hungrig, versteht sich! „Gibt's was Leckeres?" Diese Frage kann leicht Panik auslösen, allerdings nicht bei Mogelköchinnen und -köchen! „Natürlich gibt es das", werden diese antworten und in der Küche verschwinden, um in aller Schnelle etwas auf den Tisch zu zaubern.

Zum Mogelkoch, zur Mogelköchin wird man nicht geboren. Familie, Freunde, Beruf, die Lust zu lesen, zu reisen, Museen und Theater zu besuchen, Sport zu treiben: Kurzum, das wunderbare, aufregende und manchmal stressige Leben lässt viel zu wenig Zeit zum „anständigen" Kochen. Was bleibt also übrig, wenn man oft und gerne Gäste hat? Ganz einfach, man mogelt ein bisschen, indem man Fertigprodukte mit frischen Zutaten aufpeppt, würzt und serviert.

Zum Mogeln gehören auch Phantasie, die Lust zum Ausprobieren und die Fähigkeit zum Assoziieren. Darüber hinaus ist ein häufiger Blick in Feinkost- und Bioläden und in die Regale von Supermärkten unerlässlich: Welche neuen Produkte, die als Inspirationsgrundlage dienen können, gibt es da? Auch der Gang über den Wochenmarkt darf nicht vergessen werden.

Und schließlich ist das Schnuppern in italienischen, spanischen, türkischen und asiatischen Lebensmittelläden ein „Muss". Studieren Sie beim Einkauf die Inhaltsangaben auf den Packungen, und achten Sie immer auf hervorragende Qualität der Zutaten! Mit Fertigprodukten kochen heißt nicht zwangsläufig billige Produkte verarbeiten.

Zum Mogeln gehört außerdem eine Eichhörnchenmentalität, d.h., Sie sollten einen Grundstock an Lebensmitteln zusammentragen, der es Ihnen jederzeit ermöglicht, mit ein paar fix gekauften frischen Zutaten schnell ein raffiniertes Gericht auf den Tisch zu bringen. Vorschläge für Vorratshaltung finden Sie auf Seite 6.

Von großem Vorteil für Mogler sind ein Gefrierschrank und eine Mikrowelle. Fisch, Fleisch, Gemüse und Brot sind schnell aufgetaut und im Nu auf dem Teller. Auch eingefrorene Reste sind oft die Grundlage für pfiffiges Veredeln. Das Schöne an der Mogelei ist, dass der Phantasie keine Grenzen gesetzt sind. Die folgenden Rezepte können Sie also nach Ihrem Geschmack und/oder Ihren Vorräten verändern. Wenn Sie z.B. ein wenig mehr Olivenöl zum Anbraten mögen, dann nehmen Sie einfach ein wenig mehr. Oder Sie lieben keine Paprika in einem Gericht, dann wählen Sie Gurken, Zucchini oder anderes Gemüse.

Genauso steht es mit dem Würzen. Sie können z.B. Sojasauce bei einem Gericht zufügen oder auch nicht. Sie können Honig statt Zucker wählen oder statt Crème fraîche Naturjoghurt verwenden. Probieren Sie, und machen Sie es so, wie es Ihnen am besten schmeckt.

Auch bei Kräutern können Sie variieren. Ob Petersilie oder Schnittlauch – nehmen Sie das, was Sie gerade im Hause haben. Auch getrocknete und gefrorene Kräuter sind nicht zu verachten und speziell für Saucen bestens zu gebrauchen. Schließlich werden Ihren Ideen auch hinsichtlich der Zutaten keine Grenzen gesetzt: Sie können ein wenig mehr oder ein bisschen weniger nehmen, Zutaten hinzufügen oder weglassen. Denn das Improvisieren macht ja gerade den begnadeten Mogler aus. Haben Sie Lust bekommen, auch ein wenig zu mogeln? Ich wünsche Ihnen viel Spaß dabei!

Die Rezepte sind, falls nicht anders angegeben, für 4–6 Personen berechnet.

Grundstock für Mogler

Zucker

Salz

Pfeffer aus der Mühle

Sojasauce

Maggi

Worcestersauce

Mayonnaise

Tabasco

Senf

Pesto genovese, Pesto rosso

Sardellenpaste, Sardellenfilets, Thunfisch (Dose)

Zitronen(-saft)

Honig

Olivenöl

Essig (verschiedene Sorten)

Kapern

Sherry

Instantbrühe im Glas (Gemüsebrühe, klare Brühe)

Getrocknete oder tiefgefrorene Salatkräutermischungen

Knoblauch (granuliert und frisch)

Sahne

Crème fraîche

Naturjoghurt

Fertigsaucen (verschiedene Sorten)

Tomaten (Dose), Tomatenstückchen (Tetra Pak)

Dosensuppen (verschiedene Sorten)

Lachs (TK)

Ciabatta, Baguette (zum Aufbacken)

Brotchips (verschiedene Sorten)

Gewürzte Butter, Cremes und Dips
Raffiniert und schnell zu Wein und Bier

„Rate, wen ich getroffen habe", fragt Ihr Partner, „X und Y sind im Lande. Nur kurz, aber ich konnte sie überreden, auf ein Gläschen zu uns zu kommen. In einer Stunde sind sie hier. Ich schaue mal eben nach den Getränken. Können wir etwas dazu anbieten?" Letzteres ertönt schon aus dem Keller, untermalt vom leisen Klirren der Weinflaschen. „Wie wäre es mit frischem Brot und delikater Butter oder raffinierter Creme?", hören Sie sich antworten, worauf die Stimme aus der Tiefe meint: „Ein Dip wäre auch nicht zu verachten."

Wenn man Gäste auf ein Gläschen zu sich nach Hause einlädt oder im Büro „einen ausgibt", kann man gewürzte Butter, Cremes und Dips wunderbar zusammen mit Baguettescheiben oder Brotchips als Appetithäppchen reichen. Auch zu gegrilltem oder gebratenem Fleisch passen die meisten hervorragend.

Kräuterbutter

Mit Baguette, Ciabatta oder französischem Landbrot ist die Kräuterbutter ein delikates Amuse-gueule.

1 Knoblauchzehe
1 Bund glatte Petersilie
1 Bund Schnittlauch
150 g weiche Kräuterbutter
50 g weiche Butter
2 TL Kräuterbuttergewürz
evtl. Salz und Pfeffer aus der Mühle

Knoblauchzehe schälen und klein hacken. Petersilie und Schnittlauch abbrausen und trockentupfen. Petersilienblättchen abzupfen und klein hacken. Schnittlauch mit der Küchenschere in Röllchen schneiden. Kräuterbutter mit der Butter mischen. Kräuterbuttergewürz und Knoblauch untermengen. Petersilie und Schnittlauch zufügen. Alles gut vermischen. Je nach Geschmack mit Salz und Pfeffer würzen.

Basilikumbutter

1–2 Knoblauchzehen
1 Bund Basilikum
200 g weiche Butter
3–4 TL Pesto genovese
Salz, Pfeffer aus der Mühle

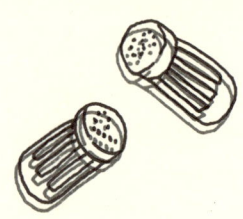

Knoblauch schälen und hacken oder durch die Knoblauchpresse drücken. Basilikum abbrausen, trockentupfen und klein hacken. Butter und Pesto vermischen, Knoblauch und Basilikum zufügen und alles gut vermengen. Mit Salz und Pfeffer abschmecken.

Reichen Sie die Butter zu frischem Brot und Tomatensalat. Herrlich! Oder geben Sie ein wenig davon über al dente gekochte Spaghetti.

Rucolabutter

1 Knoblauchzehe
1 Bund Rucola
200 g weiche Butter (oder Kräuterbutter)
1–2 TL getrocknete Salatkräutermischung (ohne Dill)
Salz, Pfeffer aus der Mühle

Knoblauch schälen und hacken oder durch die Knoblauchpresse drücken. Rucola putzen und klein hacken. Butter und Salatkräuter mischen. Knoblauch und Rucola zufügen und alles gut miteinander vermengen. Mit Salz und Pfeffer würzen.

Tomatenbutter

6–8 eingelegte getrocknete Tomaten
1 Knoblauchzehe
1/2–1 TL Majoran (frisch oder getrocknet)
200 g weiche Butter
Tomatenwürzsalz (oder Salz und Pfeffer aus der Mühle)

Tomaten ein wenig abtupfen und sehr klein hacken. Knoblauch schälen, hacken oder durch die Knoblauchpresse drücken. Frischen Majoran abbrausen und trockentupfen, Blättchen abzupfen und klein hacken. Butter und Tomaten mischen. Knoblauch sowie Majoran zufügen und alles gut vermengen. Mit Tomatenwürzsalz (oder Salz und Pfeffer) abschmecken. Reichen Sie die Tomatenbutter mit Fladenbrot zu einem grünen oder gemischten Salat.

Roquefort-Butter

200 g weiche Butter
100–120 g weicher Roquefort
1/2–1 TL Worcestersauce

Butter und Roquefort gut vermischen. Mit Worcestersauce abschmecken. Diese Butter passt nicht nur zu frischem Brot, sondern auch gut zu Nudeln oder Spätzle.

Sardellenbutter

1 Knoblauchzehe
1–2 Sardellenfilets
200 g weiche Butter
3 TL Sardellenpaste

Die Knoblauchzehe schälen und durch die Presse drücken oder sehr klein hacken. Die Sardellenfilets wässern und sehr fein schneiden. Die Butter gut mit Knoblauch und Sardellenpaste vermischen. In ein Schälchen streichen und mit den gehackten Sardellenfilets bestreuen.

🍞 Für eine schnellere und einfachere Variante kann man Knoblauch und Sardellenfilets weglassen.

Lachsbutter

200 g weiche Butter
12–13 TL Echtlachs-Creme

Die Butter mit der Creme vermischen. Servieren Sie dazu knuspriges Brot, hart gekochte Eier und Tomaten. Ein köstlicher Snack!

🍞 Schneiden Sie zwei Scheiben Räucherlachs in winzige Stückchen, und mischen Sie diese unter die Lachsbutter. Oder geben Sie frischen gehackten Dill zur Butter.

Apfel-Schmalz

1 Apfel
200 g Schmalz, möglichst gewürzt
5–6 EL Röstzwiebeln (Fertigprodukt)
evtl. Salz, Pfeffer aus der Mühle
getrockneter Thymian nach Belieben

Apfel schälen, vierteln, vom Kerngehäuse befreien und in winzig kleine Würfel schneiden. Schmalz, Röstzwiebeln und Apfelwürfel gut verrühren. Falls erforderlich mit Salz und Pfeffer würzen. Nach Geschmack getrockneten Thymian untermengen. Apfel-Schmalz zu frischem dunklem Bauernbrot und einem kühlen Bier reichen.

Walnuss-Schmalz

5–6 EL magere Speckwürfel
6–8 Backpflaumen
200 g Schmalz, möglichst schon gewürzt
50 g gehackte Walnusskerne
5–6 EL Röstzwiebeln
evtl. Salz, Pfeffer aus der Mühle

Speckwürfel in der Pfanne auslassen, Fett abgießen. Den Speck abkühlen lassen. Die Backpflaumen sehr klein hacken. Schmalz mit Speck, Backpflaumen, Walnüssen und Röstzwiebeln verrühren. Evtl. mit Salz und Pfeffer würzen. Mit frischem Brot stellt Walnuss-Schmalz einen wunderbaren Imbiss dar. Dazu schmeckt ein kühles Bier.

Oliven-Kapern-Creme

80–100 g eingelegte Kapern
1 Glas Pâté aus schwarzen Oliven (180 g)
1–1 1/2 TL Sardellenpaste
80–100 g schwarze Oliven ohne Stein
1 Dose Thunfisch (150 g)
5–6 EL Olivenöl
evtl. 1–2 EL Zitronensaft
evtl. 1 EL Grappa

Kapern abgießen. Oliven-Pâté, Sardellenpaste, Oliven, Kapern, Thunfisch und Olivenöl zusammen pürieren. Evtl. Zitronensaft und Grappa (nach Geschmack) zugeben
und alles gut verrühren. Die Creme passt zu frischem Landbrot, zu Fleisch, Fisch und
Rohkost. Reichen Sie dazu einen frischen Weißwein.

Tomatencreme

6–8 eingelegte getrocknete Tomaten
1 Knoblauchzehe
3–4 Stängel Basilikum
2 Pakete Tomatenschmelzkäse (à 200 g)
3–4 TL Tomatenpesto

Tomaten trockentupfen und sehr fein hacken. Knoblauch schälen, klein hacken oder
durch die Knoblauchpresse drücken. Basilikum abbrausen, trockentupfen und die
Blätter sehr fein hacken. Schmelzkäse, Pesto und eingelegte Tomaten sehr gut vermischen, Knoblauch und Basilikum zufügen und alles gut vermengen. Reichen Sie frisches Baguette zur Tomatencreme. Dazu schmeckt ein italienischer Weißwein.

Außerdem eine Platte mit Tomatenscheiben und ebenfalls in Scheiben
geschnittenem Mozzarella bereitstellen.

Worcester-Ei-Creme

6–8 hart gekochte Eier
2 TL scharfer oder mittelscharfer Senf
1–2 TL Worcestersauce (oder mehr)
2 TL Gewürzketchup
1–2 TL Mayonnaise
1 Msp. granulierte Zwiebeln
1 Msp. granulierter Knoblauch
6 EL Schnittlauchröllchen (frisch oder getrocknet)
Salz, Pfeffer aus der Mühle

Eier fein hacken. Mit Senf, Worcestersauce, Ketchup, Mayonnaise, Zwiebeln, Knoblauch und Schnittlauchröllchen mit dem Mixer auf mittlerer Stufe verrühren. Mit Salz und Pfeffer würzen. Die Creme etwa 1 Stunde kühl stellen. Dazu passt frisches Vollkornbrot besonders gut.

Ananas-Käse-Walnuss-Creme

100–150 g Ananas (aus der Dose)
200 g Frischkäse
50–100 g Ricotta
6 EL klein gehackte Walnusskerne

Ananas trockentupfen und klein schneiden. Frischkäse und Ricotta vermischen. Ananas und Walnüsse zufügen und alles gut vermengen. Passt im Sommer gut zu Fladenbrot. Reichen Sie als Getränk eine Wein- oder Apfelschorle dazu.

Camembert-Creme mit Schinkenwürfeln

100–120 g gekochter oder roher Schinken
200–250 g weicher Camembert
100–120 g weiche Butter
3–4 EL Sahne oder Crème fraîche
6 EL fein gehackte Frühlingszwiebeln (oder Schnittlauchröllchen)
1 Prise Paprikapulver

Schinken in winzig kleine Würfel schneiden. Camembert, Butter und Sahne oder Crème fraîche mischen. Schinken und Frühlingszwiebeln oder Schnittlauch zufügen, das Ganze noch einmal gut verrühren und mit Paprika abschmecken. Reichen Sie zur Camembert-Creme frisches dunkles Brot und ein kühles Bier.

Aprikosen-Käse-Creme mit Sherry

4–6 EL gehackte getrocknete Aprikosen
Sherry
200 g Frischkäse
100 g Ricotta
2 EL Zitronensaft
6 EL gehackte Mandeln
3–4 EL Schnittlauchröllchen
1 TL Curry
Salz, Pfeffer aus der Mühle

Aprikosen in einem Schälchen mit Sherry übergießen und 1 Stunde ziehen lassen. Abtupfen und sehr klein schneiden. Frischkäse mit Ricotta und Zitronensaft verrühren. Aprikosen, gehackte Mandeln und Schnittlauch untermengen. Mit Curry, Salz und Pfeffer abschmecken. Die Aprikosen-Käse-Creme ist ein frischer sommerlicher Brotaufstrich. Dazu schmeckt ein leichter Rotwein.

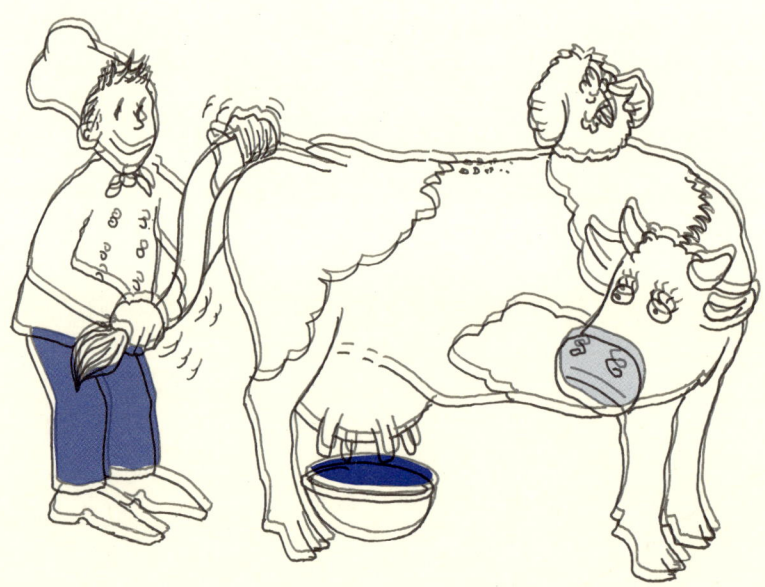

Gorgonzola-Creme mit Walnüssen

200–250 g Frischkäse
120–150 g weicher Gorgonzola
2–3 EL Sahne
4 EL fein gehackte Walnusskerne
4 EL fein gehackte getrocknete Aprikosen (oder getrocknete Pflaumen)
Salz, Pfeffer aus der Mühle

Frischkäse mit Gorgonzola und Sahne vermengen. Walnüsse und Aprikosen oder Pflaumen zufügen und alles gut miteinander verrühren. Mit Salz und Pfeffer würzen. Reichen Sie zur Creme knuspriges Brot und ein kühles Getränk.

Gorgonzola-Basilikum-Creme mit Pinienkernen

1 Bund Basilikum
150–200 g weicher Gorgonzola
150–200 g Ricotta
100 g Pinienkerne
evtl. Salz

Basilikum abbrausen, trockentupfen, Blätter abtupfen und fein hacken. Gorgonzola mit Ricotta vermischen. Basilikum und Pinienkerne dazugeben und alles gut miteinander vermengen. Evtl. mit Salz abschmecken. Die Creme zu Ciabatta, italienischem oder französischem Landbrot reichen: ein Genuss!

Avocado-Lachs-Creme

2–3 weiche Avocados
2–3 EL Zitronensaft
2–3 Scheiben Räucherlachs
1 Knoblauchzehe
1/2–1 Tube Echtlachs-Creme
2–3 EL gehackter Dill

Die Avocados halbieren, schälen, entsteinen und das Fruchtfleisch mit der Gabel zu einer cremigen Masse zerdrücken. Sofort Zitronensaft unterrühren. Den Räucherlachs sehr klein schneiden. Knoblauch schälen, hacken oder durch die Knoblauchpresse drücken. Avocadomasse gut mit Echtlachscreme, Räucherlachs, Knoblauch und Dill vermengen. Baguettescheiben mit Avocado-Lachs-Creme eignen sich prima als kleines Amuse-gueule.

Scharfer Tomaten-Mozzarella-Dip

2–3 Frühlingszwiebeln
3–4 Tomaten
1–2 Kugeln Mozzarella
1–2 Knoblauchzehen
1 Bund Basilikum
100 ml Tomaten-Chili-Sauce (Fertigprodukt)
1 Paket Tomatenstückchen mit Knoblauch oder Kräutern (370 g, Tetra Pak)
Salz

Frühlingszwiebeln putzen und in feine Ringe schneiden. Tomaten blanchieren, kalt abschrecken, von Stielansatz, Haut und Kernen befreien und das Fruchtfleisch klein schneiden. Mozzarella in kleine Stückchen schneiden. Knoblauch schälen, hacken oder durch die Knoblauchpresse drücken. Basilikum abbrausen und trockentupfen, die Blätter abzupfen und fein hacken. Tomaten-Chili-Sauce mit Tomatenstückchen und frischen Tomaten gut vermischen. Frühlingszwiebeln, Mozzarella, Knoblauch und Basilikum unterrühren. Mit Salz abschmecken. Reichen Sie zu diesem Dip frisches Landbrot oder knusprige Brot-Chips. Ein kühles Pils oder eine kalte Weißweinschorle sind die passenden Getränke dazu.

Kräuterquark-Dip

1 große Knoblauchzehe
1 Bund glatte Petersilie
1 Bund Schnittlauch
1 Kästchen Kresse
1–3 Pakete Kräuterquark (à 200 g)
2–4 TL getrocknete Salatkräutermischung
(italienische, französische, Gartenkräuter, aber kein Dill)

Knoblauch schälen und klein hacken oder durch die Knoblauchpresse drücken. Kräuter und Kresse abbrausen, trockentupfen, ggf. Blättchen abzupfen und fein hacken. Kräuterquark mit der Salatkräutermischung verrühren. Knoblauch, Petersilie, Schnittlauch und Kresse zufügen und alles gut vermischen. Dieser Dip passt zu Brot und Brot-Chips. Als Getränke dazu eignen sich Wein und Bier.

Lecker und gesund dazu sind außerdem frisch geschnittene Stifte von Möhren, Paprika, Staudensellerie, Kohlrabi und andere Rohkost.

Reichen Sie diesen Quark auch einmal zu Pellkartoffeln. Ein Genuss! Auch bei der Grill-Party ist dieser Dip ein Hit!

Rucola-Dip

1–2 Knoblauchzehen
1 Bund Rucola
1–3 Pakete Kräuterquark (à 200 g)
2 EL gutes Olivenöl
2–4 TL getrocknete Salatkräutermischung ohne Dill

Knoblauch schälen und fein hacken oder durch die Knoblauchpresse drücken. Rucola waschen und trockentupfen. Die Stiele bis zu den Blättern abschneiden. Blätter sehr fein hacken. Kräuterquark mit Olivenöl und den Salatkräutern vermengen. Knoblauch und Rucola zufügen. Alles gut verrühren. Reichen Sie diesen Dip zu Stiften von frischem Gemüse (Möhren, Gurken, Paprika, Staudensellerie usw.).

Frühlingszwiebel-Dip

2–3 Frühlingszwiebeln
1 Knoblauchzehe
200 g Schmelzkäse (evtl. Kräuterschmelzkäse)
1–3 Pakete Kräuterquark (à 200 g)
1–3 TL getrocknete Salatkräutermischung ohne Dill
evtl. Salz, Pfeffer aus der Mühle

Frühlingszwiebeln putzen und in feine Ringe schneiden, Knoblauch schälen und fein hacken oder durch die Knoblauchpresse drücken. Schmelzkäse und Kräuterquark mit dem Handrührgerät gut vermischen. Frühlingszwiebeln, Knoblauch und Salatkräutermischung zufügen und alles gut vermengen. Eventuell mit Salz und Pfeffer abschmecken.

Dieser frische Dip schmeckt nicht nur zu Brot und frischen Gemüsestiften. Er eignet sich auch als Sauce zu Gegrilltem.

Ziegenkäse-Honig-Dip

300–400 g weicher, milder Ziegenkäse
3 EL Sahne
3 EL Naturjoghurt
250 g passierte Tomaten (Fertigprodukt)
1–2 EL flüssiger Honig (evtl. Fenchelhonig)
schwarzer Pfeffer aus der Mühle

Den Ziegenkäse mit Sahne, Joghurt, passierten Tomaten und Honig gut vermischen. Mit schwarzem Pfeffer würzen. Reichen Sie diesen Dip zu Stiften von frischem Gemüse (Möhren, Gurken, Paprika, Staudensellerie usw.).

Oliven-Käse-Dip

100 g schwarze Oliven ohne Stein
evtl. 1 Knoblauchzehe
200 g Schmelzkäse (evtl. Kräuterschmelzkäse)
1–3 Pakete Olivenquark mit Feta (à 200 g)

Die Oliven klein hacken. Den Knoblauch gegebenenfalls schälen und fein hacken oder durch die Knoblauchpresse drücken. Schmelzkäse und Olivenquark mit dem Handrührgerät gut vermischen. Oliven und Knoblauch dazugeben und alles gut vermengen. Reichen Sie den Dip zu gegrilltem Lamm oder zum Dämmerschoppen. Dazu passt ein kräftiger Rotwein.

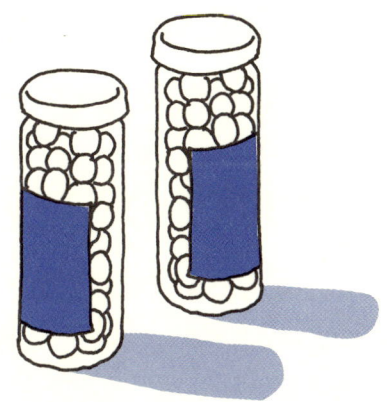

Möhren-Oliven-Dip

800–1000 g Möhren (TK, Glas, Dose)
100–150 g schwarze Oliven ohne Stein
3 EL Crème fraîche
3–4 EL gekörnte Gemüsebrühe
1–2 EL Zitronensaft
Salz
Tabasco
evtl. Honig

Tiefgefrorene Möhren auftauen, garen und abkühlen lassen. Möhren aus Glas oder Dose im Sieb abtropfen lassen. Die Möhren pürieren. Schwarze Oliven sehr fein hacken. Crème fraîche, Oliven und gekörnte Gemüsebrühe unter die Möhren mischen. Mit Zitrone, Salz und einem Spritzer Tabasco abschmecken. Evtl. zum Schluss etwas Honig zufügen.

Schmeckt nicht nur als Dip zu frischem Gemüse, sondern auch als Sauce zu gebratenem Puten- oder Hähnchenfleisch.

Kartoffel-Kapern-Dip

2–3 EL Kapern (nach Geschmack auch mehr)
1 Becher Kartoffelsalat (500 g)
evtl. etwas Sahne oder Milch

Kapern gründlich wässern, trockentupfen und fein hacken. Kartoffelsalat pürieren. Die Masse soll cremig sein, eventuell etwas Sahne oder Milch hinzufügen. Kapern unterrühren. Reichen Sie diesen Dip zu Brot und Stiften von frischem Gemüse (Möhren, Gurken, Paprika, Staudensellerie usw.).

Der Kartoffel-Kapern-Dip ist auch als Sauce zu gegrilltem Fleisch köstlich.

Auberginen-Dip mit Ziegenkäse

1 Dose gebratene Auberginen (türkischer Laden)
150–200 g Ziegenkäse (mittelscharf, nicht sehr weich)
2 Knoblauchzehen
1 Dose Auberginenpüree (türkischer Laden)
Salz, weißer Pfeffer aus der Mühle
evtl. 1/2–1 TL flüssiger Honig

Von den gebratenen Auberginen die Flüssigkeit abgießen. Ziegenkäse mit der Gabel sehr fein zerbröseln. Knoblauch schälen, fein hacken oder durch die Knoblauchpresse drücken. Auberginenpüree und gebratene Auberginen verrühren. Ziegenkäse und Knoblauch untermischen. Mit Salz, Pfeffer und evtl. Honig abschmecken.

Servieren Sie Ihren Gästen zu diesem orientalisch angehauchten Dip knuspriges Fladenbrot.

Kichererbsen-Dip

1 Dose Kichererbsenpüree (türkischer Laden)
150 g Crème fraîche (evtl. mit Kräutern)
3–4 EL Zitronensaft
1–3 TL gekörnte Gemüsebrühe
50 ml Olivenöl
Paprikapulver edelsüß
Salz, Pfeffer aus der Mühle
evtl. 1 Prise Kreuzkümmel

Kichererbsenpüree gut mit Crème fraîche verrühren. Zitronensaft, gekörnte Gemüsebrühe und Olivenöl dazugeben. Mit Paprika, Salz und Pfeffer abschmecken. Wer mag und die orientalische Note hervorheben möchte, kann den Dip noch mit ein wenig Kreuzkümmel würzen.

🍞 Dazu passen knuspriges Fladenbrot, Brotchips und Sesamringe oder -stangen (türkischer Laden).

🍞 Sie können zusätzlich etwa 4 Esslöffel Sesamsaat in einer Pfanne ohne Fett rösten und zum Dip geben. Auch 1 Knoblauchzehe kann er gut vertragen.

Curry-Dip

5–6 EL Pinienkerne
1 Flasche Curry-Sauce (250 ml)
1–3 TL Knoblauch-Pickles (asiatischer Laden)
100 ml türkischer Joghurt (ersatzweise Crème fraîche oder Sahne)
evtl. Salz

Pinienkerne in einer kleinen Pfanne ohne Fett rösten, bis sie leicht bräunlich sind. Curry-Sauce mit Knoblauch-Pickles (Vorsicht, sehr scharf!) und Joghurt vermengen. Pinienkerne unterrühren. Evtl. mit Salz abschmecken. Reichen Sie Fladenbrot zum Curry-Dip.

🍞 Der Dip ist auch eine wunderbare Ergänzung zu gegrilltem Lammfleisch.

Curry-Hähnchen-Dip

300 g Brotaufstrich „Chicken mit Frischkäse"
1 Dose Hähnchenfleisch ohne Haut und Knochen (300 g)
1 Paket Sauce „Geflügelsahne" (250 ml, Tetra Pak)
Saft von 1 Zitrone
Currypulver (mild)
evtl. Salz und Pfeffer aus der Mühle

Brotaufstrich und Hähnchenfleisch in eine Schüssel geben und pürieren. Die Geflügelsahnesauce unterrühren. Zitronensaft hinzufügen. Mit reichlich mildem Curry und evtl. Salz und Pfeffer abschmecken. Reichen Sie den Dip zu in Streifen bzw. Röschen geschnittenem Gemüse, z.B. Möhren, Staudensellerie, Blumenkohl.

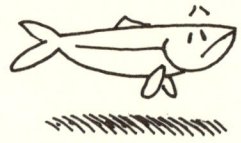 

Anchovis-Dip

1 Glas Mayonnaise (250 ml)
2–2 1/2/TL Sardellenpaste
Pfeffer aus der Mühle

Mayonnaise mit der Sardellenpaste gut verrühren. Mit frisch gemahlenem Pfeffer würzen. Fertig! Reichen Sie dazu Stifte von frischem Gemüse (Möhren, Kohlrabi, Staudensellerie, Gurken usw.).

Diesen Dip können Sie auch zu hart gekochten Eiern und Tomaten sowie zu gegrilltem Fleisch und kaltem Braten reichen.

Thunfisch-Dip

1–2 Päckchen Brotaufstrich „Thunfischsalat" (à 150 g)
2 Dosen Thunfischsalat (à 185 g)

Brotaufstrich gut mit dem Thunfischsalat verrühren. Fertig! Dazu französisches Land- oder knuspriges Fladenbrot servieren. Ein Imbiss, der schneller nicht zu zaubern ist!

Lachs-Dip mit Dill

2–3 Lachsfilets (TK)
80–100 ml Sahne
1 Tüte Dillsauce (Fertigprodukt)
Salz, Pfeffer aus der Mühle
150 ml trockener Weißwein
2–3 Pakete Frischkäse, evtl. mit Kräutern (à 200 g)
2–3 TL getrocknete Salatkräutermischung mit Dill
1 Bund frischer Dill

Die Lachsfilets auftauen lassen, salzen und pfeffern. Inzwischen die Sahne in einem kleinen Topf erwärmen. Dillsauce hineingeben und mit der Sahne zu einer dicken, cremigen Masse rühren. Vom Herd nehmen und abkühlen lassen. Wein mit der gleichen Menge Wasser in einem Topf erhitzen und den Fisch in der nicht mehr kochenden Flüssigkeit 5–8 Minuten ziehen lassen. Herausnehmen und abkühlen lassen. Frischkäse mit der cremigen Dillsauce verrühren und die Salatkräutermischung dazugeben. Den Lachs mit der Gabel zerkleinern und mit der Käse-Dill-Creme vermischen. Frischen Dill waschen, trockentupfen, von den Stielen zupfen, hacken und dazugeben. Mit Salz und Pfeffer abschmecken.
Reichen Sie diesen Dip zu Brot und Stiften von frischem Gemüse (Möhren, Gurken, Paprika, Staudensellerie usw.). Zum Lachs-Dip passt ein trockener Riesling.

Vorspeisen oder Snacks
Kleine Gerichte für vorneweg und zwischendurch

Der Film im Kino beginnt um 20 Uhr. „Mögt ihr vorher noch etwas essen?" „Mögen schon, aber die Zeit reicht nicht." „Wieso nicht? Ein paar Snacks oder Vorspeisen sind doch in Windeseile gemacht!" „Wirklich? Das ist ja super!"

Ob zur Bekämpfung des kleinen Hungers oder als Einleitung zu einem opulenten Menü: Die Snacks in diesem Kapitel machen richtig was her und eignen sich selbst für „hohen Besuch", sind aber schnell und unaufwendig zubereitet.

Melone mit Portwein

3 kleine Netzmelonen
Portwein
6 Stängel Minze oder Zitronenmelisse zum Garnieren

Die Melonen halbieren und die Kerne mit einem Löffel herausschaben. Portwein in die Höhlungen gießen. Die Melonenhälften auf Dessertteller setzen und mit Minze oder Zitronenmelisse garnieren.

Melonen mit Portwein können Sie auch als Nachspeise servieren.

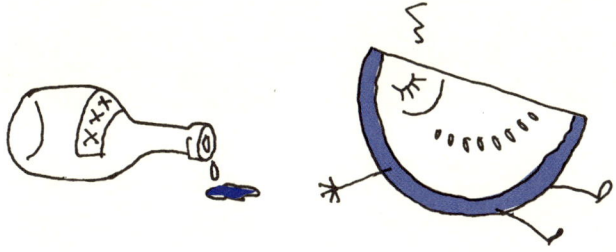

Schinkenfrüchtchen

200–300 g Frischkäse
2–3 EL Orangenkonfitüre
1 EL Orangenlikör
2 Mangos
3–4 Pfirsiche oder 3–4 Kiwis
2–3 Bananen oder anderes Obst, das zum Schinken passt
6–8 große Scheiben gekochter Schinken (jeweils halbiert)

Frischkäse mit Orangenkonfitüre und Orangenlikör verrühren. Früchte evtl. entkernen oder schälen und in Streifen oder Scheiben schneiden, so dass sie in den Schinken gewickelt werden können. Auf jede halbierte Schinkenscheibe einen Klecks vom angerührten Frischkäse geben. Darauf ein Stück Obst legen. Einrollen und mit einem Spießchen (Zahnstocher) feststecken. Reichen Sie die Schinkenfrüchtchen an einem warmen Sommerabend zu einem knackigen Baguette und einer kühlen Schorle.

Feigen mit Coppa di Parma

6–8 reife Feigen
12–16 Scheiben Coppa di Parma (italienische Wurstspezialität)
schwarzer Pfeffer aus der Mühle
Basilikum zum Garnieren

Die Feigen halbieren und mit dem Coppa di Parma auf einer Platte anrichten. Pfeffer darüber mahlen und üppig mit Basilikum garnieren. Dazu passen Ciabatta und Basilikumbutter (Rezept S. 10) sowie ein italienischer Wein.

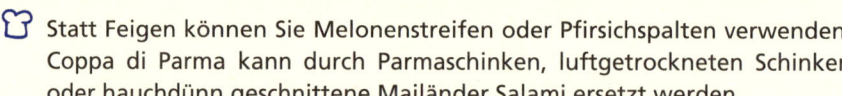 Statt Feigen können Sie Melonenstreifen oder Pfirsichspalten verwenden. Coppa di Parma kann durch Parmaschinken, luftgetrockneten Schinken oder hauchdünn geschnittene Mailänder Salami ersetzt werden.

Tomaten mit Mozzarella

4–6 aromatische Tomaten
2–3 Kugeln Mozzarella
2 Knoblauchzehen
4–5 TL Pesto genovese (Glas)
2–3 EL Olivenöl
2–3 EL Balsamico-Essig
5–6 EL gehacktes Basilikum
Salz, Pfeffer aus der Mühle

Tomaten vom Stielansatz befreien und in Scheiben schneiden. Mozzarella trockentupfen und in Scheiben schneiden. Knoblauch schälen, klein hacken oder durch die Knoblauchpresse drücken. Pesto mit Olivenöl und Essig verrühren, mit Knoblauch, Basilikum, Salz und Pfeffer würzen. Die Tomaten auf einer tiefen Platte anrichten, mit Mozzarellascheiben belegen, mit der Sauce begießen und evtl. noch einmal mit Pfeffer aus der Mühle würzen. Tomaten mit Mozzarella sind eine erfrischende Vorspeise für heiße Sommertage!

Spargel im Schlafrock

12 Spargelstangen
300 ml Italian- oder French-Dressing (Fertigprodukt)
12 Scheiben gekochter Schinken
10–12 EL Mayonnaise oder Remoulade
8–10 EL gehackte glatte Petersilie
glatte Petersilie zum Garnieren

Spargel schälen, die holzigen Enden abschneiden, in eine flache Schüssel legen und roh mit dem Dressing übergießen. Möglichst über Nacht kühl stellen, mindestens aber 3–4 Stunden. Jede Schinkenscheibe gleichmäßig mit Mayonnaise oder Remoulade bestreichen und mit gehackter Petersilie bestreuen. Jeweils eine marinierte Spargelstange fest in eine Schinkenscheibe einrollen. Die Rollen auf einer großen Platte – üppig mit glatter Petersilie garniert – servieren. Reichen Sie dazu warme Toastscheiben und einen leichten Weißwein.

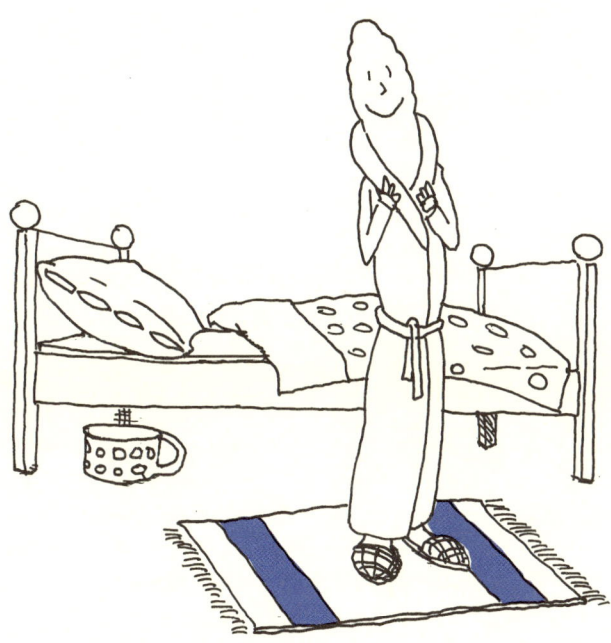

Geröstete Paprika mit Mozzarella

12 geröstete Paprika (Glas)
2–3 Kugeln Mozzarella
2 Knoblauchzehen
2–3 EL Olivenöl
1 Spritzer Essig
1–1 1/2 TL flüssiger Honig
6–8 EL Basilikum (gehackt)
Salz, Pfeffer aus der Mühle
2–3 Basilikumstängel zum Garnieren

Die Paprika aus dem Glas nehmen, trockentupfen, Sud beiseite stellen. Mozzarella in Scheiben schneiden. Knoblauch schälen, klein hacken oder durch die Knoblauchpresse drücken. 100–150 Milliliter von dem Paprikasud, Öl, Essig und flüssigen Honig verrühren. Basilikum und Knoblauch dazugeben. Mit Salz und Pfeffer würzen. Paprikascheiben auf einer Platte anordnen. Mozzarellascheiben darüber verteilen.
Das Dressing darüber gießen und evtl. mit Pfeffer aus der Mühle nachwürzen. Eine Seite der Platte großzügig mit Basilikumstielen garnieren. Mit duftendem Ciabatta ein sommerliches Abendessen. Dazu passt eine leichte, eisgekühlte Weinschorle.

Gorgonzola-Bällchen

1/2 rote Paprikaschote
2 Pakete Frischkäse (à 200 g, evtl. mit Kräutern)
150–200 g Gorgonzola
3–4 EL fein gehackter Schnittlauch
5–6 EL fein gehackte Petersilie
15–20 Cocktailtomaten

Paprika von Stielansatz, Samen und Scheidewänden befreien und fein hacken. Frischkäse, Gorgonzola, Schnittlauch und Paprika sehr gut verrühren. Die Masse etwa 1 Stunde kalt stellen, dann mit feuchten Händen zu Kugeln formen. Diese wiederum etwa 2 Stunden kühl stellen. Danach in der gehackten Petersilie wälzen. Die Kugeln zusammen mit den Cocktailtomaten auf einer Platte anrichten.

Marinierter Lavendel-Ziegenkäse

1/2 l Geflügelfond (Glas), ersatzweise gekörnte Hühnerbrühe
2–2 1/2 TL Honig
4–5 EL Zitronensaft
3–4 EL Olivenöl
Salz, Pfeffer aus der Mühle
5 Stängel Lavendel (vom Balkon oder aus dem Garten)
6 kleine runde Ziegenkäse (ohne Asche)
Lavendel zum Garnieren

Geflügelfond aufkochen, Honig und Zitronensaft zugeben und abkühlen lassen. Olivenöl einrühren. Mit Salz und Pfeffer würzen. Die gewaschenen und trockengetupften Lavendelstängel und die Ziegenkäse in den Sud legen. 4–5 Stunden ziehen lassen. Die Ziegenkäse auf einer tiefen Platte anrichten, mit der Marinade übergießen und mit Lavendel garnieren.

Achtung: Wenn Sie die Käse länger marinieren, werden sie kleiner, sind aber besonders lecker.

Den Ziegenkäse können Sie auch als Nachspeise reichen. Sie schmecken lecker mit frischem französischem Landbrot. Er schmeckt auch als raffinierter kleiner Snack zwischendurch.

Trüffel-Champignons mit Parmesan

2 Zwiebeln
1 kg Champignons
4–5 EL gutes Trüffelöl
Salz, Pfeffer aus der Mühle
50–70 g Parmesan (am Stück oder gerieben)

Zwiebeln schälen und klein hacken. Champignons putzen und in dicke Scheiben schneiden. Zwiebeln in einer großen Pfanne in Trüffelöl andünsten. Champignons dazugeben und kurz schmoren. Mit Salz und Pfeffer würzen. Den Pfanneninhalt in eine feuerfeste Form geben und Parmesan über die Pilze hobeln oder streuen. Unter dem Grill etwa 3 Minuten gratinieren. Dazu passt knuspriges Baguette.

Käserührei mit Kräutern

4–5 Eier
1/2 Tasse Milch
70 g geriebener Parmesan
1 Bund Schnittlauch, in Röllchen geschnitten
2–3 EL Olivenöl
evtl. Salz, Pfeffer aus der Mühle

Eier mit der Milch und dem Parmesan gut verquirlen. Schnittlauchröllchen unterrühren. Öl in der Pfanne erhitzen und die Ei-Käse-Masse hineingießen. Die Masse bei geringer Hitze stocken lassen, dabei gelegentlich umrühren. Vor dem Servieren evtl. salzen und mit frischem Pfeffer übermahlen. Dieses Rührei schmeckt zum Frühstück oder auch als kleine Mahlzeit.

🍞 Sie können auch 3–4 EL Speckwürfel in der Pfanne auslassen, 2–3 klein gehackte Zwiebeln darin goldgelb andünsten und dann die Ei-Käse-Masse dazugießen.

🍞 Superlecker und raffiniert dazu schmeckt „Thai-Chili-Sauce" (Chili-Chicken) – gibt's im Chinaladen. Aber Vorsicht: scharf!

Pikantes Käse-Baguette

2–3 Tassen geriebener würziger Käse
2–3 EL Sherry oder Portwein
2 EL weiche Butter oder Olivenöl
2–3 TL fein gehackte Zwiebel
1 verquirltes Ei
1 TL Senf
1 Baguette (nicht zu groß)
Cocktailtomaten und Schnittlauchröllchen zum Garnieren

Ofen auf 200 °C (Umluft: 180 °C, Gas: Stufe 3) vorheizen. Käse, Sherry und Butter oder Olivenöl gut verrühren. Zwiebel, Ei und Senf zufügen und alles gut vermischen. Das Baguette der Länge nach aufschneiden und mit der Mischung bestreichen. In Alufolie wickeln, auf ein Backblech legen und auf mittlerer Schiene 10–12 Minuten backen. Der Käse muss geschmolzen und das Brot warm sein. Baguette herausnehmen und in etwa 10 Zentimeter lange Stücke schneiden. Mit halbierten Cocktailtomaten und Schnittlauchröllchen garnieren und heiß servieren.

Das Käsebaguette sättigt hungrige Besucher im Nu!

Wurstsalat

500–600 g Fleischwurstaufschnitt, ersatzweise Geflügelmortadella
1 mittelgroße Gemüsezwiebel
2–3 süßsauer eingelegte Gurken
1–2 knackige Äpfel
5–6 EL Olivenöl
2–3 EL Essig
1 TL Senf
1–2 TL flüssiger Honig
Salz, Pfeffer aus der Mühle
evtl. granulierter Knoblauch
Schnittlauchröllchen (falls vorhanden)

Fleischwurst oder Mortadella in schmale Streifen schneiden. Gemüsezwiebel schälen und ebenfalls in Streifen schneiden. Gurken entsprechend klein schneiden. Äpfel schälen, vierteln, vom Kerngehäuse befreien und in schmale Streifen schneiden. Aus Öl, Essig, Senf und Honig ein Dressing zubereiten. Mit Salz, Pfeffer und evtl. einem Hauch granuliertem Knoblauch abschmecken. Wurst, Zwiebeln, Gurken und Äpfel zum Dressing geben, mischen und gut durchziehen lassen. Vor dem Servieren eventuell mit Schnittlauchröllchen bestreuen. Der Wurstsalat ist, zusammen mit einem Brötchen, ein wunderbarer kleiner Snack.

Geben Sie 150–200 Gramm in schmale Streifen geschnittenen Gouda und 12 halbierte Silberzwiebelchen (aus dem Glas) mit in den Wurstsalat.

Hähnchenbrust mit Thunfischsauce

2 EL eingelegte Kapern
1/2 Tasse Olivenöl
1 kleine Dose Thunfisch (100 g)
1–1 1/2 TL Sardellenpaste
1/8 l Sahne
1 Eigelb
1/8 l Hühnerbrühe (instant)
1–2 EL Zitronensaft
Salz, Pfeffer aus der Mühle
granulierter Knoblauch
300–500 g Hähnchenbrust-Aufschnitt
(evtl. auch Putenbrust oder Schweinebratenaufschnitt)
Zitronenscheiben, Kapern und Petersilie zum Garnieren

Die Kapern abtropfen lassen. Olivenöl, Thunfisch, Sardellenpaste, Sahne, Eigelb, Hühnerbrühe und Zitronensaft zu einer homogenen, nicht ganz dünnflüssigen Sauce verquirlen. Die Kapern unterrühren. Mit Salz, Pfeffer und einem Hauch granuliertem Knoblauch abschmecken. Den Aufschnitt auf einer großen Platte anrichten. Mit der Thunfischsauce überziehen. Mit Zitronenscheiben, Kapern und Petersilie garnieren.

Leberwurst-Pâté

250 g Hähnchen- und/oder Puten- oder Kalbsleber
6–8 Backpflaumen ohne Stein
3 EL Olivenöl
Salz
ca. 50 ml Sherry
250–300 g Leberwurst (nicht ganz fein)
Pfeffer aus der Mühle
getrockneter Thymian
evtl. frischer Thymian zum Garnieren

Leber von Sehnen befreien und in kleine Streifen schneiden. Backpflaumen in kleine Stücke schneiden. Öl in einer Pfanne erhitzen und die leicht gesalzene Leber darin etwa 5 Minuten schmoren. Mit Sherry ablöschen. Die Leber herausnehmen und einige Streifen zum Garnieren beiseite legen. Den Rest mit der Gabel zerdrücken oder in winzige Stückchen hacken. Zuvor Leberwurst mit der abgekühlten Lebermasse vermengen, etwas von dem Sud aus der Pfanne dazugeben. Evtl. einen Schuss Sherry zufügen. Die Pflaumen untermengen. Mit (wenig) Salz, Pfeffer und getrocknetem Thymian würzen. Die Pâté mit einigen Streifen Leber, einer klein geschnittenen Backpflaume und (falls vorhanden) mit 1–2 Thymianstängeln garnieren. Dazu passt frisches Landbrot.

Hähnchenpâté

1/2 Brathähnchen (fertig gebraten) oder 250 g gebratene Hähnchenbrust
200–250 g Hähnchenleber
2–3 EL Olivenöl
50 ml Sherry
Salz, Pfeffer aus der Mühle
getrockneter Thymian
evtl. 4–5 sehr klein geschnittene Backpflaumen
evtl. 4 EL klein gehackte Walnusskerne

Das Brathähnchen von Knochen befreien. Fleisch und Haut sehr klein schneiden. Die Hähnchenleber von Sehnen befreien, in kleine Stücke schneiden und in Olivenöl etwa 5 Minuten schmoren. Mit Sherry ablöschen und mit Salz, Pfeffer und getrocknetem Thymian würzen. Abkühlen lassen. Die Leber (samt Sud) zum zerkleinerten Hähnchenfleisch geben und pürieren. Evtl. Backpflaumen und Walnüsse zufügen und – falls erforderlich – mit Salz, Thymian und frischem Pfeffer aus der Mühle nachwürzen.

Gänseleberpâté auf grünen Böhnchen

700–800 g feine grüne Böhnchen (TK)
1 Knoblauchzehe
4 EL Olivenöl
2 EL Essig (Balsamico bianco)
1 TL Honig-Senf
Salz, Pfeffer aus der Mühle
300–400 g Gänseleberpastete, ersatzweise
Mousse de Canard
(am Stück oder aus der Dose, Feinkostladen)

Die Böhnchen auftauen, kurz blanchieren (sie müssen noch Biss haben) und abkühlen lassen. Knoblauch schälen und klein hacken oder durch die Knoblauchpresse drücken. Aus Öl, Essig, Senf, Knoblauch, Salz und Pfeffer eine Marinade zubereiten. Die Böhnchen hineingeben und 1 Stunde lang gut durchziehen lassen. Auf Teller verteilen. Pastete oder Mousse in Scheiben oder löffelweise auf die Böhnchen geben. Eine raffinierte Vorspeise, zu der warmes Baguette und ein nicht ganz trockener Wein gereicht werden können.

    Falls nicht alle Zutaten für die Marinade vorhanden sind, kann diese aus Öl und einer Tüte getrockneter Salatkräutermischung hergestellt werden (Gartenkräuter- oder Senfmischung). Eventuell 1 durchgepresste Knoblauch zehe zufügen.

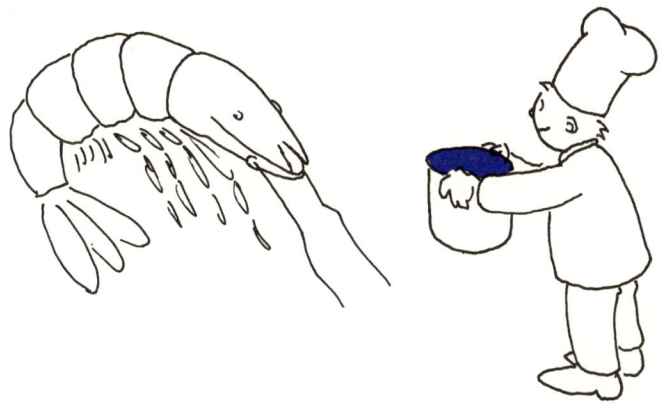

Tomaten mit Husumer Krabben

4–6 große, feste, aromatische Tomaten
Pfeffer aus der Mühle
300–400 g gepulte Husumer Krabben (Granat)
Petersilie zum Garnieren
gute Aïoli oder Mayonnaise

Die Tomaten blanchieren, kalt abschrecken und häuten. Die Deckel abschneiden und das Innere aushöhlen. Das Tomateninnere und die Krabben mischen und leicht pfeffern. Einige Krabben beiseite stellen. Die Tomaten mit den übrigen Krabben füllen, die Deckel aufsetzen, mit gewaschener, trockengetupfter Petersilie und beiseite gestellten Krabben garnieren. Aïoli oder Mayonnaise dazu reichen. Dazu passt ein spritziger Weißwein und Ciabatta.

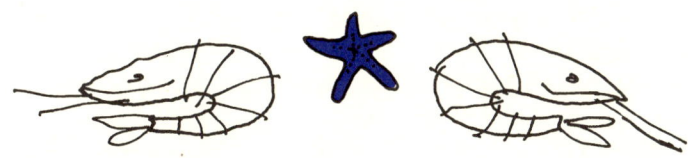

Shrimps in Dill-Sahne-Sauce

600–800 g Shrimps (evtl. TK)
150–200 ml Sahne
1–1 1/2 Tüten getrocknete Dill-Kräuter-Mischung
2 EL gehackter Dill
Salz, Pfeffer aus der Mühle
evtl. granulierter Knoblauch
frischer Dill zum Garnieren

Tiefgekühlte Shrimps auftauen. Die Sahne mit der Dill-Kräuter-Mischung verrühren. Die gut abgetropften Shrimps und den Dill dazugeben, mit Salz und Pfeffer würzen. Eventuell einen Hauch granulierter Knoblauch zufügen. Mit gewaschenen und trockengetupften Dillspitzen garnieren. Ein leichter Weißwein und knuspriges Baguette sind die passenden Begleiter zu diesem köstlichen Cocktail.

Shrimps auf Tomatengranita

600–800 g Shrimps (evtl. TK)
200 ml Sahne
250 g passierte Tomaten
Salz, Pfeffer aus der Mühle
granulierter Knoblauch
Petersilie
Dill oder Schnittlauch zum Garnieren

Tiefgekühlte Shrimps auftauen. Sahne sehr steif schlagen. Passierte Tomaten unterrühren. Die Masse leicht salzen und pfeffern. Einen Hauch granulierten Knoblauch dazugeben. Das Ganze für etwa 4–5 Stunden in das Tiefkühlfach stellen. Wenn die Flüssigkeit am Rand zu gefrieren beginnt, mit einem Esslöffel gut durchrühren. Diesen Vorgang 5- bis 6-mal wiederholen (die Granita wird durch häufiges Umrühren feiner). Vor dem Servieren noch einmal durchrühren und in eine große Schüssel oder Gläser umfüllen. Gut abgetropfte (abgetupfte) Shrimps darauf verteilen, großzügig mit gewaschenem und trockengetupften Kräutern garnieren.

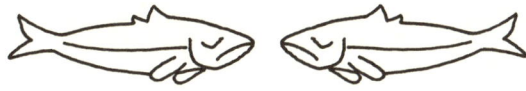

Räucherlachs mit Dill-Senf-Sauce

1 Bund frischer Dill
1 Glas Dill-Senfsauce (100 ml)
50–100 ml Sahne
10–12 Scheiben Räucherlachs

Dill abbrausen, trockentupfen und von den groben Stielen zupfen. Senfsauce mit Sahne (Menge nach Geschmack) verrühren und einige klein geschnittene frische Dillspitzen zufügen. Räucherlachsscheiben auf einer großen Platte anrichten. Großzügig mit dem verbliebenen Dill garnieren. Die Dill-Senf-Sauce separat dazu reichen. Mit Baguette und einem Gläschen Wein ist dies ein perfekter kleiner Imbiss.

Forellenfilets mit Sahnemeerrettich und Preiselbeersahne

150–200 ml Sahne
3–4 TL Meerrettich (Tube oder Glas)
1 Spritzer Maggi
1 Messerspitze Senf
Salz
5–6 EL Preiselbeeren
6 geräucherte Forellenfilets
Salatblätter und Zitronenscheiben
Petersilie, Dill oder Schnittlauch zum Garnieren

Die Sahne sehr steif schlagen. Die Hälfte davon zur Seite stellen. Meerrettich (je nach Geschmack), Maggi und Senf unter die verbliebene Sahne rühren. Mit Salz abschmecken. Die Preiselbeeren vorsichtig unter die andere Hälfte der Sahne heben. Die Forellenfilets auf einer mit Salatblättern ausgelegten Platte anrichten und mit Zitronenscheiben und Petersilie, Dill oder Schnittlauch großzügig garnieren. Sahnemeerrettich und Preiselbeersahne in Saucieren oder Schälchen separat dazu reichen.

Notizen & eigene Rezepte

Suppen

Schnelle Entrées und deftige Magenwärmer

Der Spaziergang mit Freunden war herrlich, aber lang. Alle sind ein bisschen müde und ein klein wenig hungrig. „Was machen wir? Wohin gehen wir?" „Ach, lasst uns zu uns gehen. Wir machen schnell ein Süppchen zum Munterwerden." „Das ist genau das, was wir jetzt brauchen!"

Wenn Sie fix eine warme Mahlzeit auf den Tisch bringen wollen, um die Lebensgeister Ihrer Gäste wieder zu erwecken, sind Suppen bestens geeignet. Die Zutaten finden sich zumeist in jedem Kühl- oder Vorratsschrank und die Zubereitung ist eine Sache von Minuten.

Tomatensuppe mit Croûtons

Für die Suppe:
4 Dosen Tomatensuppe (à 390 g)
Rotwein
Für die Croûtons:
6 Scheiben Brot oder 3–4 Brötchen vom Vortag
5–6 EL Olivenöl
Salz, Pfeffer aus der Mühle
Maggi
granulierter Knoblauch

Tomatensuppe erhitzen und mit einem guten Schuss Rotwein abschmecken. Für die Croûtons Brot oder Brötchen in kleine Würfel schneiden. Olivenöl in der Pfanne erhitzen und die Brotstückchen darin knusprig braten. Mit Salz, Pfeffer, einem Schuss Maggi und granuliertem Knoblauch würzen. Die Suppe in vorgewärmte Tassen oder Teller füllen. Croûtons darüber streuen und sofort servieren.

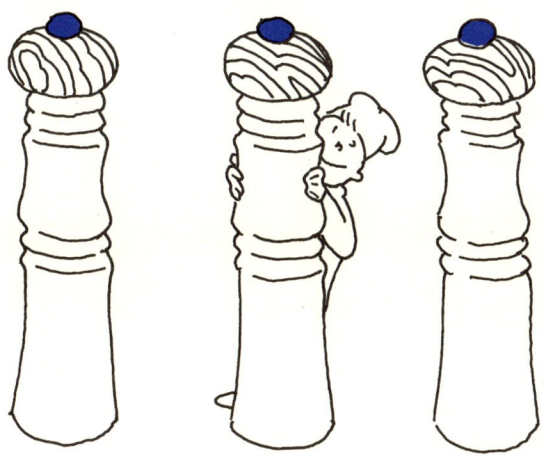

Varianten von Tomatensuppe

Tomatensuppe mit Gin und Basilikum-Crème-fraîche

Geben Sie statt des Rotweins einen guten Schuss Gin in die Suppe. Für die Basilium-Crème-fraîche ein Bund Basilikum waschen, trockentupfen, Blättchen von den Stielen zupfen und klein hacken. Mit 100–150 Gramm Crème fraîche (evtl. mit Kräutern) vermischen. Mit Salz, Pfeffer und granuliertem Knoblauch abschmecken. Geben Sie auf jede servierfertige Suppe ein Häubchen Basilikum-Crème-fraîche, und verzieren Sie dieses mit einem kleinen Basilikumblatt.

Tomatensuppe mit Schinken

In einem Topf etwas Olivenöl erhitzen, 5–6 Esslöffel kleine Schinkenwürfel und 3 klein gehackte Zwiebeln darin goldgelb werden lassen. Tomatensuppe zugießen und heiß werden lassen. Evtl. mit 4–5 Esslöffeln Sahne abschmecken. Vor dem Servieren klein gehackte Petersilie über die Suppe streuen.

Tomatensuppe mit Tomatenstückchen

In einem Topf 2–3 klein gehackte Zwiebeln in Olivenöl goldgelb anbraten. 1 Paket Tomatenstückchen mit Kräutern oder mit Knoblauch zugeben. Tomatensuppe zugießen und heiß werden lassen. Mit granuliertem Knoblauch, 4–5 Esslöffeln Sahne und evtl. Salz und Pfeffer abschmecken. Vor dem Servieren Schnittlauchröllchen über die Suppe streuen (ersatzweise klein gehackte Petersilie oder Kresse).

Tomatensuppe mit Mozzarella

Statt des Rotweins einen guten Schuss Sherry in die heiße Suppe geben. Je 2 Esslöffel sehr klein geschnittenen Mozzarella (ersatzweise anderen Käse) in die vorgewärmten Suppentassen oder -teller geben. Mit heißer Suppe auffüllen. Mit gehacktem Basilikum bestreuen.

Eigentlich keine Variante: Rustikale Tomatensuppe

Dünsten Sie eine klein gehackte Gemüsezwiebel in 3–4 Esslöffeln Olivenöl goldgelb an. Geben Sie zwei Dosen geschälte Tomaten (à 800 g) hinzu. Zerkleinern Sie die Tomaten während des Erhitzens ein wenig. Fügen Sie nach Geschmack 1–1 1/2 Esslöffel gekörnte Gemüsebrühe (Glas) und 1 durch die Knoblauchpresse gedrückte Knoblauchzehe hinzu. Schmecken Sie die Suppe mit getrocknetem Thymian (oder Majoran), evtl. Salz und Pfeffer aus der Mühle ab. Reiben Sie vor dem Servieren frischen Parmesan über die heiße Suppe.

Champignoncremesuppe mit Mandelhaube

Für die Suppe:
4 Dosen Champignon-Cremesuppe (à 390 g)
1 Schuss Weißwein
Für die Mandelhaube:
100–120 ml Sahne
Maggi
granulierter Knoblauch
1 TL Butter oder Olivenöl
6 EL gehobelte Mandeln
einige Blättchen glatte Petersilie zum Garnieren

Champignon-Cremesuppe erhitzen und mit einem guten Schuss Weißwein abschmecken. Für die Mandelhaube die Sahne steif schlagen. Evtl. mit 1 Tropfen Maggi
und granuliertem Knoblauch würzen. Olivenöl oder Butter in einer kleinen Pfanne
erhitzen. Gehobelte Mandeln darin goldgelb rösten. Die heiße Suppe in vorgewärmte Teller oder Tassen füllen. Auf jede Suppe einen Sahneklecks setzen und die Mandeln darüber streuen. Mit einem Blatt glatter Petersilie garnieren.

Varianten von Champignoncremesuppe

Champignoncremesuppe mit frischen Champignons

In einem Topf 2–3 klein gehackte Zwiebeln in etwas Olivenöl goldgelb anschwitzen. 400–500 Gramm Champignons putzen, in Scheiben schneiden und kurz mitbraten. Die Suppe zugießen und das Ganze mit Weißwein, Salz, Pfeffer aus der Mühle und granuliertem Knoblauch abschmecken. Vor dem Servieren klein gehackte Petersilie über die Suppe streuen.

Champignoncremesuppe mit Trüffelaroma

In einem Topf 4–5 Esslöffel Trüffelöl erhitzen. 400–500 Gramm in Scheiben geschnittene Champignons darin anbraten. Die Suppe zugießen. Mit Sahne, einem Hauch Cognac statt des Weißweins, Salz und Pfeffer aus der Mühle abschmecken.

Linsensuppe deftig

3 EL Schmalz
5–6 EL Schinkenwürfel
1 Gemüsezwiebel
2 Dosen Linsen mit Suppengrün (à 800 g)
gekörnte Brühe
Salz, Pfeffer aus der Mühle
1 Schuss Essig

In einem Topf das Schmalz erhitzen, darin die Schinkenwürfel und die geschälte und klein gehackte Gemüsezwiebel anbraten. Die Linsen dazugeben. Eine der Dosen mit Wasser füllen und dies zu den Linsen in den Topf gießen. Die Suppe erhitzen und mit gekörnter Brühe, Salz, Pfeffer und Essig abschmecken. Bieten Sie dazu frisches dunkles Brot und ein kühles Pils an.

Gut schmecken in dieser Suppe Brühwürstchen, gebratene Scheiben von Mettendchen oder westfälischer Bratwurst. Sehr edel dazu sind auch knusprig gebratene Scheiben von Entenbrust (aus dem Chinarestaurant). Sie können diese auf einer Platte zur Suppe reichen oder jeden Teller mit 2–3 Entenbrustscheiben garnieren.

Varianten von Linsensuppe

Französische Linsensuppe

Die Schinkenwürfel weglassen. Das Wasser teilweise durch Rotwein ersetzen. 1 Paket Bratensauce (instant) mit ein wenig Flüssigkeit aus der Suppe anrühren, zugeben und alles heiß werden lassen. Die Suppe würzen (Essig weglassen) und zusätzlich mit Sahne oder Crème fraîche, getrocknetem Thymian und ca. 1 Teelöffel Honig abrunden. Ein roter Landwein und frisches französisches Landbrot sind die richtigen Begleiter zu dieser Suppe.

Linsensuppe mit Joghurt

Für diese exotische Variante einfach Linsensuppe mit Wasser erhitzen. Mit gekörnter Brühe würzen. Statt der übrigen Gewürze und Zutaten etwa 1 Zentimeter frische Ingwerwurzel schälen und in die Suppe reiben. Die Suppe in vorgewärmte Teller oder Tassen füllen und je 1 guten Klecks türkischen Joghurt darauf setzen. Fladenbrot ist hier die ideale Ergänzung.

Erbsensuppe einfach

1 Gemüsezwiebel
2–3 EL Olivenöl
6 EL Schinkenwürfel
2 Dosen Erbsensuppe (à 800 g)
Sahne
1 Schuss Weißwein
gekörnte Gemüsebrühe
6 EL gehackte glatte Petersilie

Die Gemüsezwiebel schälen und sehr klein würfeln. Das Olivenöl in einem Topf erhitzen, Zwiebel- und Schinkenwürfel darin anbraten. Die Erbsensuppe pürieren und mit 1/2 Liter Wasser zu Zwiebel- und Schinkenwürfeln in den Topf geben. Erhitzen und mit Sahne, Weißwein und gekörnter Gemüsebrühe abschmecken. Die Suppe heiß in vorgewärmte Teller oder Tassen füllen und mit Petersilie bestreuen. Dazu schmeckt deftiges Bauernbrot mit z.B. Apfel- oder Walnussschmalz (Rezepte S. 13 und 14).

Varianten von Erbsensuppe

Erbsensuppe mit Zuckerschoten und Mandeln

Für diese Variante den Schinken weglassen. In einer kleinen Pfanne etwa 8–10 Esslöffel gehobelte Mandeln in etwas Olivenöl goldgelb rösten. Ein paar Mandeln für die Garnierung zur Seite stellen. 200 Gramm geputzte und schräg halbierte Zuckerschoten in die Pfanne geben und 3–4 Minuten mitdünsten. Die Mandel-Schoten-Mischung auf vorgewärmte Teller oder Tassen verteilen, die heiße Suppe darüber gießen und mit einigen gebräunten Mandeln garnieren.

Erbsensuppe mit grünen Erbsen

300–400 Gramm TK-Erbsen in der heißen Suppe garen. 6 Esslöffel gehackten Kerbel mit 6 Esslöffeln Kräuter-Crème-fraîche verrühren, die Suppe auf Teller oder Tassen verteilen und mit je 1 Esslöffel dieser Mischung garnieren.

Kartoffelrahmsuppe deftig

1 Gemüsezwiebel
2–3 EL Olivenöl
6 EL Schinkenwürfel
4 Dosen Kartoffelrahmsuppe (à 390–410 g)
(oder 2 Dosen à 800 g)
Sahne
gekörnte Gemüsebrühe
getrockneter Majoran

Gemüsezwiebel schälen und sehr klein würfeln. Olivenöl in einem Topf erhitzen und Schinkenwürfel darin anbraten, Zwiebel dazugeben und andünsten. Die Kartoffelsuppe pürieren, mit 1/2 Liter Wasser in den Topf gießen und erhitzen. Mit Sahne, gekörnter Gemüsebrühe und Majoran abschmecken. Reichen Sie dazu ein kräftiges Landbrot mit gesalzener Butter. Als Getränk passt ein Grauburgunder oder ein kühles Bier.

Geben Sie 1 Schuss Weißwein zur Suppe. Garnieren Sie jede Portion mit 1 Esslöffel Crème fraîche und 1 Teelöffel Kaviar oder Forellenkaviar.

Varianten von Kartoffelrahmsuppe

Kartoffelrahmsuppe mit Räucherlachs

Bei der Suppe Majoran und Schinkenwürfel weglassen. 4–6 kleine Scheiben Räucherlachs in schmale Streifchen schneiden und diese auf die vorgewärmten Suppenteller oder -tassen verteilen. Die Suppe pürieren und sehr heiß einfüllen. Mit gehacktem Dill oder je 1 Dillstängel garnieren.

Kartoffelrahmsuppe mit pochiertem Lachs

Bei der Suppe Majoran und Schinkenwürfel weglassen. 3–4 Lachsfilets salzen und pfeffern. In einem Topf 1 Liter Wasser mit 2–3 Tassen trockenem Weißwein erhitzen und den Fisch darin ca. 10 Minuten ziehen lassen. Die noch heißen Filets in kleine Stücke schneiden und auf die vorwärmten Suppenteller oder -tassen verteilen. 6 Stückchen für die Garnitur beiseite legen. Die heiße Suppe einfüllen, auf jede Suppe 1 Klecks Crème fraîche und 1 Stückchen Lachsfilet setzen. Mit etwas gehacktem Dill garnieren.

🍞 Zu den Kartoffelsuppen-Varianten mit Lachs passt ein frischer Riesling und deftiges Weißbrot.

Zwiebelsuppe mit überbackenen Käsetoasties

Für die Suppe:
4 Dosen Zwiebelsuppe (à 390–410 g)
oder 2 Dosen à 800 g
1 Schuss Weißwein
schwarzer Pfeffer aus der Mühle
Für die Käsetoasties:
5–6 Scheiben Brot
5–6 Scheiben würziger Käse

Für die Käsetoasties das Brot toasten und in Quadrate schneiden. Den Käse in passender Größe zuschneiden und auf die Brote legen. In der Mikrowelle oder unter dem Grill des Backofens zerlaufen lassen bzw. überbacken. Die Zwiebelsuppe erhitzen. Mit Weißwein und Pfeffer abschmecken und in vorgewärmte Tassen füllen. Die heißen Käsetoasties auf einer Platte zur Suppe reichen.

 Außer Frisch- und Schmelzkäse eignet sich so gut wie jeder Käse zum Überbacken der kleinen Brote. Eine Platte mit vielen verschiedenen warmen Käsetoasties ist sogar besonders raffiniert.

Varianten von Zwiebelsuppe

Zwiebelsuppe mit Ei

3 Eigelbe mit 1 Tasse trockenem Weißwein und 5–6 Esslöffeln Sahne verquirlen. Mit Salz und Pfeffer leicht würzen. Die erhitzte Zwiebelsuppe vom Herd nehmen und das Ei-Gemisch einrühren. Zugedeckt 2 Minuten ziehen lassen. Die Suppe in vorgewärmte Teller oder Suppentassen füllen und mit Croûtons (s. Tomatensuppe mit Croûtons, Rezept S. 49) und Schnittlauchröllchen bestreuen. Diese Suppe eignet sich prima als belebendes Mitternachtssüppchen. Oder reichen Sie sie mit einem Gläschen Weißwein zum Dämmerschoppen.

Überbackene Zwiebelsuppe

4–6 nicht zu große, dünne Scheiben Weißbrot toasten. Die Suppe in feuerfeste Tassen füllen und mit den Brotscheiben abdecken. Mit geriebenem Hartkäse (z.B. Parmesan) bestreuen, evtl. 1 Prise granulierten Knoblauch darüber streuen und im vorgeheizten Backofen bei 250 °C (Umluft: 230 °C, Gas: Stufe 3) auf der oberen Schiene etwa 8–10 Minuten gratinieren.

Statt der getoasteten Weißbrotscheiben können Sie auch geröstete Weißbrotwürfel nehmen.

Zwiebelsuppe mit Kartoffeln und Mettendchen

4–5 Kartoffeln schälen, in dünne Scheiben und danach in winzige Quadrate schneiden. 4–5 luftgetrocknete Mettendchen in dünne Scheiben schneiden. Olivenöl in einem Topf erhitzen, Kartoffeln und Wurstscheiben darin goldgelb rösten, bis sie kross sind. Zwiebelsuppe zugeben, erhitzen, mit Weißwein abschmecken und mit gehackter Petersilie bestreut servieren. Dazu passen frische Brötchen wunderbar.

Lauchcremesuppe mit frischem Lauch

2–3 dicke Stangen Lauch
2–3 EL Olivenöl
Salz, Pfeffer aus der Mühle
1 Prise granulierter Knoblauch
2 Dosen Lauchcremesuppe (à 800 g)
(oder 4 Dosen à 390–410 g)
1/2 l Wasser oder Milch
1 Schuss Weißwein, Sahne

Lauch putzen und in feine Ringe schneiden. In einem Topf das Öl erhitzen und den Lauch darin kurz andünsten (er sollte noch Biss haben). Ganz leicht salzen, pfeffern und einen Hauch granulierten Knoblauch zufügen. Lauchsuppe und Wasser oder Milch zugießen. Erhitzen und mit Weißwein, Sahne, Salz und Pfeffer abschmecken.

Als Einlage für diese Suppe eignen sich Streifen von Räucherlachs oder gekochtem Schinken, die vor dem Einfüllen der heißen Suppe auf die Suppenteller oder -tassen verteilt werden. Gepulte Nordseekrabben (Granat) passen ebenfalls wunderbar.

Spargelcremesuppe

8–10 Stangen Spargel
Salz, Zucker
1 EL Butter
4 Dosen Spargelcremesuppe (à 390–410 g)
1 Schuss Weißwein
5–6 EL Sahne
Salz, Pfeffer aus der Mühle
6 EL fein gehackte glatte Petersilie

Den Spargel putzen und schälen, die holzigen Enden abschneiden. In einem ausreichend großen Topf Wasser mit Salz, Zucker und Butter zum Kochen bringen. Die Stangen darin etwa 15 Minuten garen, herausnehmen, in kleine Stücke schneiden und warm stellen. Die Spargelcremesuppe erhitzen. Die Spargelabschnitte in die Suppe geben. Mit Weißwein, Sahne, Salz und Pfeffer abschmecken. Die Suppe in vorgewärmte Teller oder Tassen füllen, mit Petersilie bestreuen und sofort servieren. Ein trockener Riesling und knuspriges Bauernbrot vervollständigen den Genuss.

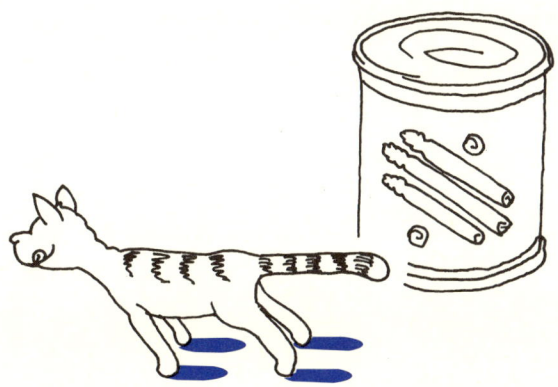

Wollen Sie es besonders raffiniert machen, braten sie die Spargelstangen in Olivenöl an. Die leicht gebräunten und noch festen Stangen ganz leicht salzen, pfeffern und schräg in 1 1/2–2 Zentimeter lange Stücke schneiden. Diese in vorgewärmte Teller oder Tassen geben und mit der sehr heißen Suppe übergießen. Dann mit Petersilie bestreuen.

Grünkohlsuppe

1 kg Grünkohl (TK)
8–10 Nürnberger Rostbratwürstchen (ersatzweise feste Mettendchen)
Öl zum Braten
2–3 Zwiebeln
3–4 EL Olivenöl
1–1 1/2 l Fleisch- oder Gemüsebrühe (instant)
100–150 ml Sahne
evtl. Salz, Pfeffer aus der Mühle

Grünkohl auftauen und pürieren. Nürnberger Rostbratwürstchen in Öl knusprig braten. Herausnehmen, das Fett abtropfen lassen, in dünne Scheiben schneiden. Mettendchen nur in Scheiben schneiden. Zwiebeln schälen und klein schneiden. Olivenöl in einem Topf erhitzen und die Zwiebeln darin andünsten. Grünkohl zugeben. Brühe angießen und alles gut durchrühren. Sahne zufügen und evtl. leicht mit Salz und Pfeffer würzen. Die Wurst in der Suppe heiß werden lassen und servieren.

In Westfalen können Sie statt der Rostbratwurst 4–6 Scheiben Wurstebrot (Blutwurst zum Braten) in der Pfanne kross anbraten, auf Küchenkrepp abtropfen lassen, in kleine Quadrate oder Streifen schneiden und zur Suppe reichen. Nach einem Winterspaziergang ist dieses Gericht ein wunderbarer „Warmmacher".

Szegediner Gulaschsuppe für Eilige

3 Zwiebeln
2 Knoblauchzehen
2–3 EL Grieben- oder Gänseschmalz
3 Dosen Sauerkraut (à 410 g)
(oder 1 Dose à 800 g und 1 Dose à 410 g)
1–2 Dosen Gulaschsuppe (à 390 g)
1 Schuss Weißwein
3–4 EL Crème fraîche
3–4 EL Sahne
evtl. Kümmel
Paprikapulver edelsüß

Die Zwiebeln schälen und klein würfeln. Den Knoblauch schälen, klein hacken oder durch die Knoblauchpresse drücken. Das Schmalz in einem Topf auslassen, Zwiebeln und Knoblauch darin andünsten. Das Sauerkraut klein gezupft dazugeben. Gulaschsuppe hinzufügen und gut mit dem Sauerkraut verrühren. Weißwein, Crème fraîche und Sahne unterrühren. Mit Kümmel (wenn man ihn mag, wegen der besseren Verträglichkeit der Zwiebeln) und Paprika abschmecken. Dazu passt Bier oder Wein und knuspriges Landbrot.

Wer es besonders deftig mag – wie etwa die Westfalen – kann 1 Dose weiße Bohnen mit in die Suppe geben.

Schnelle Hühnerbouillon mit Ei und Käse

An einem eiskalten Wintertag kann dieses Süppchen – mit einem Brötchen gereicht – die Lebensgeister wieder wecken.

3–4 Eier
4–5 EL geriebener Parmesan
3 EL fein gehackte Petersilie
1 Prise Muskatnuss
Salz
1 1/2–2 l Hühnerbouillon (instant oder Fond)

Die Eier mit dem Käse verquirlen, Petersilie, Muskatnuss und Salz zufügen. Alles nochmals gut durchrühren. Inzwischen die Hühnerbouillon heiß werden lassen. Das Ei-Käse-Gemisch zufügen und mit einem Schneebesen umrühren. Die Suppe 2–3 Minuten weiterkochen lassen. Dabei ständig rühren, bis die Eier-Käse-Mischung zu Flocken gerinnt. Die Suppe heiß servieren.

Wirsingeintopf mit Huhn und Curry

3 Zwiebeln
1–1,2 kg Wirsing
300–400 g geräucherte Hähnchenbrust (am Stück)
4–5 EL Olivenöl
1/2–1 l Hühnerbrühe (instant)
mildes Currypulver
Sahne
Salz, Pfeffer aus der Mühle

Zwiebeln schälen und klein hacken. Wirsing putzen, vierteln, vom Strunk befreien und in Streifen schneiden. Hähnchenbrust in Streifen schneiden. Olivenöl in einem großen Topf erhitzen. Zwiebeln darin goldgelb dünsten. Wirsing zufügen und kurz anbraten, dabei umrühren. Brühe zugeben, umrühren und etwa 15–20 Minuten garen. Hähnchenfleisch zur Suppe geben. Mit Curry nach Geschmack würzen. Mit Sahne, Salz und Pfeffer abschmecken. Dazu schmeckt ein kühles Bier.

Blitz-Gazpacho

4 Scheiben Toastbrot oder Weißbrot ohne Rinde
3–4 reife, aromatische Tomaten
1–2 Knoblauchzehen
3–5 EL Olivenöl
2 Pakete passierte Tomaten (à 500 g)
Salz, Pfeffer aus der Mühle
evtl. 1–2 EL Zitronensaft
Basilikumblättchen zum Garnieren

Das Brot zerbröseln. Die Tomaten waschen, vierteln, vom Stielansatz befreien und in kleine Stücke schneiden. Knoblauch schälen und fein hacken oder durch die Knoblauchpresse drücken. Das Brot in einer großen Schüssel mit Olivenöl beträufeln. Frische Tomaten, Knoblauch, passierte Tomaten und 3–5 Tassen Wasser zufügen. Alles fein pürieren. Mit Salz und Pfeffer würzen. Evtl. mit etwas Zitronensaft abschmecken. Den Gazpacho mit Basilikumblättchen garnieren und eiskalt servieren. Reichen Sie die Suppe an einem heißen Sommertag. Ihre Gäste werden begeistert sein.

Sie können zusätzlich vor dem Pürieren noch eine klein gewürfelte frische Gurke ohne Kerne zur Suppe geben.

Notizen & eigene Rezepte

Hauptgerichte

Pie, Pasta und Pikantes von Fernost bis Westfalen

Plötzlich fällt es uns wie Schuppen von den Augen: „Heute bekommen wir doch Besuch zum Essen! Wie konnte uns das entfallen? Was machen wir nur?"
„Kochst du, koche ich? Komm, wir gehen erst einmal unsere Vorräte durch: Fisch, Fleisch oder Gemüse. Was soll's geben?"

Ob einfach oder edel – im folgenden Kapitel finden Sie Hauptgerichte für jede erdenkliche Gelegenheit und Gäste mit den unterschiedlichsten Ansprüchen. Ob die Zutaten nun schlicht oder luxuriös sind, eines haben alle Gerichte gemeinsam: Sie sind schnell und unkompliziert zubereitet und schmecken köstlich!

Quiche Lorraine einfach

1–2 EL Olivenöl
200–250 g Baconwürfel
1 runder Fertigblätterteig
150–200 ml Sahne
2–3 Eier
Salz, Pfeffer aus der Mühle
Muskatnuss

Olivenöl in einer Pfanne erhitzen, Baconwürfel darin anbraten und auf einem Teller mit Küchenkrepp abkühlen lassen. Ofen auf 180 °C (Umluft: 160 °C, Gas: Stufe 2) vorheizen. Mit dem Blätterteig samt Backpapier eine Tarte- oder Pie-Form auslegen. Ränder des Backpapiers abschneiden. Den Boden mehrfach mit der Gabel einstechen. Sahne und Eier verquirlen. Mit Salz, Pfeffer und einem Hauch Muskatnuss würzen. Baconwürfel auf dem Teig verteilen. Eier-Sahne darüber gießen. Im Ofen 20–30 Minuten backen, bis die Füllung gestockt ist und die Oberfläche eine goldgelbe Farbe angenommen hat. Warm servieren.

Streuen Sie mit den Baconwürfeln etwa 100–150 Gramm geriebenen würzigen Käse (mittelalten Gouda, Emmentaler oder Parmesan) auf den Teig, bevor Sie diesen mit der Eier-Sahne übergießen.

Wenn Sie statt Käse 2–3 klein geschnittene, in Olivenöl angedünstete Gemüsezwiebeln verwenden, erhalten Sie einen köstlichen Zwiebelkuchen. Ein Hauch von gemahlenem Kümmel macht diesen Kuchen verträglicher, ist aber nicht jedermanns Geschmack.

Spinat-Pie

2 Pakete Blattspinat (TK, à 300 g)
2 Zwiebeln
1–2 Knoblauchzehen
2–3 EL Olivenöl
1 Fertigblätterteig oder -pizzateig (rund)
150–200 ml Sahne
2–3 Eier
Salz, Pfeffer aus der Mühle

Spinat auftauen. Ofen auf 180 °C (Umluft: 160 °C, Gas: Stufe 2) vorheizen. Zwiebeln schälen und klein hacken. Knoblauch schälen und klein hacken oder durch die Knoblauchpresse drücken. Das Öl in einer Pfanne erhitzen, die Zwiebeln darin anschwitzen. Spinat zugeben und kurz mitdünsten. Knoblauch zufügen und die Mischung beiseite stellen. Eine Tarte- oder Pie-Form mit dem Teig samt Backpapier auslegen. Überstehendes Backpapier abschneiden. Den Boden mehrfach mit einer Gabel einstechen. Spinat auf dem Teig verteilen. Die Sahne mit den Eiern verquirlen, mit Salz und Pfeffer würzen und über den Spinat gießen. Im Backofen 20–30 Minuten backen, warm servieren.

Nehmen Sie für eine interessante Variante nur etwa 400 Gramm Spinat und dazu 200 Gramm Schafskäse. Den Käse mit einer Gabel zerdrücken und zu dem mit den Zwiebeln gedünsteten Spinat geben. Mit Knoblauch und Pfeffer würzen (nicht salzen).

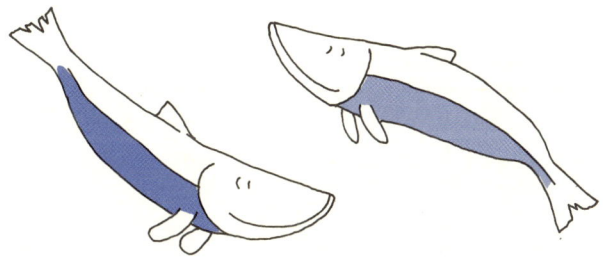

Lachs-Pie

2 Lachsfilets (à 250 g)
2 Eier
150 g Crème double, ersatzweise Crème fraîche
100 ml Milch
Salz, Pfeffer aus der Mühle
4 EL gehacktes Basilikum
1 Fertigblätterteig (rund)

Den Ofen auf 180 °C (Umluft: 160 °C, Gas: Stufe 2) vorheizen. Lachs klein schneiden und pürieren. Eier zugeben und unterrühren. Mit Crème double oder Crème fraîche zu einer homogenen Masse verarbeiten. Milch zugießen und mit Salz und Pfeffer würzen. Basilikum dazugeben. Eine Tarte- oder Pie-Form mit dem Teig samt Backpapier auslegen. Überstehendes Backpapier abschneiden. Den Boden mit einer Gabel mehrfach einstechen. Die Lachsmasse auf dem Teig verteilen und 20–30 Minuten auf mittlerer Schiene backen. Herausnehmen, ein wenig abkühlen lassen, aber noch warm servieren. Reichen Sie dazu Feld- oder Kopfsalat und einen Riesling.

Ziegenkäse-Pie

1 rote Paprika
150–200 g Ziegenfrischkäse
2 Eier
200 g Crème fraîche oder Crème double
1 1/2 EL Honig
schwarzer Pfeffer aus der Mühle
1 Fertigblätterteig (rund)
50 g Pinienkerne

Den Backofen auf 180 °C (Umluft: 160 °C, Gas: Stufe 2) vorheizen. Paprika halbieren, von Stielansatz, Samen und Scheidewänden befreien und mit der Haut nach oben auf einen Rost (mittlere Schiene) legen. Backen, bis die Haut dunkelbraun wird und Blasen wirft, das dauert etwa 20 Minuten. Die Paprika herausnehmen, abkühlen lassen, häuten und in Streifchen schneiden. Den Ziegenkäse mit Eiern und Crème fraîche oder Crème double zu einer cremigen Masse rühren. Mit Honig und schwarzem Pfeffer würzen. Eine Tarte- oder Pie-Form mit dem Teig samt Backpapier auslegen. Überstehendes Backpapier abschneiden. Den Boden mehrfach mit einer Gabel einstechen und die Käsemasse darauf verteilen. Etwa 30–40 Minuten auf mittlerer Schiene backen. Inzwischen Pinienkerne in einer Pfanne ohne Fett leicht hellbraun rösten. Vom Herd nehmen. Die Ziegenkäse-Tarte mit Paprikastreifen und Pinienkernen belegen und warm servieren.

Der Kuchen schmeckt auch kalt sehr gut, es bleibt aber nur selten ein Stückchen übrig.

Pilz-Pie

2 Zwiebeln
500 g Pilze nach Wahl
1–2 EL Olivenöl
1 Fertigblätterteig oder -pizzateig (rund)
3 Eier
150 g Crème fraîche
10 EL gehackte glatte Petersilie
Salz, Pfeffer aus der Mühle
evtl. granulierter Knoblauch

Backofen auf 180 °C (Umluft: 160 °C, Gas: Stufe 2) vorheizen. Zwiebeln schälen und würfeln. Pilze putzen und evtl. klein schneiden. Olivenöl in einer Pfanne erhitzen, Zwiebeln und Pilze darin ca. 5 Minuten dünsten. Auf einem Sieb abkühlen lassen. Eine Tarte- oder Pie-Form mit dem Fertigteig samt Backpapier auslegen. Überstehendes Backpapier abschneiden. Den Boden mehrfach mit einer Gabel einstechen. Pilze und Zwiebeln auf dem Teig verteilen. Die Eier mit Crème fraîche und Petersilie verquirlen. Mit Salz, Pfeffer und evtl. Knoblauch würzen. Über die Pilze gießen und die Tarte auf mittlerer Schiene etwa 25–30 Minuten backen. Etwas abkühlen lassen, warm servieren.

Pasta mit Pesto genovese

1 Bund Basilikum
50–100 g Pinienkerne
2–3 EL Olivenöl
1 Glas Pesto genovese (100–200 g)
Salz, Pfeffer aus der Mühle
500–800 g Pasta (Spaghetti, Tagliatelle, Penne oder Farfalle)
evtl. 70–100 g Parmesan am Stück

Basilikum abbrausen, trockentupfen, Blättchen abzupfen und sehr klein hacken. Die Pinienkerne ebenfalls sehr klein hacken. Olivenöl, Pesto, Basilikum und Pinienkerne zusammen pürieren. Evtl. mit Salz und Pfeffer abschmecken. Pasta in reichlich Salzwasser nach Packungsaufschrift al dente kochen. Abgießen und in eine vorgewärmte Servierschüssel schütten. Pesto darüber verteilen und mit zwei Gabeln durchmengen. Großzügig Parmesan darüber hoben oder reiben und heiß servieren.

🍞 Für eine rote Variante nehmen Sie statt Pesto genovese, das aus Basilikum zubereitet wird, Pesto rosso (wird u.a. aus getrockneten Tomaten gemacht) und statt Basilikum glatte Petersilie.

Spaghetti mit Lachssauce

3 Zwiebeln
3–4 EL Olivenöl
1/8 l Weißwein
4 Lachsfilets
Salz, Pfeffer aus der Mühle
1 Tüte Skandinavische Krabbensuppe
1/4 l Sahne
1 Bund glatte Petersilie
500–800 g Spaghetti
geriebener Parmesankäse

Zwiebeln schälen, klein schneiden und in heißem Olivenöl in einem mittelgroßen Topf andünsten, Weißwein und 1 Tasse Wasser zufügen. Lachsfilets salzen, pfeffern, dazugeben und etwa 5–10 Minuten ziehen lassen. Herausnehmen und mit der Gabel zerkleinern. Skandinavische Krabbensuppe in den Sud geben. Gut umrühren, aufkochen und so viel Sahne hinzufügen, dass eine cremige Sauce entsteht. Zerkleinerten Lachs unterrühren. Petersilie waschen, trockentupfen, von den Stielen zupfen, hacken und in die Sauce rühren. Mit Salz und Pfeffer abschmecken. Die Spaghetti in reichlich Salzwasser nach Packungsaufschrift al dente kochen. In einem großen Sieb abtropfen lassen, auf vorgewärmte Teller verteilen und Lachssauce darüber gießen. Geriebenen Parmesan dazu reichen. Dazu passt ein Pinot Grigio.

Nehmen Sie einmal statt Spaghetti die sehr dekorativen Farfalle (Schmetterlingsnudeln).

Spaghetti mit Ei und Thunfisch

4–5 hart gekochte Eier
2 Knoblauchzehen
1–1 1/2 Dosen Thunfisch (à 150 g)
1 Bund glatte Petersilie
1/2 Tasse Olivenöl
Salz, Pfeffer aus der Mühle
500–800 g Spaghetti

Eier pellen und sehr klein hacken. Knoblauch schälen, fein hacken oder durch die Knoblauchpresse drücken. Thunfisch abgießen und klein zupfen. Petersilie abbrausen, trockentupfen, Blättchen abzupfen und hacken. Olivenöl, Eier und Thunfisch gut vermengen. Knoblauch und Petersilie unterrühren. Die Masse mit Salz und Pfeffer würzen. Spaghetti in reichlich Salzwasser nach Packungsaufschrift al dente kochen. Abgießen, gut abtropfen lassen und in eine große vorgewärmte Servierschüssel geben. Thunfisch-Ei-Sauce darüber gießen und mit zwei großen Gabeln vermengen, bis alle Zutaten gut vermischt sind (falls Ihnen die Spaghetti zu trocken erscheinen, geben Sie noch 1 Schuss Olivenöl hinzu!). Nochmals mit Salz und Pfeffer abschmecken und sofort servieren. Eine Weißweinschorle rundet diesen Pasta-Genuss ab.

Tortellini mit Tomaten-Basilikum-Sauce

1 Gemüsezwiebel
5–6 aromatische Tomaten
2–3 Knoblauchzehen
1 Bund Basilikum
2–3 EL Olivenöl
2 Pakete gehackte Tomaten mit Kräutern oder Knoblauch (à 250 g, Tetra Pak)
3–4 EL Pesto (genovese oder rosso)
1 Schuss Rotwein
gekörnte Brühe
Salz, Pfeffer aus der Mühle
2–3 Tüten kochfertige Tortellini
(à 250 g, italienischer Laden, Supermarkt)

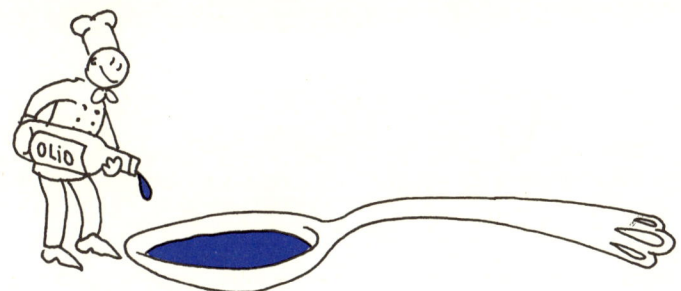

Gemüsezwiebel schälen und klein schneiden. Tomaten blanchieren, die Haut abziehen, vom Stielansatz befreien und in kleine Stückchen schneiden. Knoblauch schälen und klein hacken oder durch die Knoblauchpresse drücken. Basilikum abbrausen, trockentupfen, Blätter abzupfen und klein hacken. Olivenöl in einem mittelgroßen Topf erhitzen, die Zwiebelwürfel darin andünsten. Gehackte Tomaten dazugeben. Pesto, Rotwein, Knoblauch und Basilikum unterrühren. Mit gekörnter Brühe, Salz und Pfeffer würzen. Tortellini nach Packungsaufschrift zubereiten und abgießen. In einer vorgewärmten Schüssel servieren und Tomaten-Basilikum-Sauce dazu reichen. Ein kühler Soave rundet dieses köstliche Essen ab.

Bieten Sie zu den Tortellini eine Schale mit klein gewürfeltem Mozzarella und eine mit frisch gehobeltem Parmesan an.

Nasi Goreng mit Hähnchenbrust

1 Gemüsezwiebel
2 Zucchini
3 Tomaten
1 gelbe Paprika
1 grüne Paprika
300 g geräucherte Hähnchenbrust
(Aufschnitt)
ersatzweise 1 Dose Hähnchenfleisch ohne
Haut und Knochen (300 g)
3–4 EL Olivenöl
2–3 Dosen Nasi Goreng (à 350 g)
chinesische Gewürzmischung
süße Sojasauce
Salz, Pfeffer aus der Mühle

Zwiebel schälen und klein schneiden. Zucchini putzen, längs halbieren und die Hälften in Scheiben schneiden. Tomaten vom Stielansatz befreien und klein schneiden. Paprika längs halbieren, von Samen und Scheidewände befreien und würfeln. Hähnchenfleisch klein schneiden. Olivenöl in einer großen Pfanne erhitzen. Die Zwiebeln darin anbraten. Zucchini, Paprika und Tomaten hinzugeben und mitdünsten. Allerdings nicht zu lange, das Gemüse soll noch Biss haben. Hähnchenfleisch zufügen. Nasi Goreng unterrühren, dabei mit der Gabel zerkleinern. Erhitzen und dabei mehrfach umrühren. Mit Chinagewürz, süßer Sojasauce, Salz und Pfeffer würzen.

Sie können zusätzlich 200–250 Gramm Husumer Krabben (Granat) in das Nasi Goreng geben.

Wer mag, kann kurz vor dem Servieren 1–2 klein geschnittene Kugeln Mozzarella zum sehr heißen Nasi Goreng geben (aber tatsächlich erst kurz vor dem Servieren – geben Sie den Mozzarella zu früh zu, bleiben nur Fäden). Danach evtl. etwas nachsalzen.

Anstatt der Dosen Nasi Goreng können Sie auch 2–3 (oder mehr) Pakete vorgegarten Reis (à 250 g, vakuumverpackt) in die Pfanne geben.

Bami Goreng mit Mett und Gemüsen

1 Gemüsezwiebel
1 rote Paprika
1 grüne Paprika
2 gelbe Paprika
1–2 Zucchini
1–2 Gurken
3–4 Tomaten
2–3 EL Olivenöl
400–500 g Mett
2–3 Dosen Bami Goreng (à 350 g)
chinesische Gewürzmischung
süße Sojasauce
Salz, Pfeffer aus der Mühle

Zwiebel schälen und klein schneiden. Paprika längs halbieren, von Samen und Scheidewänden befreien, klein schneiden. Zucchini putzen und würfeln. Gurken schälen, längs halbieren, die Kerne mit einem Löffel herauslösen und die Hälften ebenfalls würfeln. Tomaten waschen, vom Stielansatz befreien und klein schneiden. Olivenöl in einer großen Pfanne erhitzen. Die Zwiebel darin andünsten. Mett dazugeben, mit der Gabel zerkleinern und braten, bis es krümelig und leicht braun ist. Das Gemüse zufügen und einige Minuten mitbraten (nicht zu lange, damit es noch Biss hat). Bami Goreng unterrühren und dabei mit der Gabel zerkleinern. Erhitzen und dabei mehrfach umrühren. Mit Chinagewürz, süßer Sojasauce, Salz und Pfeffer würzen.

🍞 Braten Sie statt Mett in Streifen geschnittene Hähnchen- oder Putenbrust an. Leicht mit Salz und Pfeffer würzen, bevor Sie das Gemüse zufügen.

🍞 Sie können zusätzlich 100–150 Gramm geröstete Cashewnüsse zum Bami Goreng geben.

Thai-Curry grün (scharf)

1 große Gemüsezwiebel
2 grüne Paprika
2 gelbe Paprika
2 Zucchini
2 Gurken
3 EL Olivenöl
1 Dose Thai Grünes Gemüse-Curry (410 g, Chinaladen)
500–700 g chinesische Mie-Nudeln (Chinaladen)
Salz, evtl. süße Sojasauce

Zwiebel schälen und klein hacken. Paprika halbieren, von Samen und Scheidewänden befreien und klein schneiden. Zucchini putzen und würfeln. Gurken schälen, längs halbieren, die Kerne mit einem Löffel herauskratzen, die Hälften klein schneiden. Olivenöl in einer großen Pfanne erhitzen, die Zwiebel darin andünsten. Übriges Gemüse zufügen und kurz mitbraten. Es soll noch Biss haben. Thai-Curry unterrühren. Chinesische Mie-Nudeln klein brechen, dazugeben und alles gut miteinander vermischen. Die Nudeln sind sehr schnell gar, sie müssen praktisch nur mit dem Gemüse heiß werden. Salzen und evtl. mit süßer Sojasauce abschmecken.

🍞 Sie können statt der chinesischen Mie-Nudeln 2–3 Pakete vorgegarten Reis (à 250 g, vakuumverpackt) zu dem Thai-Gemüse geben. Oder reichen Sie Reis oder Nudeln (in kochendem Wasser kurz gegart) getrennt zu dem scharfen Thai-Curry.

🍞 Das Thai-Curry schmeckt auch ohne frische Zutaten gut, ist dann allerdings sehr scharf.

Thai-Curry rot (scharf)

3 mittelgroße rote Zwiebeln
3 gelbe Paprika
3 rote Paprika
4 Tomaten
3–4 EL Olivenöl
1 Dose Thai rotes Gemüse-Curry (410 g, Chinaladen)
2–3 Pakete vorgegarter Reis (à 250 g, vakuumverpackt)
Salz, evtl. Sojasauce

Zwiebeln schälen und klein würfeln. Paprika längs halbieren, von Stielansatz, Samen und Scheidewänden befreien, klein schneiden. Tomaten vom Stielansatz befreien und in kleine Stücke schneiden. Olivenöl in einer großen Pfanne erhitzen. Zwiebeln darin andünsten. Das klein geschnittene Gemüse kurz mitbraten, so dass es noch Biss hat. Das Thai-Curry und den Reis zu der Gemüsemischung in die Pfanne geben, gut verrühren und alles zusammen ca. 2–3 Minuten garen. Mit Salz und evtl. auch Sojasauce abschmecken.

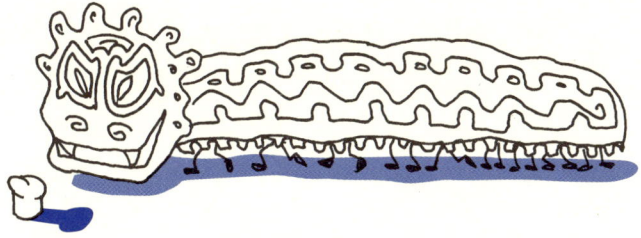

🍞 Sie können den Reis auch getrennt zum Curry reichen.

🍞 Ganz Eilige können das frische Gemüse weglassen und das Thai-Curry einfach mit dem Reis mischen. Fertig! Aber Vorsicht: Diese Variante ist nur für Liebhaber scharfer Sachen!

🍞 Es gibt auch „Thai gelbes Gemüse-Curry". Wählen Sie dazu passendes Gemüse (z.B. nur gelbe Paprika, rote Paprika und Tomaten), und bereiten Sie es wie das grüne oder das rote zu.

🍞 Gut schmecken in dem Curry 100–150 Gramm geröstete Cashewnüsse.

Spargel mit Kräuter-Sauce-Hollandaise

2 kg weißer Spargel
2–3 TL Salz
1 TL Zucker
1 EL Butter
2–3 Pakete Sauce hollandaise (à 250 g, Tetra Pak)
1–2 Eigelb
5–6 EL Sahne
3–4 EL Zitronensaft
1 Schuss Weißwein
1 Bund Schnittlauch
1 Bund glatte Petersilie
Salz, Pfeffer aus der Mühle

Den Spargel schälen. Die holzigen Enden abschneiden. In einem passenden Topf reichlich Wasser mit Salz, Zucker und Butter erhitzen. Den Spargel hineingeben und ca. 15–20 Minuten garen.
Inzwischen die Sauce hollandaise in einen Topf gießen und erwärmen. Eigelbe mit der Sahne verrühren und unter die Sauce ziehen. Zitronensaft und Wein hinzufügen. Die Kräuter waschen und trockentupfen. Schnittlauch in Röllchen schneiden, Petersilienblättchen abzupfen und hacken. Beides in die Sauce rühren. Mit Salz und Pfeffer abschmecken. Den Spargel auf einer vorgewärmten Platte anrichten und mit etwas Sauce überziehen. Die restliche Sauce dazu reichen. Dazu passen Salzkartoffeln und ein grüner Veltliner.

Paella

1 Gemüsezwiebel
250–300 g Hähnchen- oder Putenbrust
2 rote Paprika
2 grüne Paprika
1 Knoblauchzehe
3–4 EL Olivenöl
250–300 g Königskrabben (ersatzweise Shrimps oder Garnelen)
1 Paket feine grüne Erbsen (300 g, TK)
1 Tüte Paella (750 g, TK)
1–2 Pakete vorgegarter Reis (à 250 g, vakuumverpackt)
Salz, Pfeffer aus der Mühle
Zitronensaft
einige Fäden Safran (falls vorhanden)

Die Zwiebel schälen und klein hacken. Geflügelbrust in Würfel schneiden. Paprika von Stielansatz, Samen und Scheidewänden befreien, in kleine Stücke schneiden. Knoblauch schälen, klein hacken oder durch die Knoblauchpresse drücken. Olivenöl in einer großen Pfanne erhitzen. Zwiebel darin andünsten. Geflügelbrust dazugeben und anbraten. Königskrabben dazugeben und mitbraten. Paprika, Erbsen und Knoblauch zufügen. Paella und Reis unterrühren. Alles gut miteinander vermengen. Heiß werden lassen und mit Salz, Pfeffer, Zitronensaft und Safran (falls vorhanden) würzen. Bei dieser Paella und einem Glas Rioja dazu lässt sich von Spanien träumen.

Ganz Eilige können statt der Königskrabben 200–250 Gramm gepulte Husumer Krabben (Granat) in die Paella mischen. Statt die Geflügelbrust zu braten, kann man Geflügelaufschnitt in Stücke schneiden und verarbeiten.

Putenbrust in Estragonsauce

2 Päckchen Bratensauce (instant, jeweils für 1/2 l Sauce)
2 Tüten Geflügelsauce (à 20 g)
1/4 l Sahne
1 Schuss Weißwein
3–4 EL Olivenöl
1–1,2 kg Putenbrust
Salz, Pfeffer aus der Mühle
evtl. granulierter Knoblauch
1/2–1 TL Honig
Estragon (frisch gehackt oder getrocknet)

Braten- und Geflügelsauce mit 1/2 Liter Wasser gut verrühren. Sahne und Weißwein dazugeben. Putenbrust in dünne Scheiben schneiden. Olivenöl in einer großen Pfanne erhitzen, das Fleisch darin anbraten. Die Sauce über das Fleisch gießen und kurz aufkochen. Mit Salz, Pfeffer, evtl. Knoblauch und etwas Honig würzen. Estragon nach Geschmack (Vorsicht: intensiv!) unterrühren. Die Sauce nochmals abschmecken und alles heiß servieren. Hierzu passen Salzkartoffeln, Reis oder Spätzle. Ein grüner Salat mit einer leichten Vinaigrette ist die ideale Ergänzung.

Variante von Putenbrust

Putenbrust in Kräuter-Knoblauch-Sauce

In einem Topf 350 Milliliter Wasser mit 1 Tüte Knoblauchsauce (40 Gramm) und 1 Tüte Kräutersauce (40 Gramm) verrühren. 150 Milliliter Sahne, 1 Schuss Weißwein und 2–3 Teelöffel Zitronensaft zufügen. Die Mischung erhitzen und mit Salz und Pfeffer würzen. Mit Honig abschmecken. Je 1 Bund gehackte glatte Petersilie und in Röllchen geschnittenen Schnittlauch unterrühren.

🍞 Möchten Sie etwas mehr Sauce zum Fleisch? Dann erwärmen Sie zusätzlich zu der Sauce noch 1 Paket Geflügel-Sahne (250 ml, Tetra Pak).

🍞 Ohne die Geflügel-Sahne ist die Kräuter-Knoblauch-Sauce ideal zu Fisch und Meeresfrüchten.

Balkanpfanne mit Lummerfleisch

1 Gemüsezwiebel
400–600 g Lummerbraten
1 rote Paprika
2 gelbe Paprika
2 grüne Paprika
1 Gurke
3–4 Tomaten
1–2 Knoblauchzehen
1/2–1 kleine getrocknete Chilischote
2–3 EL Olivenöl
Salz, Pfeffer aus der Mühle
2 Dosen Djuvec-Reis (à 400 g)
Salz, Pfeffer aus der Mühle

Die Zwiebel schälen und klein schneiden. Den Lummerbraten in dünne Scheiben und danach in schmale Streifen schneiden. Paprika von Stielansatz, Samen und Scheidewänden befreien und in schmale Streifen schneiden. Gurke schälen, längs halbieren, Kerne mit einem Löffel herauskratzen und die Hälften würfeln. Tomaten waschen, vom Stielansatz befreien und in kleine Stücke schneiden. Knoblauch schälen, klein hacken oder durch die Knoblauchpresse drücken. Chili winzig klein hacken. Olivenöl in einer großen Pfanne erhitzen. Zwiebel darin andünsten. Lummerfleisch dazugeben und anbraten. Leicht salzen und pfeffern. Paprika, Gurke, Tomaten, Knoblauch und Chili zufügen. Alles gut vermischen und einige Minuten garen. Den Reis dazugeben, mit der Gabel zerpflücken und in der Fleisch-Gemüse-Mischung erhitzen. Mit Salz und Pfeffer würzen. Reichen Sie einen grünen Salat oder einen knackigen Tomatensalat mit Frühlingszwiebeln dazu. Als Getränk passt ein kühles Pils.

🍞 Lassen Sie 100–150 Gramm Speckwürfel in dem Olivenöl aus und dünsten Sie die Zwiebeln darin. Braten Sie anstelle des Lummerfleischs Streifen von Geflügelbrust (Hähnchen oder Pute) an und wählen Sie statt der grünen Paprika 300 Gramm feine grüne Erbsen (TK).

🍞 Schärfe können Sie dem Gericht z.B. mit 1 guten Spritzer Tabasco geben.

🍞 Lassen Sie kurz vor dem Servieren etwa 150–200 Gramm klein gebröselten Ziegenkäse oder Feta in der Gemüse-Reis-Pfanne mit warm werden.

Lummerscheiben in Zitronen-Knoblauch-Sauce

3–4 EL Olivenöl
12 dünne Scheiben Lummerbraten
6–8 hauchdünne Scheiben von unbehandelter Zitrone
Salz, Pfeffer aus der Mühle
1–2 EL Basis für helle Sauce
1/4 l heißes Wasser
1 Tüte Knoblauchsauce (40 g)
1/4 l Sahne
1 Schuss Weißwein
evtl. 1/2 TL Honig

Das Olivenöl in einer großen Pfanne erhitzen. Fleisch und Zitronenscheiben hineingeben. Das Fleisch von beiden Seiten kurz anbraten, salzen, pfeffern und herausnehmen. Das Fleisch auf einer Platte anrichten, die Zitronenscheiben darauf verteilen
und das Ganze warm halten. Basis für helle Sauce in heißes Wasser rühren. Die
Mischung in die Pfanne gießen. Knoblauchsauce mit der Sahne anrühren und ebenfalls in die Pfanne geben, erhitzen. Alles mit einem guten Schuss Weißwein abschmecken. Evtl. etwas Honig zufügen. Dazu passen Salzkartoffeln, Reis oder Spätzle
und ein Gläschen Grauburgunder.

Schweinefilet in Senfsauce

800–1000 g Schweinefilet
Senf
2–3 Esslöffel Olivenöl
Salz, Pfeffer aus der Mühle
2 Päckchen Bratensauce (instant, jeweils für 1/4 l Sauce)
1 Tüte Senfsauce (40 g)
1/4 l Sahne
1 Schuss Sherry (medium)
1 TL Honig (evtl. etwas mehr)
Salz, Pfeffer aus der Mühle

Das Schweinefilet in 6–8 Stücke schneiden und mit Senf einreiben. Olivenöl in einer großen Pfanne erhitzen und das Fleisch darin von jeder Seite ca. 3–4 Minuten braten. Aus der Pfanne nehmen und warm stellen. Braten- und Senfsauce mit 1/2 Liter Wasser anrühren. Den Bratensatz in der Pfanne damit ablöschen. Sahne und Sherry unterrühren. Die Sauce erhitzen und mit Honig, Salz und Pfeffer abschmecken. Schweinefilet in der Sauce oder getrennt dazu servieren. Dazu passen alle Beilagen von knackigem Brot über Kartoffeln bis hin zu Reis. Auch mit den Getränken können Sie nichts falsch machen. Sie können Rot- oder Weißwein dazu anbieten, aber auch ein kühles Pils.

Mit der Senfsauce können Sie statt des Schweinefilets auch Lummerfleisch oder Schmetterlingssteaks zubereiten.

Kassler mit Backpflaumensauce

1 kg Kassler
6–8 Backpflaumen ohne Stein
2–3 Pakete braune Bratensauce (instant, jeweils für 1/4 l Sauce)
100–150 ml Sahne
1 Schuss Cognac oder Sherry
Außerdem: Bratschlauch (von der Rolle, Supermarkt)

Das Kassler im Bratschlauch (nach Anweisung, mit etwas Wasser) im vorgeheizten Backofen 30–45 Minuten garen. Inzwischen die Backpflaumen halbieren. Die Bratensauce in 200 Milliliter kaltem Wasser anrühren und in einem mittelgroßen Topf erhitzen. Sahne und Cognac oder Sherry zufügen. Die Backpflaumen hineingeben und die Sauce zur Seite stellen. Kassler aus dem Bratschlauch nehmen, in Scheiben schneiden und diese auf einer tiefen vorgewärmten Platte oder in einer Schüssel anrichten. Sauce mit ein wenig Sud vom Kassler abschmecken, erhitzen und heiß über die Kasslerscheiben gießen. Dazu passen Spätzle, Knödel oder Salzkartoffeln.

Reichen Sie zu diesem Gericht eine Schüssel Apfelkompott.

Kohlrouladen mit Waldpilzrahmsauce

4–6 Kohlrouladen (TK)
2–3 Zwiebeln
500–600 g Champignons
2–3 EL Olivenöl
2 Pakete Waldpilz-Sahne-Sauce (à 250 g, Tetra Pak)
Sahne nach Geschmack
1 Schuss Weißwein oder Sherry
Salz, Pfeffer aus der Mühle
evtl. 1/2–1 TL Honig

Die Kohlrouladen nach Packungsaufschrift zubereiten. Zwiebeln schälen und klein hacken. Champignons putzen und in Scheiben schneiden. Olivenöl in einer Pfanne erhitzen und die Zwiebeln darin andünsten. Champignons dazugeben und kurz mitdünsten. Waldpilzsauce zugießen. Mit Sahne und Weißwein verfeinern und mit Salz, Pfeffer und evtl. Honig abschmecken. Die Kohlrouladen kurz in der Sauce ziehen lassen und alles in einer großen Schüssel heiß servieren. Dazu schmecken Salzkartoffeln.

Sie können die Sauce auch getrennt zu den Rouladen reichen.

Lammfilets in Rotweinsauce

5–6 EL Olivenöl
4–6 Lammfilets
Salz, Pfeffer aus der Mühle
granulierter Knoblauch
evtl. Kräuter der Provence
1/4 l Rotwein
2 Päckchen Bratensauce (instant für jeweils 1/4 l Sauce)
1 Tüte Burgunder-Sauce (40 g)
1/4 l Sahne
evtl. etwas Honig

Olivenöl in einer Pfanne erhitzen. Die Lammfilets darin von jeder Seite ca. 2–3 Minuten braten. Mit Salz, Pfeffer, einem Hauch Knoblauch und eventuell Kräutern der Provence würzen. Das Fleisch aus der Pfanne nehmen und warm stellen. 1/4 Liter Wasser mit Rotwein, Bratensauce und Burgundersauce gut verrühren. Sahne dazugeben, die Mischung in die Pfanne gießen und erhitzen. Mit Salz, Pfeffer und evtl. Honig abschmecken.
Die Lammfilets in die Sauce legen und sofort heiß servieren. Sie können Filets und Sauce natürlich auch getrennt reichen. Böhnchen, Spinat oder geschmorte Tomaten eignen sich als Beilage. Als Getränk passt ein Rotwein aus Burgund wunderbar.

Die Sauce können Sie auch gut zu Lammsteaks reichen. Diese können Sie fertig mariniert und tiefgekühlt kaufen.

Wenn Sie die Kräuter der Provence weglassen, können Sie die Sauce auch gut zu gebratener Entenbrust oder zu Rinderbraten reichen.

Königskrabben in Pastis-Creme

2–3 Zwiebeln
2–3 EL Olivenöl
750–800 g Königskrabben
Salz, Pfeffer aus der Mühle
evtl. etwas granulierter Knoblauch
1–1 1/2 EL Basis für helle Sauce
1–2 Pakete Sahne-Sauce für Fischgerichte (à 250 ml, Tetra Pak)
1 Schuss Pastis oder Ricard
etwas Sahne
Salz, Pfeffer aus der Mühle
gehackte glatte Petersilie zum Garnieren

Die Zwiebeln schälen und sehr klein hacken. Olivenöl in einer großen Pfanne erhitzen, die Zwiebeln darin andünsten. Die Königskrabben hinzufügen und einige Minuten garen. Mit Salz, Pfeffer und evtl. einem Hauch granuliertem Knoblauch würzen. Aus der Pfanne nehmen und warm stellen. 150 Milliliter Wasser in der Pfanne erhitzen. Basis für helle Saucen einrühren. Sahne-Sauce für Fischgerichte dazugeben. Pastis oder Ricard zufügen (Vorsicht, die Sauce darf nur einen Hauch von Anisaroma haben!). Dann Sahne nach Geschmack unterrühren. Mit Salz und frisch gemahlenem Pfeffer würzen. Die Königskrabben in die Sauce geben und das Gericht vor dem Servieren mit gehackter Petersilie bestreuen. Mit Reis oder frischem Baguette reichen.

Sie können die Krabben auch, üppig mit Petersilie garniert, getrennt auf einer Platte anrichten. Bieten Sie die Sauce dazu in einer vorgewärmten Sauciere an.

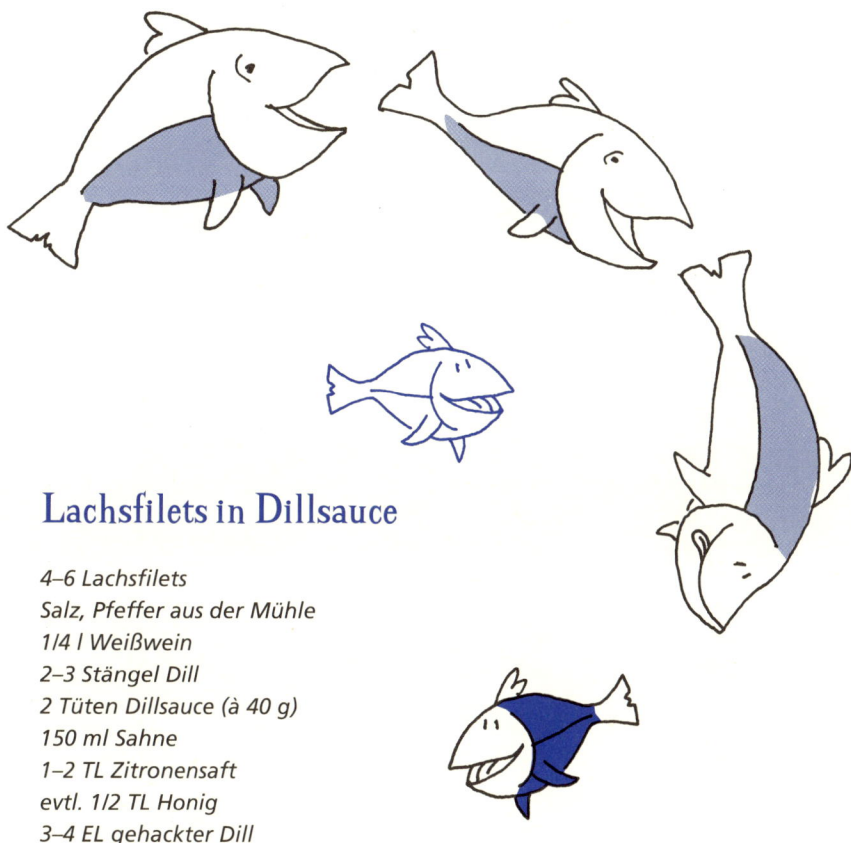

Lachsfilets in Dillsauce

4–6 Lachsfilets
Salz, Pfeffer aus der Mühle
1/4 l Weißwein
2–3 Stängel Dill
2 Tüten Dillsauce (à 40 g)
150 ml Sahne
1–2 TL Zitronensaft
evtl. 1/2 TL Honig
3–4 EL gehackter Dill

Lachsfilets salzen und pfeffern. In einem Topf 1 1/2 Liter Wasser mit dem Wein erhitzen. Lachs zusammen mit den gewaschenen Dillstängeln darin bei geringer Hitze in ca. 5–8 Minuten gar ziehen lassen. Herausnehmen und warm stellen. Ca. 100 Milliliter Sud für die Sauce abmessen und beiseite stellen. Die Dillsauce in einem Topf mit 150 Millilitern Wasser anrühren, Sahne und Lachssud zufügen. Die Mischung erhitzen, mit Zitronensaft und evtl. etwas Honig abschmecken. Dill unterrühren. Den Lachs auf einer vorgewärmten tiefen Platte anrichten. Entweder mit Sauce überziehen oder diese getrennt zum Fisch reichen. Hierzu passen Salzkartoffeln und ein frischer grüner Salat.

Für eine hübsche und leckere Variante rühren Sie 2–3 Teelöffel Forellenkaviar in die Sauce.

Pellkartoffeln mit Heringsstipp

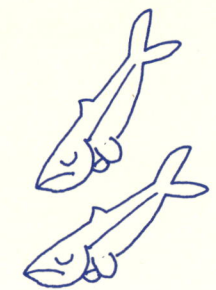

8–10 mittelgroße neue Kartoffeln
Salz
2 knackige Äpfel
1–2 milde Zwiebeln oder 2–3 Frühlingszwiebeln
2 Töpfe Hering in Sahnesauce (à 400 g)
4–6 EL türkischer Joghurt (türkischer Laden)
evtl. 1–3 TL Zitronensaft
Pfeffer aus der Mühle

Die Kartoffeln waschen und mit der Schale in Salzwasser garen. Äpfel schälen, vierteln, vom Kerngehäuse befreien und in kleine Stücke schneiden. Zwiebeln schälen und fein hacken bzw. Frühlingszwiebeln putzen und in feine Ringe schneiden. Heringe in Sahnesauce in eine mittelgroße Schüssel umfüllen. Äpfel, Zwiebeln und Joghurt unterrühren. Evtl. nach Geschmack Zitronensaft unterrühren. Mit Salz und Pfeffer aus der Mühle würzen. Den Heringsstipp zu den Pellkartoffeln reichen. Dazu passt ein kaltes Bier. Herrlich!

Neue Kartoffeln können Sie mit der Schale essen. Ältere sollten Sie pellen.

Notizen & eigene Rezepte

Desserts und schnelle Kuchen

Halbsüße und süße Köstlichkeiten

„Hat noch jemand Lust auf ein Dessert?" „Oh ja, gerne! Aber nur, wenn es keine Mühe macht!"

Um ein verblüffendes Dessert oder ein köstliches Gebäck zu zaubern, braucht es keine Hexerei. Ein wenig Mut und Phantasie reichen völlig aus. Verwöhnen Sie Ihre Gäste mit ungewöhnlichen Kreationen, die im Nu zubereitet sind.

Schafskäse mit Honig

12 dünne Scheiben Schafskäse (mild oder würzig, nach Geschmack)
12 TL würziger Honig (evtl. mit Walnüssen)
6 Stängel Rosmarin (ersatzweise Basilikum oder Thymian)

Jeweils 2 Scheiben Schafskäse auf einem Dessertteller anordnen. Auf jede Scheibe 1 Teelöffel Honig träufeln. Mit 1 abgebrausten und trockengetupften Stängel Rosmarin bzw. Basilikum oder Thymian garnieren. Reichen Sie dazu französisches Landbrot und einen leichten Rotwein.

Ziegenkäse mit Hagebuttenmarmelade

12 Scheiben würziger Ziegenkäse (mit oder ohne Asche)
12–14 TL Hagebuttenmarmelade
schwarzer Pfeffer aus der Mühle
Kräuter (Minze, Basilikum)

Jeweils 2 Scheiben Ziegenkäse auf einen Dessertteller legen und 2 gut gehäufte Teelöffel Hagebuttenmarmelade daneben setzen. Pfeffer über Käse und Marmelade mahlen und das Ganze mit abgebrausten und trockengetupften Kräutern garnieren.

Statt der Hagebuttenmarmelade können Sie auch Preiselbeeren aus dem Glas verwenden.

Ziegenkäse-Eis mit Honigsauce

300 g cremiger Ziegenkäse
(türkischer Laden, ohne Asche)
100 g türkischer oder griechischer Joghurt
150 g Vanillejoghurt
1/2–1 TL flüssiger Honig
9–10 EL cremiger Honig
9–10 EL Crème double
evtl. 3–4 EL gehackte Walnüsse

Den Ziegenkäse mit türkischem oder griechischem Joghurt, Vanillejoghurt und flüssigem Honig gut verrühren. Die Mischung für etwa 4–5 Stunden in das Tiefkühlfach stellen. Wenn die Flüssigkeit am Rand zu gefrieren beginnt, mit einem Esslöffel gut durchrühren. Diesen Vorgang 5- bis 6-mal wiederholen, bis das Eis eine schnittfeste Konsistenz erhalten hat. Inzwischen den cremigen Honig mit Crème double und eventuell gehackten Walnusskernen verrühren. Das Eis auf Dessertschalen verteilen und die Honigsauce dazu servieren.

Frische Feigen mit Brombeersahne

8–12 Feigen
200–250 ml Sahne
evtl. etwas Zucker
1–2 Flaschen Waldbeersauce (à 125 ml, Feinkostladen)
8 EL Brombeeren (frisch oder TK)

Die Feigen putzen und halbieren, dabei den Stiel abschneiden. Die Sahne steif schlagen, nach Geschmack zuckern. Die Feigen auf großen Desserttellern anordnen, einen guten Klecks Sahne daneben setzen. Die Sahne mit Brombeersauce übergießen und die Brombeeren darüber streuen.

Sie können auch zuerst die Sauce auf die Teller geben, die Feigen hineinsetzen, einen Klecks Sahne darauf geben und die Beeren darüber streuen.

Nehmen Sie statt der Waldbeersauce Himbeersauce und statt der Brombeeren Himbeeren (frisch oder TK).

Aprikosen mit Muskatblütensahne

200–250 ml Sahne
1 TL Zucker
Muskatblüte
2 Dosen Aprikosen in Traubensüße (à 415 g, Feinkostladen)
Krokant

Die Sahne mit dem Zucker steif schlagen. Mit einem Hauch Muskatblüte würzen. Die Aprikosenhälften in eine Schüssel umfüllen und dazu die mit Krokant überstreute Sahne servieren.

Rote oder grüne Grütze mit Vanillesauce

Für die Vanillesauce:
500 g Vanillequark
150–200 g Vanillejoghurt
250 ml Vanillesauce (Fertigprodukt)
2 Tütchen Bourbon-Vanillearoma
Außerdem: 1–2 Pakete rote oder grüne Grütze
(à 500 g, Supermarkt, Feinkostladen)

Für die Vanillesauce, Vanillequark, Joghurt und fertige Vanillesauce gut miteinander vermengen. Vanillearoma unterrühren. Die rote oder grüne Grütze in eine Schüssel füllen und die Sauce getrennt dazu reichen. Sie können die Grütze auch in dekorativen Gläsern mit der Sauce übergießen.

Bieten Sie die Vanillesauce auch zu frischen Beeren (z.B. Erdbeeren, Waldbeeren oder Himbeeren) an. Ganz prima schmeckt die Sauce außerdem zu noch warmem Apfelkuchen.

Obstsalat mit Vanillesauce

3–4 Äpfel
2–3 Orangen
4 Kiwis
250 g kernlose helle Weintrauben
2–3 EL Zitronensaft
Zucker
Vanillesauce (Rezept S. 104)

Äpfel waschen, vierteln, vom Kerngehäuse befreien und klein schneiden. Orangen und Kiwis schälen und in Stückchen schneiden. Weintrauben waschen, abtupfen und von den Stielen zupfen. Das Obst in einer Schale gut mit dem Zitronensaft vermischen und mit Zucker nach Geschmack abschmecken. Dazu die Vanillesauce reichen.

Schnelles Schoko-Dessert

100 g Vollmilchschokolade
100 g Zartbitterschokolade
90 g Butter
4 Eier
50 g Zucker
1 Prise Salz
50 g Puderzucker
1 gehäufter EL Mehl
Butter für die Form

Backofen auf 180 °C (Umluft: 160 °C, Gas: Stufe 2) vorheizen. Die beiden Schokoladensorten in kleine Stücke brechen und mit der Butter in einem Topf bei mäßiger Hitze schmelzen. Vom Herd nehmen und etwas abkühlen lassen. Die Eier trennen. Eigelbe und Zucker schaumig rühren. Eiweiße mit Salz steif schlagen. Den Puderzucker unterrühren. Die Schokoladenmischung mit der Eigelbmasse und dem Mehl vermengen. Eischnee vorsichtig und gleichmäßig unterheben. Eine flache feuerfeste Form einfetten. Die Schokoladenmasse hineingießen. Auf der mittleren Schiene des Backofens ca. 10–15 Minuten backen. Herausnehmen und lauwarm servieren.

Dazu schmeckt Vanillesauce (Rezept S. 104) besonders gut.

Apfel-Quark-Dessert

3–4 knackige Äpfel
2 Pakete Quark mit Äpfeln (à 500 g)
evtl. 100–150 g türkischer Joghurt (türkischer Laden)
evtl. einige Blättchen Zitronenmelisse
Zimt, Zucker

Die Äpfel schälen, vierteln, vom Kerngehäuse befreien und klein würfeln. Äpfel, Quark und Joghurt gut miteinander verrühren. Das Dessert in einer großen Schüssel servieren und eventuell mit Zitronenmelisse garnieren. Zimt und Zucker mischen und zum Apfelquark reichen.

🍞 Mischen Sie zusätzlich gehackte Walnusskerne in den Apfelquark. Statt Zimt und Zucker können Sie auch Krokant zu diesem Dessert anbieten.

🍞 Wählen Sie statt Apfelquark Erdbeerquark, Himbeerquark, Heidelbeerquark (jeweils 500 Gramm). Geben Sie den entsprechenden Joghurt dazu (z.B. Erdbeerjoghurt, 500 g). Veredeln Sie die Mischung mit frischem Obst (z.B. Erdbeeren) oder reichen Sie die frischen Beeren getrennt dazu.

Walnussquark mit Birnen

4 aromatische, weiche Birnen
(ersatzweise 1 Dose Birnen)
2 Pakete Walnussquark (à 500 g)
1 Fruchtjoghurt (Birne oder Apfel, 150 g)
4–5 EL gehackte Walnusskerne
evtl. Zimt und Zucker

Frische Birnen schälen, vierteln, vom Kerngehäuse befreien und in kleine Stückchen schneiden. Von Birnen aus der Dose die Flüssigkeit abgießen, die Früchte trockentupfen und klein schneiden. Quark und Joghurt gut vermengen. Birnen und Walnusskerne unterheben. Wer mag, kann Zimt und Zucker vermengen und getrennt zu dem Dessert reichen.

🍞 Raffiniert schmeckt dazu ein wenig kandierter Ingwer. Hacken Sie diesen (Vorsicht: intensiv!) sehr klein und mengen ihn unter. Oder servieren Sie ihn in einem kleinen Schälchen getrennt zum Birnenquark.

Mango-Mousse-Joghurt-Dessert

1–2 Mangos
1 Mango- oder Maracuja-Pfirsich-Quark à 500 g
oder 2 Pfirsich-Maracuja-Joghurts à 150 g
2–3 Becher dunkle Schokoladenmousse (à 100 g)
2–3 Becher Rotweinmousse (à 200 g)
6–12 Waffelröllchen oder andere längliche Plätzchen (z.B. Mikado)
oder 6 Stängel Minze

Die Mangos schälen und in feinen Spalten vom Stein schneiden. Jeweils 2 gehäufte Esslöffel Quark oder Joghurt auf große, flache Teller setzen. Daneben je 2 gut gehäufte Teelöffel Schokoladenmousse und Rotweinmousse anrichten. Das Dessert mit Mangospalten und 1–2 länglichen Plätzchen oder 1 Stängel Pfefferminze garnieren.

Besonders edel ist dieser Nachtisch, wenn Sie den Tellerrand mit Kakao und Puderzucker bestäuben, bevor Sie die Mousse darauf setzen.

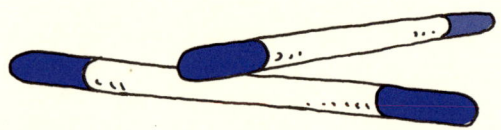

Vanilleeis mit Schokoladensauce

150–200 ml Sahne
150–200 g Schokolade (wie vorhanden)
evtl. 1 Schuss Mandellikör (Amaretto) oder Orangenlikör (Cointreau)
1 l bestes Vanilleeis

Sahne in einem kleinen Topf warm werden lassen. Schokolade in kleine Stückchen brechen und in der Sahne schmelzen. Nach Geschmack mit einem Schuss Amaretto oder Cointreau abschmecken. Kugeln von Vanilleeis auf Dessertteller setzen und mit der Sauce überziehen. Verbleibende Sauce dazu reichen.

Wenn sie mögen, können Sie auch 3–4 Esslöffel Nutella in der Sahne schmelzen oder 50–100 Gramm geraspelte Mandeln zur Sauce geben.

Marzipaneis mit
weißer Schokoladensauce

50–100 ml Milch
100 ml Crème fraîche
150–200 g weiße Schokolade
evtl. 2–3 Tröpfchen Kirschwasser
1 l bestes Marzipaneis

Die Milch mit der Crème fraîche erhitzen. Die Schokolade in kleinen Stückchen dazugeben und schmelzen. Eventuell mit Kirschwasser abschmecken. Das Eis portionsweise auf Teller oder in Gläser geben und mit einem Klecks Sauce überziehen. Die restliche Sauce getrennt dazu reichen.

Garnieren Sie das Ganze mit 1 Blättchen (oder 1 Stängel) Zitronenmelisse.

Zitronenkuchen

500 g Zitronenquark
3 Eier
Saft von 1/2 Zitrone
1 Tütchen abgeriebene Zitronenschale
1 Fertigmürbeteig (rund)

Backofen auf 180 °C (Umluft: 160 °C, Gas: Stufe 2) vorheizen. Zitronenquark mit Eiern, Zitronensaft und -schale gut vermengen. Eine Spring- oder Tarteform mit dem Teig samt Backpapier auslegen. Überstehendes Backpapier abschneiden. Den Boden mehrfach mit einer Gabel einstechen. Die Quarkmasse gleichmäßig auf dem Teig verteilen. den Kuchen im vorgeheizten Ofen ca. 40–50 Minuten backen.

Nehmen Sie statt Zitronenquark Erdbeerquark. Vermischen Sie diesen mit den Eiern und 300–400 Gramm geputzten, klein geschnittenen (und evtl. leicht gezuckerten) Erdbeeren.

Sie können auch Apfelsinenquark, Apfelquark, Bananenquark usw. als Belag wählen. Mischen Sie die entsprechenden klein geschnittenen Früchte dazu, und geben Sie (wenn Sie mögen) gehobelte Mandeln oder gehackte Nüsse mit in die Mischung.

Zitronenkuchen mit Zitronensauce

1 Backmischung Zitronenkuchen
1 Glas Lemon sauce (200 g, Chinaladen)
200 g Crème double

Den Zitronenkuchen nach Packungsaufschrift anrühren und backen. Lemon sauce und Crème double gut verrühren und kalt stellen. Die kalte Sauce zu dem möglichst noch warmen Kuchen reichen.

Walnuss-Brownies

50 g Zartbitterschokolade
50 g Vollmilchschokolade
90 g Butter
250 g Zucker
1 TL Vanillearoma
2 Eier
1 TL Salz
60 g Mehl
150 g Walnusskerne
Butter für die Form

Ofen auf 180 °C (Umluft: 160 °C, Gas: Stufe 2) vorheizen. Schokolade mit Butter in einem kleinen Topf bei milder Hitze schmelzen. Die Schokoladenmasse in eine große Schüssel füllen und etwas abkühlen lassen. Zucker und Vanillearoma hineingeben. Die Eier nach und nach in die Mischung rühren. Salz und Mehl einarbeiten. Die Walnusskerne unterheben. Den Teig in einer gefetteten rechteckigen Auflaufform verteilen. Auf mittlerer Schiene ca. 30–40 Minuten backen. Die Form aus dem Ofen nehmen, den Inhalt abkühlen lassen und in kleine Quadrate schneiden.

Sie können je nach Geschmack oder Vorrat auch nur Vollmilchschokolade oder nur Zartbitterschokolade verarbeiten. Statt der Walnüsse können Sie Mandeln, Mandelstifte, Haselnüsse oder gehackte Haselnüsse wählen.

Schnelle Zimtcarrés mit Häubchen

4–5 Eiweiß
170 g Zucker
125 g fein gemahlene Haselnüsse
125 g fein gemahlene Mandeln
Mehl für die Hände
1 1/2 TL Zimt
3–4 TL Puderzucker

Den Backofen auf höchster Stufe vorheizen. 3 Eiweiße zu steifem Schnee schlagen. Zucker, Nüsse und Mandeln vorsichtig unterheben. Ein Backblech mit Backpapier auslegen und die Masse darauf mit bemehlten Händen zu einer etwa 1/2–1 Zentimeter hohen quadratischen Fläche formen. Dieses Viereck mit einem (großen) Messer vorsichtig in kleine Quadrate oder Rauten aufteilen.

Die verbliebenen Eiweiße steif schlagen. Puderzucker und Zimt unter den Eischnee rühren. Mit einem Löffel oder einem kleinem Pinsel jedes kleine Viereck mit Eiweißmasse bestreichen. Den Ofen auf kleinste Stufe stellen. Die Zimtcarrés auf der mittleren Schiene ca. 20–35 Minuten mehr trocknen als backen.

Statt Mandeln und Nüsse zu mischen, können Sie auch entweder 250 Gramm Mandeln oder 250 Gramm Haselnüsse verwenden.

Mutters Blitz-Zuckermandel-Plätzchen

150 g Butter
180 g Zucker
3 Eier
250 g Mehl
50 ml Sahne oder Milch, ersatzweise 2 Eier
Butter für das Blech
250 g Mandelstifte
Zucker zum Bestreuen

Backofen auf 200 °C (Umluft: 180 °C, Gas: Stufe 3) vorheizen. Butter, Zucker, Eier, Mehl und Sahne, Milch oder Eier zu einem cremigen Teig verrühren. Das Backblech einfetten. Den Teig möglichst dünn darauf streichen. Mit Mandeln und Zucker bestreuen. Auf mittlerer Schiene in 20–30 Minuten goldgelb backen. Herausnehmen und noch heiß in kleine Vierecke schneiden.

🍞 Wer mag, kann zusätzlich zu Mandeln und Zucker ein wenig Zimt über den Teig streuen.

Verzeichnis der Rezepte

Gewürzte Butter, Cremes und Dips

Vorspeisen oder Snacks

Suppen

Hauptgerichte

Desserts und schnelle Kuchen